职业教育岗课赛证融通新形态计算机系列教材

Java 程序设计项目教程

刘 艳 戴 臻 主 编

江 文 杨 夏 刘 敏 唐 俊 副主编

朱 珍 主 审

电子工业出版社·

Publishing House of Electronics Industry

北京·**BEIJING**

内 容 简 介

本教材以"有家超市销售管理系统"和"程小白抢红包游戏"双项目案例为主线,通过"任务驱动、工学结合"的模式,将 Java 编程知识与实际应用深度融合,践行"做中学、学中做"的教育理念。其中,"程小白抢红包游戏"以趣味性项目激发学习兴趣,使读者初步体验界面交互开发;"有家超市销售管理系统"贯穿全书,复现企业真实场景任务,培养读者解决复杂工程问题的能力。

本教材共 7 大模块 20 个任务,每个任务以"任务目标—任务描述—任务准备—任务实施—任务小结—任务拓展—素养提升"的完整流程,系统地讲解了 Java 语言的核心知识,涵盖基础语法、流程控制、数组与方法、面向对象、继承与多态等关键领域。同时还有机融入思政元素,强调严谨的代码规范、团队协作意识、创新思维及对软件品质的追求,引导读者树立科技报国的责任感。

通过"模块化任务驱动"实践体系,读者可系统掌握 Java 开发技能,同步获得 1+X 证书对接能力与项目实战经验,为职业发展奠定坚实基础。无论是零基础的编程爱好者,还是职业院校相关专业的学生,本教材都是一本理想的入门指南和实用的学习工具,可帮助读者夯实基础,成为符合国家数字化转型需求的高素质技术技能人才。

图书在版编目(CIP)数据

Java 程序设计项目教程 / 刘艳,戴臻主编. -- 北京:
电子工业出版社,2024. 10. -- ISBN 978-7-121-49083
-5

Ⅰ. TP312.8

中国国家版本馆 CIP 数据核字第 2024469ZN7 号

责任编辑:左 雅
印   刷:三河市鑫金马印装有限公司
装   订:三河市鑫金马印装有限公司
出版发行:电子工业出版社
        北京市海淀区万寿路 173 信箱   邮编 100036
开   本:787×1 092 1/16 印张:17 字数:435 千字
版   次:2024 年 10 月第 1 版
印   次:2024 年 10 月第 1 次印刷
定   价:55.00 元

前　言

党的二十大报告指出,"必须坚持科技是第一生产力、人才是第一资源、创新是第一动力,深入实施科教兴国战略、人才强国战略、创新驱动发展战略,开辟发展新领域新赛道,不断塑造发展新动能新优势。"要加快建设数字中国,推动数字经济与实体经济深度融合。在这一战略背景下,Java 作为全球主流的编程语言,凭借其跨平台、高安全、强扩展的特性,成为支撑企业级应用、云计算、大数据等领域数字化转型的核心技术。掌握 Java 编程不仅是技术人才的必备能力,更是服务国家现代化产业体系建设的重要基石。

本教材积极响应国家"深化产教融合、校企合作"的职业教育改革要求,以"立德树人"为根本任务,将课程思政与专业教育有机融合。通过"有家超市销售管理系统"和"程小白抢红包游戏"双项目案例,引导读者在掌握 Java 语法、面向对象设计、系统开发等知识与技能的同时,深刻体会"精益求精、追求卓越"的工匠精神,以及"科技报国、服务社会"的职业使命感。

本教材设计遵循"岗课赛证"融通理念,以真实项目为载体,从开发环境搭建到完整系统实现,层层递进,兼顾理论与实践。同时,每个任务模块均设置"素养提升"环节,融入社会主义核心价值观、团队协作、创新意识等思政元素,通过知识技能与价值观的双重引导,助力读者成长为德技并修的新时代技术人才。

本教材编写团队由国家级职业教育教师教学创新团队核心成员,以及企业软件资深专家联合组成,其中,湖南科技职业学院刘艳、戴臻担任主编;湖南科技职业学院江文,长沙民政职业技术学院杨夏,湖南科技职业学院刘敏、唐俊担任副主编;湖南科技职业学院卓文博、陈湘龙与三六零数字安全科技集团有限公司工程师秦汀艳参与编写;广东工程职业技术学院朱珍教授担任主审。

教材附有配套微课视频、教学 PPT、源代码、测试题等数字资源,同时可扫描下方二维码了解两个项目案例简介,其他资源请前往华信教育资源网下载或者联系编辑获取。

项目简介　　　　　　　　　　项目简介

"程小白抢红包游戏"项目案例　　　"有家超市销售管理系统"项目案例

由于编者水平有限,书中难免存在不足之处,敬请广大读者批评指正。如果有任何意见和建议,欢迎与我们联系,联系邮箱:32966121@qq.com。

编　者

程小白抢红包游戏案例视频

序　号	视 频 名 称	二 维 码	序　号	视 频 名 称	二 维 码
1	项目需求分析		11	各类红包产生的策略	
2	项目开发环节搭建		12	创建游戏计分器类	
3	游戏主窗体		13	创建金额显示面板类	
4	游戏中所有角色父类的实现		14	游戏工具类完善	
5	常用工具类、红包类的实现		15	创建程小白角色类	
6	创建红包对象		16	完善游戏主场景类	
7	完善工具类		17	设置每轮游戏时长	
8	创建金币类型的红包类		18	创建游戏倒计时类	
9	创建元宝红包类		19	完善游戏倒计时类	
10	创建炸弹类型的红包类		20	在主场景中添加计时器	

目　录

模块一 开发环境搭建

模块介绍

本模块介绍 Java 语言的基本概念：Java 语言特点和 Java 开发环境设置方法。讲述使用 Eclipse 集成开发工具编写、编译和运行 Java 程序的方法；引入 Java 学习工具 Greenfoot 平台，提升 Java 语言学习兴趣。

知识图谱

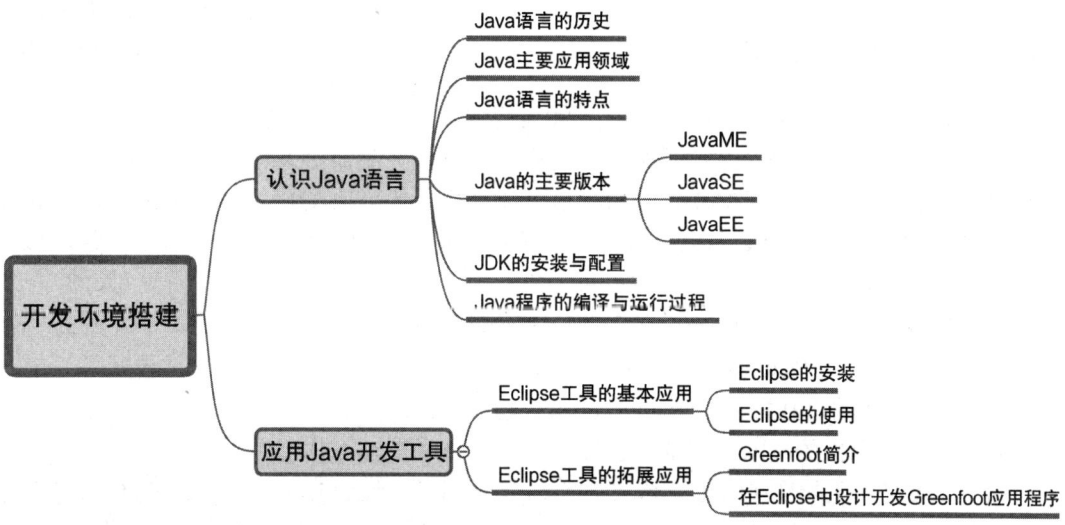

模块目标

【知识目标】
- 掌握 Java 语言的特性
- 掌握 JDK 安装与配置方法
- 掌握 Java 语言开发流程
- 掌握 Java 程序组织结构

【能力目标】
- 能正确使用 JDK 编写、编译和运行 Java 程序
- 能使用 Eclipse 集成开发工具编写、编译和运行 Java 程序
- 能使用 Greenfoot 学习工具编写简易 Java 程序

- 能脱离 Greenfoot 工具使用 Eclipse 工具编写 Greenfoot 程序

【素质目标】
- 具有适应新技术的能力和持续学习的热情
- 具有质量意识、信息素养、创新精神

任务 1.1 认识 Java 语言

▌任务目标▐

Java 是一种面向对象程序设计语言，它具有简单、面向对象、分布式、健壮、安全等特性。本任务的目标是认识 Java 语言，了解 Java 的发展历史与特性，掌握 Java 开发环境的安装与配置，能使用记事本编写 Java 程序、编译和运行 Java 程序。

▌任务描述▐

使用记事本编写 Java 程序，编译运行后显示"Hello World！"信息。

微课：1.1.1

Java 语言的历史

▌任务准备▐

1.1.1 Java 语言的历史

Java 来自 Sun Microsystems 公司于 1990 年成立的 Green 项目组，其最初目的是为家用消费电子产品开发一个分布式代码系统，这样就可以把控制命令发给电冰箱、电视机等家用电器，并和它们进行信息交流。开始之初，项目组准备采用 C++，但项目组成员 James Gosling 认为 C++过于复杂，且安全性差，于是就开发了一种新的程序语言，并命名为 Oak（Java 的前身）。Java 的取名也有一则趣闻。有一天，几位 Java 项目组的成员正在讨论给这个新的语言取什么名字。当时他们正在咖啡馆喝着 Java（爪哇）咖啡，有一个人灵机一动说就叫 Java 怎么样？马上得到了其他人的赞同。于是，Java 这个名字就这样传开了。

随着 Internet 的迅猛发展和 Web 的应用日趋广泛，Java 语言得到迅速发展。它作为软件开发的一种革命性的技术，其地位已被确立，这表现在以下几个方面：

（1）计算机产业的许多大公司购买了 Java 的许可证，包括 IBM、Apple、DEC、Adobe、HP、Silicon Graphics、Toshiba 以及最不情愿的 Microsoft，这说明 Java 得到了工业界的认可。

（2）IT 行业众多开发商支持 Java 的软件产品。当今是以网络为中心的计算时代，如果不支持 HTML 和 Java，应用程序的应用范围只能局限于同质的环境（相同的硬件平台）。

（3）Intranet（内联网）是企业信息系统的解决方案之一，Intranet 的目的是把 Internet 技术用于企业内部的信息系统，它的优点表现在：便宜，易于使用和管理，而其中 Java 发挥了不可替代的作用。

1.1.2 Java 主要应用领域

（1）桌面级应用：设计开发应用于桌面级跨平台应用程序，如 WPS、QQ 等运行在 PC 机上的应用程序。

（2）企业级应用：能使用分布式、网络通信等技术实现大型企业应用系统，如网络购物平台、办公自动化 OA、客户关系管理 CRM 等。

（3）嵌入式技术（如嵌入式设备、移动通信设备、手持式设备、测试仪器等）。

1.1.3　Java 语言的特点

微课：1.1.3

Java 语言的特点

Java 是一种面向对象的程序设计语言，具有非常多的优秀特点，主要包括如下。

1. 简单

Java 最初是为集成控制家用电器而设计的一种语言，因此它必须简单易用。Java 语言的简单性主要体现在以下几个方面：

（1）Java 通过垃圾回收机制来自动管理内存，开发者不必手动分配和释放内存，这大大简化了编程工作；

（2）Java 摒弃了 C++中容易引发程序错误的地方，如指针；

（3）Java 提供了丰富的类库支持。

2. 面向对象

面向对象是 Java 最重要的特性。Java 语言是一种纯面向对象的程序设计语言，它通过类和接口来定义对象，提供了封装、继承和多态机制，这些机制易于理解，并且有助于代码的重用和扩展。

3. 分布式

Java JDK 包括一个支持 HTTP 和 FTP 等基于 TCP/IP 协议的类库。因此，Java 应用程序可凭借 URL 访问网络上的对象，其访问方式与访问本地文件系统几乎完全相同，这使搭建分布式计算环境成为可能。

4. 健壮

Java 致力于检查程序在编译和运行时的错误。Java 中的类型审查可以检测出项目开发早期出现的错误，同时它还通过自己操纵内存的方式降低了内存读写的出错率。

5. 结构中立

为了将 Java 融入网络，Java 编译器将 Java 程序编译成一种结构中立的中间文件格式（Java 字节码）。只要安装有 Java 运行环境（JRE）的机器都能执行这种中间代码。

6. 安全

Java 的安全性可从两个方面得到保证。一方面，在 Java 语言中通过废除了指针和对内存地址直接读写等功能，从而避免了对内存的非法操作；另一方面，使用 Java 编写浏览器应用程序时，其语言功能和一些浏览器本身具备的功能结合起来，使程序更安全。Java 程序在机器上执行前，要经过诸多安全检测，如代码校验、检查代码段的格式、是否试图改变一个对象的类型等。同时 Java 运行环境（JRE）提供了垃圾回收机制。

垃圾回收（Garbage Collection，GC）其实是一种动态内存管理技术，主要是按照特定的垃圾回收算法（Garbage Collection Algorithm，GC 算法）实现资源自动回收的功能。简单地说，就是由系统后台自动回收完成程序释放的内存的功能，这种机制被称作垃圾回收。

7. 可移植

与计算机硬件体系结构无关的特性使得 Java 应用程序可以在配备了 Java 运行环境（Java Runtime Environment，JRE）的任何计算机系统上运行，这成为 Java 应用软件便于移植的良好基础。

8. 解释型

Java 解释器（运行系统）直接解释运行 Java 字节码。详细过程请关注后续 Java 程序的编辑、编译、运行有关过程的讲解。

9. 多线程

Java 提供的多线程功能使得在一个程序里可同时执行多个小任务。有时也将线程称为轻量进程，可理解为一个大进程里分出来的小的独立的任务。多线程带来的好处是更好的交互性能和实时控制性能（当然实时控制性能还取决于系统本身是 UNIX、Windows 或是 Macintosh）。使用过浏览器的人，可能都遇到过长时间等待一幅图片显示的问题。在 Java 里，当用一个线程来显示一幅图片时候，也可以用另外一个线程访问 HTML 里的其他信息，这样就可以在下载图片的同时显示网页的内容，无须等待图片下载完成。

10. 动态

Java 的动态特性是其面向对象设计方法的扩展。它允许程序动态地装入运行过程中所需要的类，这是 C++语言进行面向对象程序设计时所无法实现的。

1.1.4　Java 的主要版本

微课：1.1.4

Java 的主要版本

Java 语言是当前 IT 行业进行软件和企业级分布式应用系统开发的主流程序设计语言。Java 语言为支持不同场景或环境的应用，将开发平台划分为 3 个，如下所示。

（1）Java ME（Java Micro Edition）：针对嵌入式应用开发。

（2）Java SE（Java Standard Edition）：针对桌面应用开发，主要有 Java Applet（网页中内嵌的小程序）及 Java Application（应用程序）。

Java SE（以 Java8 为例）的主要构成如图 1.1.1 所示。

① Java Virtual Machine：Java 虚拟机（JVM）。它是在系统平台上提供最基本的 Java 运行环境的一系列技术，是 Java 支持系统平台无关性的一个重要技术。

② Base Libraries，Other Base Libraires：它们是 Java SE 平台最为核心的应用程序接口（Application Programming Interface，API），是用于进行软件应用系统开发的一系列官方支持的类库。使用这些类库可以调用底层系统平台的各种系统功能，或是使用常用的软件功能，如 Lang（Java 语言基础）、Util（基本工具）、I/O（输入/输出）、Networking（网络技术）、Preferences（系统、用户偏好或数据配置）、Collections（集合）、JNI（Java 本地接口）、Security（安全）、XML JAXP（XML 处理）等。

③ Integration Libraries：集成 API。Java 平台体系结构的这一个层次主要是为 Java 应用软件系统与外界应用软件系统进行系统间接口、整合和集成提供了相应的功能模块，如 RMI（远程方法调用）、JDBC（Java 数据库技术）、JNDI（Java 命名和目录接口）等。

④ User Interface Toolkits：用户界面接口套件。Java 平台除了可以支持强大的后台业务逻辑开发，也提供了开发客户端前台用户界面的能力，如 Swing 提供用于用户界面的图形组件（GUI）；Java 2D 提供一组用于高级 2D 图形和成像的类，包含艺术线条、文本和图像等。

⑤ Deployment：部署技术。基于 Java EE 平台基础上的部署技术，包括安装、设置、更新、重新分发等，为程序开发人员在复杂的企业级应用开发领域提供了很好的帮助。

⑥ Tools & Tool APIs：标准 JDK 工具和实用程序。为了进行 Java 应用软件系统的开发，Java 提供的一些标准工具和使用程序，如基本工具（java、javac、javadoc 等），Java 故障排除、分析、监控和管理工具（JConsole、Monitoring、Troubleshoot 等）。

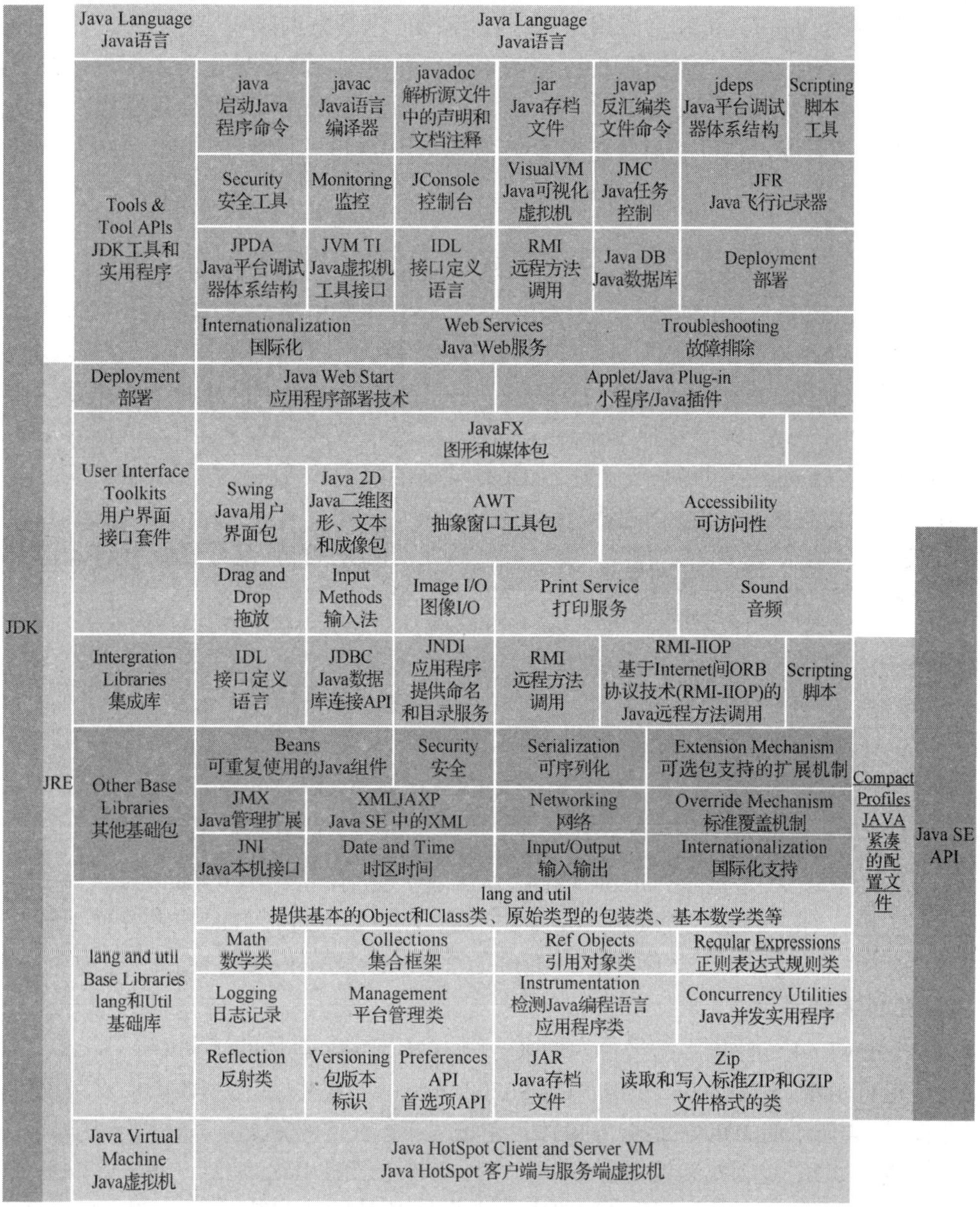

Java Language Java 语言	Java Language Java 语言					
	java 启动Java 程序命令	javac Java语言 编译器	javadoc 解析源文件 中的声明和 文档注释	jar Java存档 文件	javap 反汇编类 文件命令	jdeps Java平台调试 器体系结构	Scripting 脚本 工具

Java SE 整体结构表格:

图 1.1.1 Java SE 整体结构图

⑦ Java Language：基础 Java 语言，即开发人员所了解和熟悉的基本 Java 语法基础。

（3）Java EE（Java Enterprise Edition），针对企业级的应用解决方案，主要有 JDBC、CORBA、EJB、Java Servlet、JSP 及对 XML 的支持。

微课：1.1.5

1.1.5　JDK 的安装与配置

Java 不仅提供了 Java 程序运行时环境 JRE，还提供了 Java 开发工具集（Java Developer Kits，JDK）。JDK 包括 Java 类库、Java 解释器和 Java 编译器。Java 类库是为程序开发提供丰富的函数与基本类库支持，如 I/O 类库、用户界面类库、网络类库等。Java 解释器是 JRE 中的一个组件，它负责执行 Java 字节码。Java 编译器用于

JDK 的安装与配置

生成这些字节码。编程人员和最终用户可以利用 JDK 工具来编译和运行程序，由于 Oracle 公司自 2019 年开始对后续发布的 JDK 新版本进行商用收费，如果是个人客户端或个人开发者，则可以免费试用 Oracle JDK 所有的版本；如果企业或机构需要使用高级功能或长期稳定的技术支持服务，则可能需要购买商业许可。本教材采用免费的 JDK 8.0 为例来介绍 JDK 的安装与配置。

1. JDK 下载

自 2009 年 04 月 Oracle（甲骨文）公司收购 Sun 公司之后，Java 技术官方网址改为了 "http://java.oracle.com"，在官方网页中提供了 Java SE 下载链接，具体下载步骤如下。

（1）打开 Web 浏览器，进入 Java 技术官网，选择 Java SE 8，如图 1.1.2，进入 Java SE 8.0 下载页面，如图 1.1.3 所示，此页面提供了不同操作系统平台的 JDK 版本下载。

（2）在 JDK 下载页面中选择 Windows 选项卡，选择下载 "jdk-8u451-windows-x64.exe"（注：此版本是 Oracle 公司最后一个适用 BCL 认证的版本），这是 Windows64 位操作系统平台适合的 JDK 版本.，如图 1.1.3 所示。

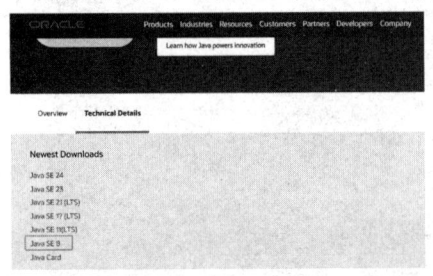
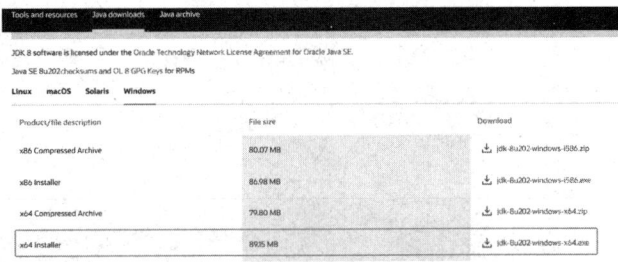

图 1.1.2　Oracle 公司 Java 技术官方网站　　　　　　图 1.1.3　JDK 下载页面

（3）JDK 下载要求先登录 Oracle 网站，大家需要提前注册一个 Oracle 账号，在同意协议之后要求进行 Oracle 账户登录，完成登录之后，浏览器将进行 JDK 安装文件下载。下载完成后将会生成安装程序，文件名是 "jdk-8u202-windows-x64.exe"。

2. JDK 安装

以 Windows 64 位操作系统平台为例来介绍 JDK 安装，具体的步骤如下。

（1）运行 JDK 安装程序。双击 "jdk-8u202-windows-x64.exe" 启动 JDK 安装程序，系统弹出图 1.1.4 所示的 JDK 安装向导窗体，单击 "下一步" 按钮。

（2）进入 JDK 定制安装设置窗体中，选择安装全部的 JDK 功能，涵盖开发工具、源代码、公共 JRE 等，并单击 "更改" 按钮，修改 JDK 的默认安装路径，如图 1.1.5 所示。

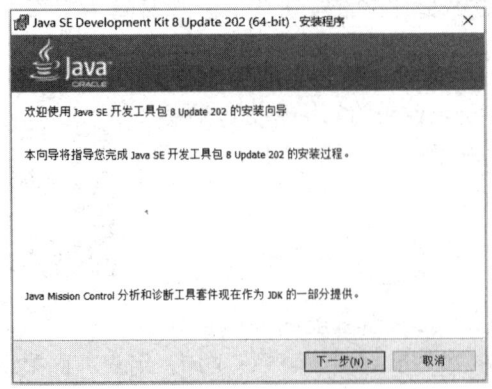
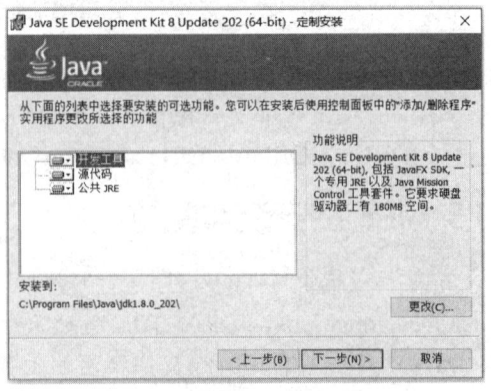

图 1.1.4　JDK 安装向导窗体　　　　　　图 1.1.5　JDK 定制安装设置窗体

（3）本次使用默认安装路径做为 JDK 的路径，完成设置单击"下一步"按钮，进入安装窗体并显示安装进度，如图 1.1.6 所示。

（4）在安装过程中会提示是否要将 JRE 安装到另外的文件夹，可以选择不更改，则继续单击下一步，如图 1.1.7 所示。

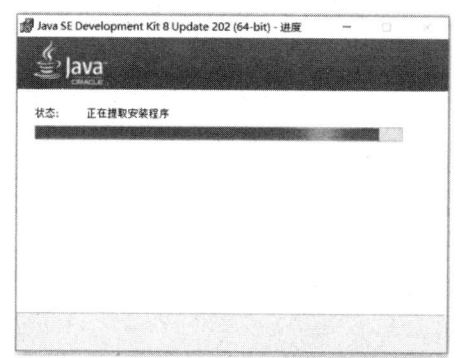 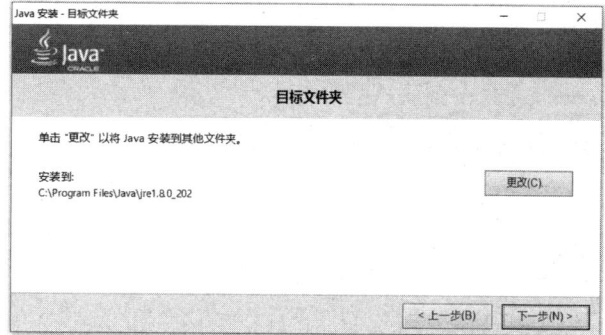

图 1.1.6　JDK 安装进度控制窗体　　　　　图 1.1.7　更改 JRE 安装文件夹窗体

（5）安装完成后会弹出完成安装窗体，单击"关闭"按钮，即完成 JDK 安装，如图 1.1.8 所示。

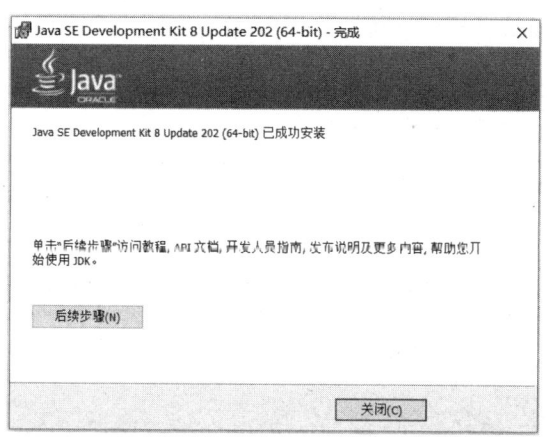

图 1.1.8　完成安装窗体

3. Java 运行环境设置

JDK 工具一般可以在 Windows 操作系统中的"MS-DOS"方式下运行。由于"MS-DOS"方式一般只是执行系统默认的 DOS 命令，如 cd、dir、clear 等，因此如果要执行 JDK 中的命令，如 javac、java、javadoc、appletviewer 等命令，则需要对环境变量 Path 进行设置。设置环境变量 Path 的作用是使 DOS 操作系统可以找到 JDK 命令。

同时，还要对 CLASSPATH 进行设置，CLASSPATH 用来提供给系统搜索用户定义的类的缺省路径，各路径由分号隔开。设置环境变量 CLASSPATH 的作用是告诉 Java 类装载器到哪里去寻找第三方提供的类和用户定义的类。例如：

CLASSPATH=.; C:\Program Files\Java\jdk1.8.0_202\lib;

表示 Java 解释器遇到一个新类，它先在当前文件中查找它的定义，如没有，则在当前文件所处目录下其他文件中查找它的定义，如果还没有，则继续搜索"C:\Program Files\Java\jdk1.8.0_202\lib"目录中的所有文件，以此类推。下面以 Windows 10 系统为例来说明环境变量的配置。

（1）在电脑桌面用鼠标右键单击"此电脑"图标，选择"属性"命令，弹出"设置"面板，选择面板右侧"关于"，往下滑动到"相关设置"，如图 1.1.9 所示。选择"高级系统设置"选项，弹出"系统属性"设置面板，如图 1.1.10 所示。

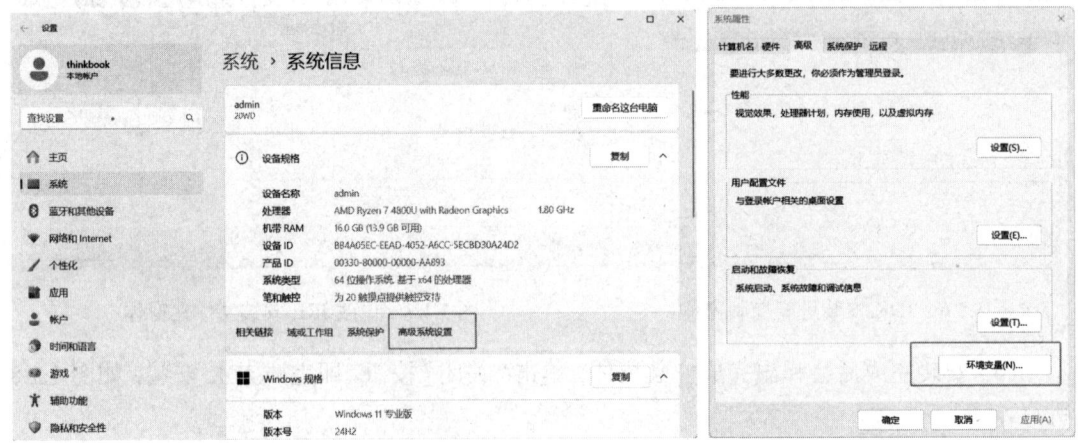

图 1.1.9 "设置"面板　　　　　　　　　　图 1.1.10 "系统属性"设置面板

（2）在"高级"选项卡中单击"环境变量"按钮，弹出"环境变量"设置面板，如图 1.1.11 所示。

图 1.1.11 "环境变量"设置面板

"环境变量"设置面板由上下两部分组成，上面部分是"thinkbook 的用户变量"列表框，也就是当前系统的用户变量，下面部分是"系统变量"列表框。可以选择其中之一去配置 Java 所需要的环境变量，但是有一些区别。

　　如果在"thinkbook 的用户变量"列表框中配置环境变量，这时，配置的环境变量只对"thinkbook"这个身份的用户有效，对以其他身份登录操作系统的用户无效。

　　如果选择在"系统变量"列表框中配置环境变量，这时，不管是以"thinkbook"身份登录系统还是以其他身份登录系统，该环境变量都将有效。

　　下面以在"系统变量"列表框中来配置环境变量为例来讲解。

　　（3）单击"系统变量"列表框下的"新建"按钮，新建变量 JAVA_HOME，在输入框中输入值"C:\Program Files\Java\jdk1.8.0_202"，即 JDK 安装的路径，单击"确定"按钮，如图 1.1.12 所示。

　　（4）选择"系统变量"列表框中的"Path"变量，单击"编辑"按钮，进入 Path 变量的编辑面板，然后单击面板右侧的"新建"按钮，在输入框中输入"%JAVA_HOME%\bin"，单击"确定"按钮。再次单击"新建"按钮，然后输入"%JAVA_HOME%\jre\bin"，单击"确定"按钮，如图 1.1.13 所示。

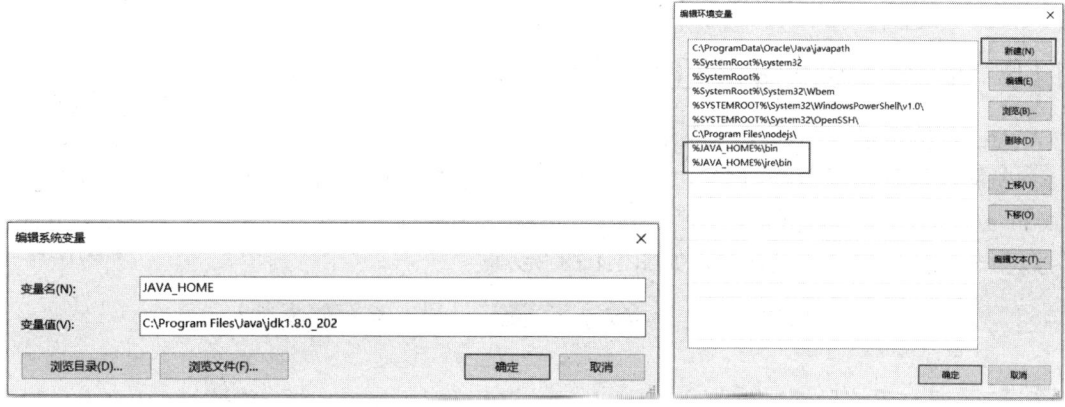

图 1.1.12　新建系统变量　　　　　　　　图 1.1.13　在 Path 变量中添加新的目录

　　（5）单击"系统变量"列表框下的"新建"按钮，新建系统变量 CLASSPATH，在变量值上输入".;%JAVA_HOME%\lib;%JAVA_HOME%\lib\dt.jar;%JAVA_HOME%\lib\tools.jar"，单击"确定"按钮。注意，这个输入值前面必须加点，表明是当前目录，也就是.java 源文件所在的目录，如图 1.1.14 所示。

　　（6）配置完成后，测试能否在机器上编译和运行简单的 Java 程序。在 Windows 桌面上按"Win+R"组合键，在打开的运行窗体中输入"cmd"后，单击"确定"按钮，打开 DOS 命令窗口，如图 1.1.15 所示。

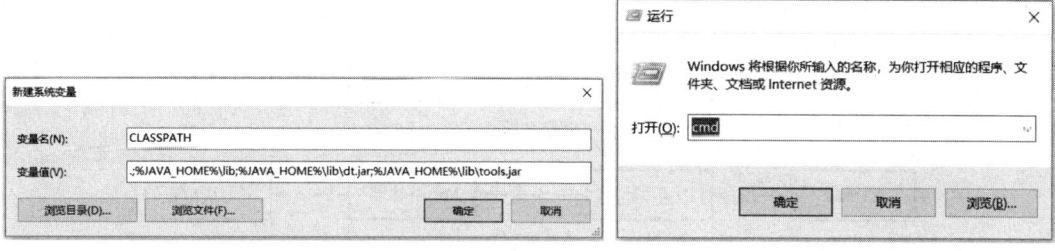

图 1.1.14　新建系统变量 CLASSPATH　　　　　　　图 1.1.15　启动 DOS 窗体

（7）在打开的 DOS 窗口中用 javac 命令来测试，如图 1.1.16 所示。

（8）用 Java 程序运行器命令 java 来测试环境变量是否配置成功，如果成功，将显示如图 1.1.17 所示的结果。

图 1.1.16　Java 编译器命令　　　　图 1.1.17　Java 程序运行器命令

1.1.6　Java 程序的编译和运行过程

微课：1.1.6

Java 程序的编译和运行过程

Java 程序会由编译器编译成 class 文件（字节码文件），字节码由 Java 虚拟机解释运行。因为 Java 程序既要编译，也要经过 JVM 的解释运行，所以 Java 也被称为半解释语言。

Java 程序的编译、运行过程如图 1.1.18 所示。

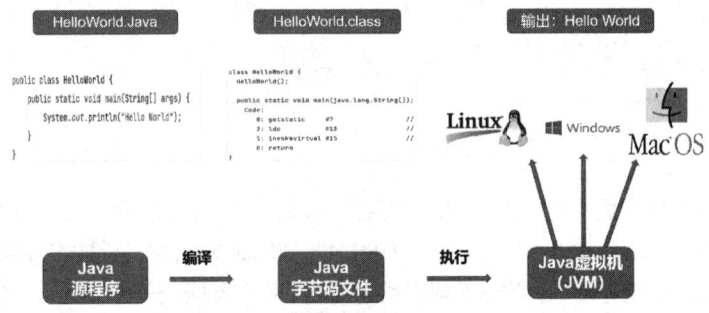

图 1.1.18　Java 程序编译、运行过程

高级编程语言按照程序执行模式可以划分为编译型和解释型两种。编译型的高级语言，如 C、Pascal 等，生成的目标码经链接后就成为可以直接执行的代码；而解释型语言，如 BASIC、Java 等，其程序不能直接在操作系统上运行，需要有一个专门的解释器程序来解释执行，如图 1.1.19 所示。

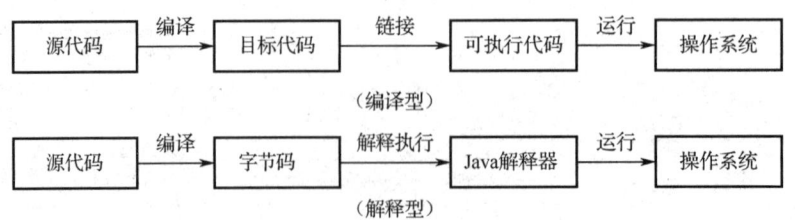

图 1.1.19　Java 程序设计过程

通常解释型的程序设计语言都具有简单、运行速度慢的特点，但是在网络应用平台中，解释型却有着不依赖运行平台的优点。由于编译型语言是直接作用于操作系统的，所以对运行它的软硬件平台有着较强的依赖性。在一个平台上可以正常运行的编译型语言程序在另一个平台上可能完全不能工作，而必须在这个特定的平台上将源代码重新编译，从而生成适合这个特定平台的可执行代码。这种可移植性上的不足对于以网络为支撑平台的应用程序将是很大的麻烦。因为网络是由不同软硬件平台的计算机和相关的通信设备一起组成的，为了使这些机器都能够顺利运行编译型应用程序，就必须专门为各种不同平台开发出不同版本的应用程序，同时对于版本升级和维护的工作量也将非常大。

解释型语言为解决这个问题提供了一个全新的思路。Java 就是遵循这个思路设计而成的。由 Java 源代码编译生成的字节码不能直接运行在一般的操作系统平台上，而必须运行在一个称为"Java 虚拟机"的在操作系统之上的软件平台上。在运行 Java 程序时，首先应当启动这个虚拟机，然后由它来负责解释执行 Java 的字节码。这样，利用 Java 虚拟机就可以把 Java 字节码跟具体的软硬件平台分隔开来，只要在不同的计算机上安装针对其特定具体平台的 Java 虚拟机，就可以把这种不同软硬件平台的具体差别隐藏起来，使得 Java 字节码程序在不同的计算机上只面对相同的 Java 虚拟机，而不必考虑具体的平台差别，从而实现了真正的二进制代码级的跨平台可移植性。

Java 的编译程序是 javac.exe。javac 命令将 Java 程序源码编译成字节码，然后用 Java 解释器命令 java.exe 来解释执行这些 Java 字节码。Java 程序源码必须存放在后缀为.java 的文件里。Java 程序里的每一个类，javac 都将生成与类相同名称但后缀为.class 的文件。

javac 的用法如下：

javac file.java

Java 程序的 Java 解释器命令是 java.exe。其用法如下，classname 参数是要执行的类名称（涵盖包名）。

java classname

任务实施

通过一个简单的程序来体验 Java 的基础编程。具体实施步骤是首先在记事本中编辑 Java 程序源代码，然后在 MS-DOS 中编译和运行 Java 程序，最终实现在屏幕窗体中输出一行"Hello World！"信息。

（1）在 Windows 桌面上按"Win+R"组合键，在打开的运行窗体中输入"notepad"命令后，单击"确定"按钮，打开记事本应用程序。

（2）在记事本中输入如下示的代码：

```
01    package com.chapter01.task01;
02    /**
03     *第一个 Java 程序
04     */
05    public class Hello{
06        public static void main(String[] args){
07            System.out.println("Hello World!");//向屏幕输出字符串
08        }
09    }
```

说明：

① 第 1 行是 Java 类的包名，表明 Java 程序所在的包空间，使用包是为了方便管理 Java 文件，如果没有，则使用默认包空间。

② 第 5 行是定义了一个类 Hello。

③ 第 6 行是 main()方法。main()方法是 Java 程序运行时的启动方法。Java 程序中一定要包含该方法的定义。在 Java 程序运行时会首先调用 main()方法来启动 Java 程序的执行。

④ 第 7 行是在屏幕上打印一行字符串"Hello World"，并且换行。

（3）将编辑好的代码保存为到"com/chapter01/task01/"目录下，本教材中将此目录保存在 D:\program\chapter01 文件夹下，代码文件名为"Hello.java"。

在将文件保存过程中，一定要注意文件的名称：文件名要与类名一样（注意大小写），文件扩展名要为.java，包名要与程序所在文件夹同名。

文件目录结构如图 1.1.20 所示。

图 1.1.20　Java 文件存储目录结构

（4）在当前文件夹的地址栏输入"cmd"并按回车键，进入命令提示符界面，如图 1.1.21 所示。

图 1.1.21　命令进入目录

（5）使用"dir"命令查看文件"Hello.java"是否存在，如果存在，用 JDK 的编译命令"javac"对"Hello.java"进行编译，如图 1.1.22 所示，同时在 task01 文件目录下，会产生编译后的 class 文件，如图 1.1.23 所示。

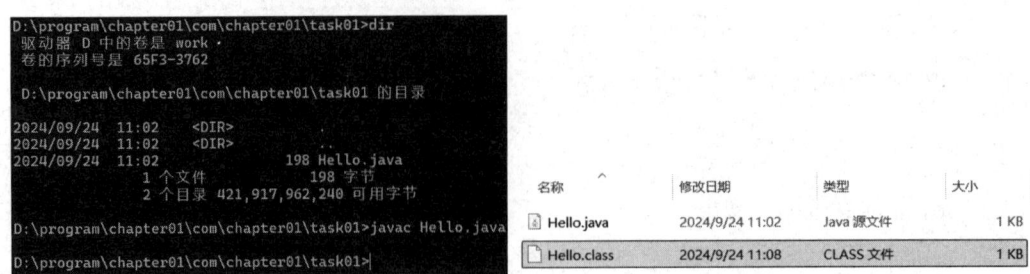

图 1.1.22　编译 Java 源代码　　　　图 1.1.23　编译后的 class 类文件

（6）编译成功后，用"java"命令运行编译后产生的"Hello.class"文件，因为这里引入了包（package），所以需要进入"D:\program\chapter01"目录，输入包的全路径"com.chapter01.task01.Hello"来运行，如图 1.1.24 所示。

```
D:\program\chapter01\com\chapter01\task01>cd D:\program\chapter01

D:\program\chapter01>java com.chapter01.task01.Hello
Hello World!
```

图 1.1.24 运行 Java 程序

在第 6 步的运行过程中，可以看到，在字符界面中，输出了结果"Hello World!"。

到此为止，我们用记事本完成了第一个 Java 应用程序 Hello.java 的编辑工作、在字符界面分别用 javac 和 java 命令完成了程序的编译、运行工作。

▌任务小结▐

本任务主要是让读者了解 Java 基本知识，熟悉 JDK 的安装与设置，使用记事本编写简单的 Java 源代码，以及使用 javac 与 java 命令编译和运行 Java 程序。

▌任务拓展▐

请使用记事本编写一个 Java 程序，实现在屏幕中显示当天的日期信息，例如显示"今天是 2024 年 09 月 24 日"。

▌素养提升▐

Java 语言诞生之初，提出了"Write once, Run anywhere"的口号，旨在解决跨平台运行的问题。Java 语言的跨平台特性，允许开发者在统一的平台上编写代码，这些代码无须修改就能在任何安装了 Java 虚拟机（JVM）的设备上顺畅运行。就如同一座桥梁，Java 连接了不同操作系统之间的鸿沟，极大地提升了开发效率，降低了维护成本。想象一下，如果每个软件都需要针对每一种操作系统单独开发，那么这将是一个耗时费力且资源密集的过程。但 Java 语言的跨平台能力打破了这一局限，这种能力背后的驱动力，正是开放合作的理念——通过制定统一的标准和协议，使不同厂商、不同平台之间的软件能够无缝对接，共同构建一个开放、互联的世界。这种开放合作的精神，不仅推动了 Java 语言自身的不断发展，也为整个软件行业树立了榜样，鼓励更多的技术社区和开发者秉持开放的心态，共同推动技术的进步和社会的发展。

任务 1.2 应用 Java 开发工具

▌任务目标▐

在使用 Java 语言开发各类应用系统时，通常需要使用集成开发工具来提升开发效率。当前行业主流的 Java 集成开发环境有 Eclipse、IntelliJ IDEA 和 NetBeans 等。本任务的目标是掌握 Java 集成开发工具 Eclipse 的使用。

▌任务描述▐

使用 Eclipse 编写 Java 程序，编译运行后显示有家超市销售管理系统中超市的基本信息，包括超市的名称、地点、营业时间等。

▌任务准备▌

1.2.1　Eclipse 工具的基本应用

在使用 Java 语言开发各类应用系统时，通常需要使用集成开发工具来提升开发效率。所谓的集成开发环境（Integrated Development Environment，IDE）是一种将代码编写、编译、调试和快速发布等功能集成于一体的软件系统。Eclipse 是一个基于 Java 的、开放源码的、可扩展的应用开发平台，是当前使用最为广泛的集成开发工具之一，故本教材采用 Eclipse 工具做为 Java 语言开发工具。Eclipse 采用 Java 语言编写，支持跨平台操作，而且可以通过安装不同的插件扩展 Eclipse 功能，如可以支持 C/C++、PHP 等编程语言的开发。

1. Eclipse 的安装

（1）下载 Eclipse 工具安装程序。在浏览器的 URL 中输入 Eclipse 官网下载地址，如图 1.2.1 所示。

（2）在官方页面中单击"Download x86_64"按钮跳转到下载页面，在下载页面中单击"Download"按钮，开始 Eclipse 安装器的下载，如图 1.2.2 所示。

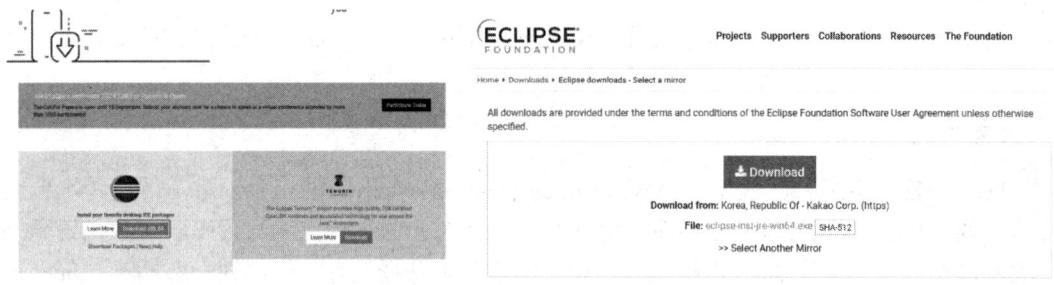

图 1.2.1　Eclipse 官方下载网站　　　　　图 1.2.2　Eclipse 安装器下载页面

（3）在图 1.2.2 中下载 Windows64 位操作系统平台对应的 Eclipse 安装软件"eclipse-inst-jre-win64.exe"，下载完成之后运行该软件，如图 1.2.3 所示。

（4）在安装器中选择"Eclipse IDE for Enterprise Java and Web Developers"选项，跳转到 Eclipse 安装配置窗体，在窗体中设置 JRE 与 Eclipse 安装路径，设置完毕单击"Install"按钮实施系统下载安装，如图 1.2.4 所示。

图 1.2.3　Eclipse 安装器　　　　　　　图 1.2.4　安装配置窗体

（5）完成安装之后将会在桌面上添加一个名为"Eclipse Jee"的运行图标，即完成 Eclipse 安装。

2．Eclipse 的使用

示例 1.1　使用 Eclipse 集成开发工具编写 Java 程序，实现将"Hello World！"信息显示在屏幕中。

（1）启动 Eclipse 工具。双击 Eclipse 图标启动开发工具。在启动 Eclipse 时系统会弹出工作空间选择窗体，如图 1.2.5 所示，本示例设置的工作空间为"D:\program"，设置完毕单击右下角"Launch"按钮进入了 Eclipse 工作界面，如图 1.2.6 所示。

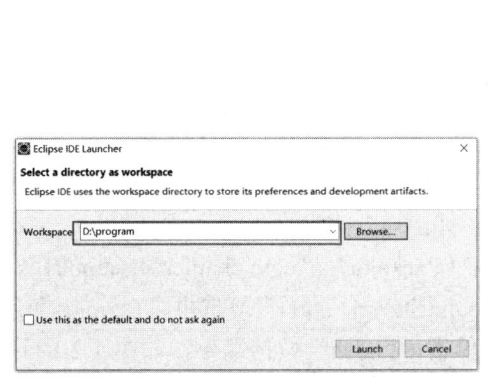 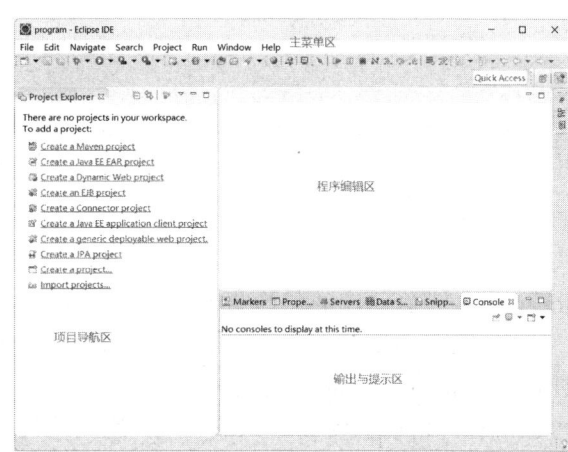

图 1.2.5　Eclipse 工作空间设置　　　　　图 1.2.6　Eclipse 工作界面

（2）创建 Java 项目。在主菜单中选择"File->New->Project"项，如图 1.2.7 所示，在弹出的项目创建窗体中找到"Java Project"，选择"Next>"，如图 1.2.8 所示。

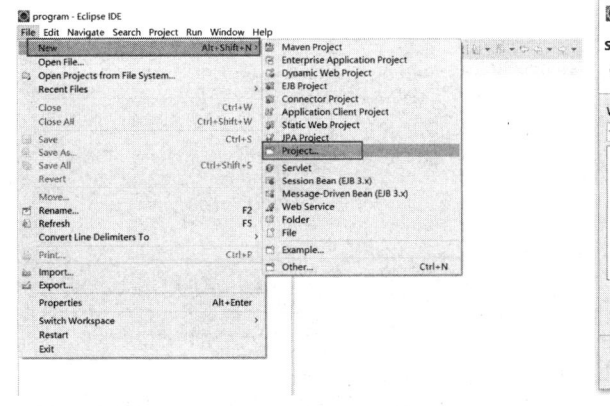 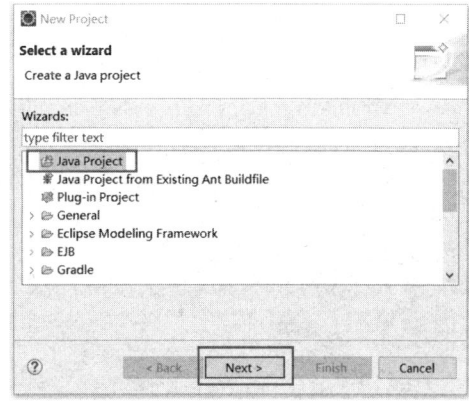

图 1.2.7　选择"File->New->Project"项　　　图 1.2.8　选择"Java Project"

设置项目名称，输入项目名"chapter01"之后单击"Finish"按钮完成项目创建，如图 1.2.9 所示。

（3）Eclipse 创建项目之后，将会在项目导航窗体中显示所创建的项目，从项目导航窗体中可以直接查看所创建的"chapter01"项目。Eclipse 项目的组织结构一般是由：JRE 系统类库、源程序目录（src）二部分组成，如图 1.2.10 所示。

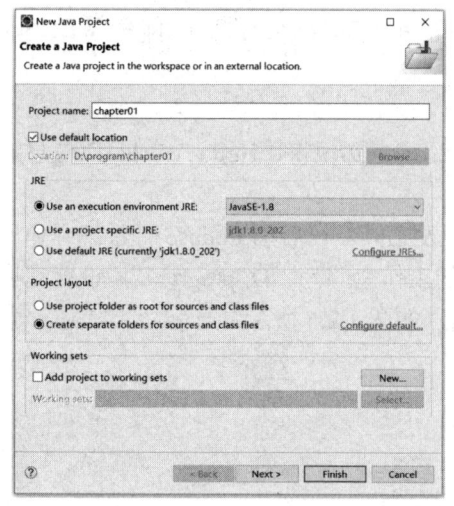

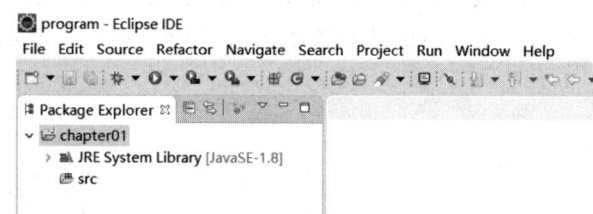

图 1.2.9　创建 Java 项目　　　　　　　　　　图 1.2.10　chapter01 项目结构

（4）新建 Java 类。为实现示例 1.1 的功能要求，在项目中新建 Java 类。右击项目名称 "chapter01"，在弹出的菜单中选择 "New->Class"，如图 1.2.11 所示。

（5）在新建类窗体中分别填写下面项目。包名（Package）："com.chapter01.demo01"、类名（Name）："Hello"，选中 "public static void main(String[] args)" 复选框，Eclipse 将会为 Java 程序自动生成 Java 入口方法，完成输入后单击 "Finish" 按钮即可，如图 1.2.12 所示。此时 Eclipse 将会在项目的 src 目录中创建一个名为 "Hello.java" 的 Java 代码源文件，并保存在 src 的 "com/chapter01/demo01" 子文件夹中。注意这个文件夹名与所设置的包名相同。

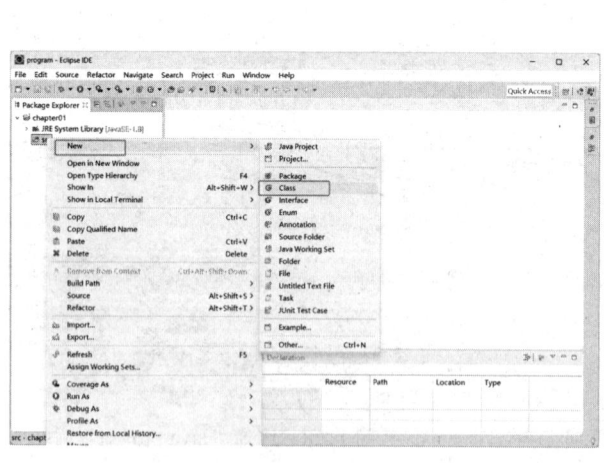

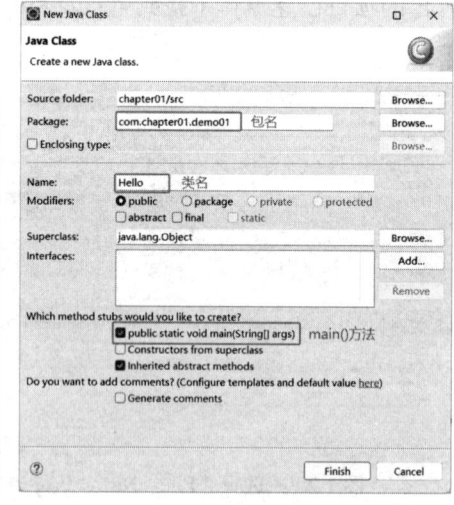

图 1.2.11　新建 Java 类　　　　　　　　　　图 1.2.12　创建 class 类设置窗体

（6）Eclipse 创建 Hello 类之后，将会在工作区中将该代码源文件打开进行编辑。在编辑区中就可以编写相应源代码，如图 1.2.13 所示。

代码编写完毕后一定要使用 "保存" 按钮保存。同时，如果出现语法错误时，Eclipse 将自动给予提示。

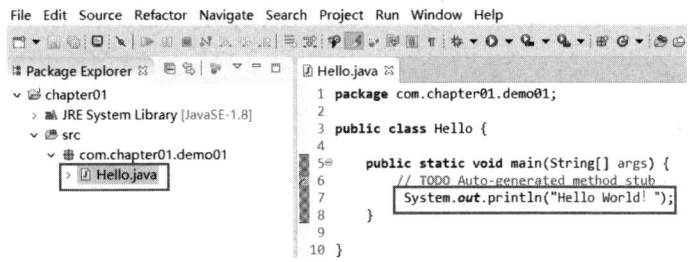

图 1.2.13　编写程序

（7）Java 程序运行。在 Eclipse 中可以直接运行所编写的程序，其方法是从项目导航窗体中选择"Hello.java"右击，在弹出的菜单中选择"Run As->Java Applications"项，如图 1.2.14 所示，Eclipse 将完成对 Hello.java 的编译与运行操作。

程序运行结果在提示区的控制台窗体中进行显示，如图 1.2.15 所示。

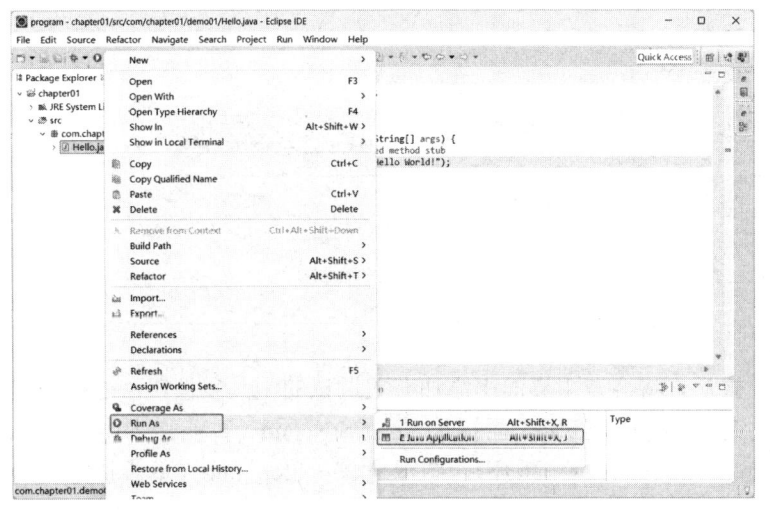

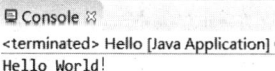

图 1.2.14　运行 Java 程序菜单　　　　　　　图 1.2.15　Java 程序运行结果

（8）调试程序。Eclipse 与其他集成开发工具一样，提供了对程序运行的跟踪调试的功能。这为排查程序错误提供了极大的帮助。针对源程序跟踪调试的方法如下。

① 设置程序调试断点。单击需要设置断点的语句左侧的编辑器边框，Eclipse 将会在此处作出断点标记。如图 1.2.16 所示，会在左侧出现一个蓝色小圆点，代表当前这一行已经设置了断点。当程序在调试状态下执行时，一旦遇到断点标记，将会暂停程序的运行。

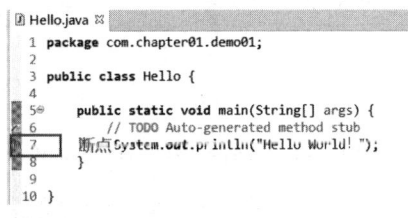

图 1.2.16　设置调试断点

② 启动调试程序。在 Eclipse 中主菜单“Run->Debug As->JavaApplication”项，如图 1.2.17 所示。

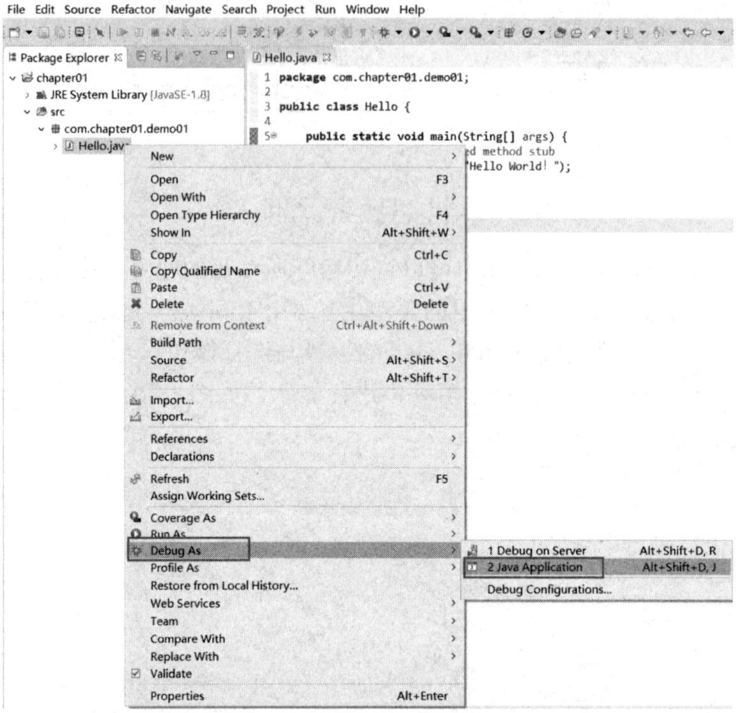

图 1.2.17　启动调试程序

Eclipse 进入程序调试模式后，将会在主界面中添加有关调试的工具条按钮，这些按钮从左到右包括：Resume（继续，功能键是 F8），图标是 ；Suspend（暂停），图标是 ；Terminate（停止），图标是 ；Disconnect（断开），图标是 ；Step into（单步执行，功能键为 F5），图标是 ；Step over（单步跳过执行，功能键为 F6），图标是 ；Step return（单步返回，功能键是 F7），图标是 。Eclipse 默认为绿色背景来标识当前程序行，如图 1.2.18 所示。

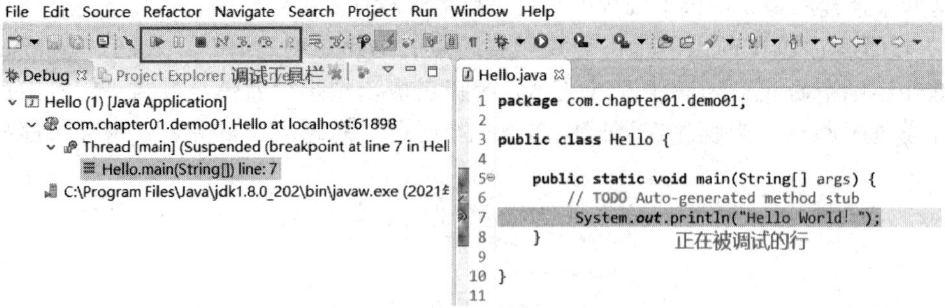

图 1.2.18　当前被调试的程序语句

③ 在调试状态下可以通过右侧变量窗口来查看当前程序运行的状态，如图 1.2.19 所示。

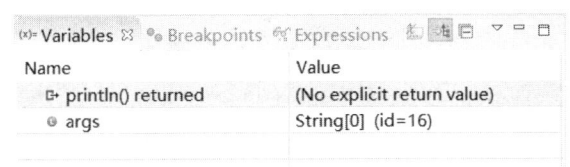

图 1.2.19　调试程序当前各变量或属性的值列表

④ 当程序调试完毕，可使用"继续（F8）"按钮或"运行（Run）"来执行后续程序。

1.2.2　Eclipse 工具的拓展应用

为进一步提升 Java 语言学习兴趣，本教材通过引入 Greenfoot 学习工具来提高编程的趣味性。Greenfoot 是由英国肯特大学的 Michael 和 Martin 设计开发的一款 Java 学习工具，Java 初学者通过这个工具能快速完成小游戏的开发工作。在前言中介绍的"程小白抢红包"游戏项目案例就是使用 Greenfoot 开发的。

1. Greenfoot 简介

Greenfoot 是纯 Java 语言编写的，完全支持 Java 的各项特性和 Java 标准类库。它是一款集 Java SE 环境、面向对象编程思想、游戏编程趣味于一身的 Java 学习工具，提供图形化操作界面，只需要通过拖拽加一点编程就能快速开发一款游戏，这大大降低了 Java 学习与游戏开发难度和门槛。下面简单介绍 Greenfoot 的安装与使用方法。

（1）Greenfoot 下载与安装

Greenfoot 是一款开源的共享软件，可以直接从其官网中下载。使用浏览器打开官方网站之后，单击"Enter Greenfoot site"超链接进入主页，并选择 Download 选项卡进入下载页面，如图 1.2.20 所示。（注：为配合本教材 JDK1.8 版本，建议读者下载 3.5.1 版本。）

运行安装程序"Greenfoot-windows-351.exe"将会启动安装向导窗体，在设置完安装路径与 JDK 路径之后，安装向导将会自动完成 Greenfoot 工具的安装，并在桌面上新建 Greenfoot 启动程序图标，如图 1.2.21 所示。

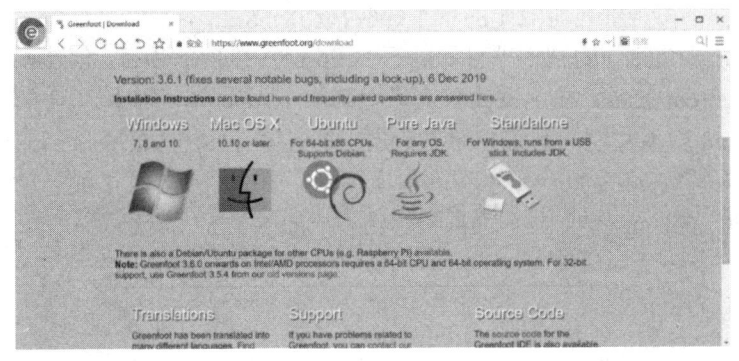

图 1.2.20　Greenfoot 下载页面

图 1.2.21　Greenfoot 启动程序图标

双击该图标就会进入 Greenfoot 操作主窗体，操作主窗体分为剧本运行显示区、剧本编辑区、主菜单区和剧本运行控制栏，如图 1.2.22 所示。

图 1.2.22　Greenfoot 操作主窗体

图 1.2.22 中 Greenfoot 操作主窗体是打开本教材案例"程小白抢红包"剧本时的初始状态。在下方的运行控制区中"Act""Run""Reset""Speed"按钮分别用于控制游戏单步运行、运行、重置复原和运行速度的；而剧本编辑区则是以图形方式显示游戏中的各组件类与元素。

（2）Greenfoot 的基本使用方法

在 Greenfoot 中开发游戏有两个重要的类：**用于背景控制的场景类（World 类）**，如程小白抢红包游戏的背景，就由这个场景类来实现；**用于场景中的角色类（Actor 类）**，如游戏中的红包、炸弹、元宝、金币、抢红包的"程小白"等，都是角色。这两个类都是 Greenfoot 提供的抽象类，不能直接用其创建实例放置到项目中，因此在实际开发中需要根据实际需求创建这两个类的子类。

下面通过实现"程小白抢红包"游戏中的红包下掉功能为例，介绍 Greenfoot 的基本使用方法。

示例 1.2　编写程序实现程小白抢红包游戏中的单个红包移动的功能。

① 创建游戏剧本项目。Greenfoot 中的剧本项目等同于 Eclipse 中的 Java 项目。创建剧本项目方法是，首先启动 Greenfoot 工具，在主窗体中选择主菜单"Scenario（剧本）"中的"New Java Scenario"（新建 Java 剧本）项，系统会弹出新建剧本窗体，如图 1.2.23 所示。然后在窗体中分别输入项目名称"RedPacketWar"和确定项目保存的文件夹位置，最后单击"确定"按钮完成项目创建，Greenfoot 会显示项目初始状态，如图 1.2.24 所示。

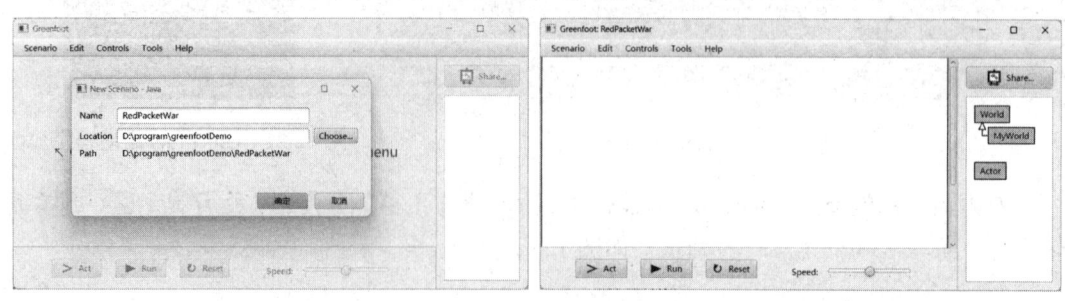

图 1.2.23　新建剧本窗体　　　　　　图 1.2.24　程小白抢红包游戏项目初始状态

项目创建完成之后，Greenfoot 会创建一个与项目名称相同的文件夹，文件夹中包含了项目的所有文件，其中"images"子文件夹用于保存项目中的图片素材，"sounds"子文件夹用于保存项目中音乐素材，"porject.greenfoot"为项目工程文件，项目工程文件夹结构如图 1.2.25 所示。

② 创建游戏场景类（RedPacketWar 类）。在图 1.2.24 中右击剧本编辑区中的"World"图标，在弹出的菜单中选择"New subclass..."项，在弹出的新建窗体中输入背景类名"RedPacketWar"，并在"Scenario images"中使用"Import from library"项将项目资源库中的背景图片"background.jpg"引入，如图 1.2.26 所示。

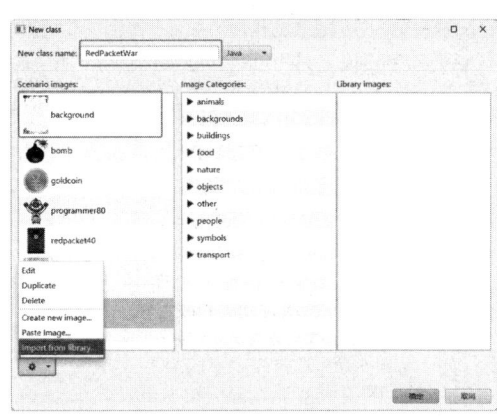

图 1.2.25　项目工程文件夹结构　　　　　图 1.2.26　创建 RedPacketWar 场景类

③ 实例化游戏场景类。创建 RedPacketWar 场景类之后，要在工作区进行显示，需要对场景类进行实例化并加入到 Greenfoot 平台，就可以启动该场景了，其操作方法是在 Greenfoot 窗体中的剧本编辑区中选中上面所创建的 RedPacketWar 类，右击，在弹出的菜单中选择"new RedPacketWar()"项即可，如图 1.2.27 所示。

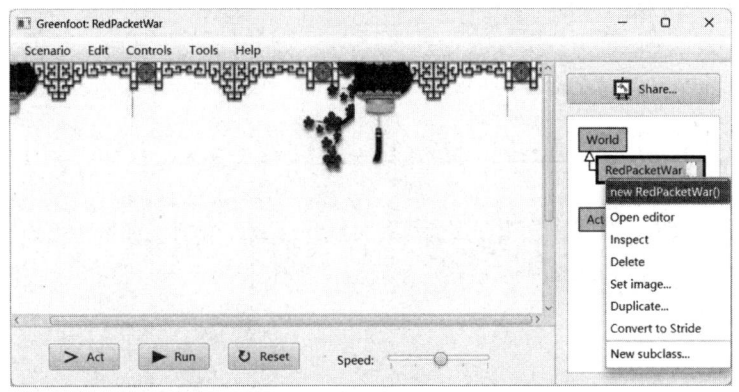

图 1.2.27　创建 RedPacketWar 场景类实例

④ 修改游戏场景尺寸。由于图 1.2.27 显示的场景图片尺寸不正确，这款游戏场景尺寸应该是 400*600 的单元格，且每个单元格的尺寸是 1 个像素，因此需要修改这个默认设置。这就需要启动 Greenfoot 工具中的代码编辑器，在编辑器中对 RedPacketWar 类中的默认构造方法进行修改，其操作方法就是在剧本编辑区双击"RedPacketWar"图标，Greenfoot 将打开代码编辑器，如图 1.2.28 所示，在代码编辑器中将程序修改如下：

```
01    import greenfoot.*;
02
03    /**
04     * Write a description of class RedPacketWar here.
05     *
06     * @author (your name)
07     * @version (a version number or a date)
08     */
09    public class RedPacketWar extends World
10    {
11
12        /**
13         * Constructor for objects of class RedPacketWar.
14         *
15         */
16        public RedPacketWar()
17        {
18            // Create a new world with 600x400 cells with a cell size of 1x1 pixels.
19            super(400, 600, 1);
20        }
21    }
```

说明：将第 19 行代码修改为 super(400,600,1)。这个父类构造方法有 3 个参数，即背景的宽度（worldWidth）、背景的高度（worldHeight）、每个单元格边长（cellSize），以像素为单位。修改之后单击"Close"按钮完成修改并关闭修改窗口。要更新修改后的效果，还需要在剧本编辑区对 RedPacketWar 场景类进行实例操作，方法参见步骤③，修改后的效果如图 1.2.29 所示。

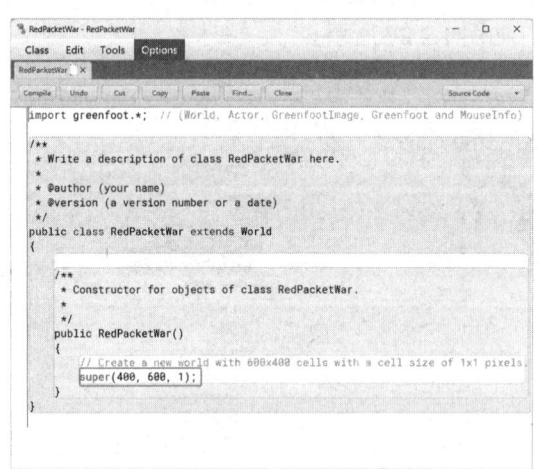
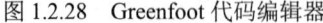

图 1.2.28 Greenfoot 代码编辑器

图 1.2.29 修改后游戏场景

⑤ 为项目添加红包类（RedPacket 类）。为了实现在游戏中能有红包出现，这些红包还能自动移动，就需要在游戏场景中添加角色，而这些角色就是 Actor 类。由前述可知 Greenfoot 中的 Actor 类是抽象类，是不能直接实例添加到场景中的，因此只能在 Actor 类的基础上创建它的子类，也就是红包类——RedPacket 类，其操作方法是：在剧本编辑区右击"Actor"图标，在弹出的菜单中选择"New subclass..."项，在弹出的新建窗体中输入背

景类名"RedPacket",并在"Scenario images"中使用"Import from library"项,引入项目
资源库中的背景图片"redpacket40.png",如图 1.2.30 所示,完成红包类的创建,就会在
Greenfoot 中的剧本区将红包角色添加到 Actor 区域。

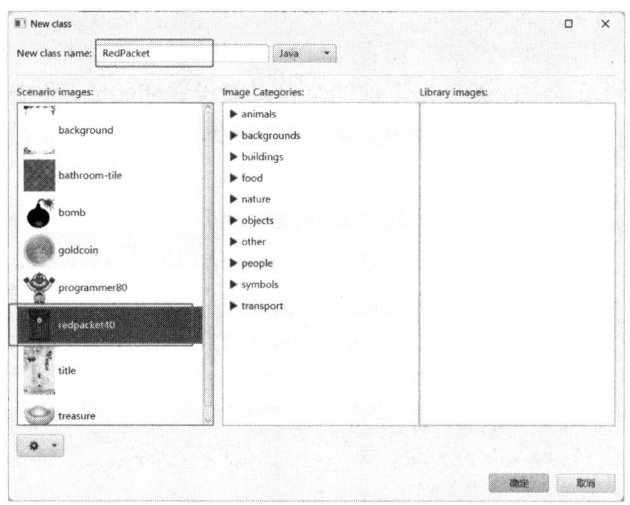

图 1.2.30　创建红包类——RedPacket 类

⑥ 添加红包下落的运动代码。要实现红包下落运动,其关键点就是让红包角色在场景中
的位置不断被修改,如果是直线下掉,就只需要修改红包类所在位置的 y 轴坐标值。在 Greenfoot
工具中为实现对 Actor 类的控制操作,Greenfoot 中的模拟器会自动循环调用场景中所有角色类
中的 act()方法。因此要实现红包角色移动,只需要在 RedPacket 类的 act()方法中添加修改角色
位置的代码。要实现上述功能,需要使用 Actor 类中有关位置的方法有:getX()取角色 x 轴坐
标值;getY()取角色 y 轴坐标值;setLocation(x,y)将角色显示在指定坐标位置的方法。

红包下落程序修改的方法与步骤④相同。修改后的代码如下:

```
01    import greenfoot.*;
02    /**
03     * 红包类,继承自角色类 Actor
04     * @author (your name)
05     * @version (a version number or a date)
06     */
07    public class RedPacket extends Actor
08    {
09        /**
10         * 红包的行为方法,Greentfoot 会自动循环调用
11         */
12        public void act()
13        {
14            int x = this.getX();//取当前红包 x 轴坐标值
15            int y = this.getY();//取当前红包 y 轴坐标值
16            y = y + 5; //修改 y 轴坐标值,下掉高度
17            this.setLocation(x,y);//移动到新的位置
18        }
19    }
```

由上可知，打开 Greenfoot 代码编辑时只需要添加第 14 行至第 17 行代码。第 14 行代码是获取红包当前位置的 x 轴坐标值；第 15 行代码是获取红包当前位置的 y 轴坐标值；第 16 行代码是计算新的 y 轴坐标值，这里是指每次向下移动 5 个像素；第 17 行代码表示将红包移动到新的位置。

⑦ 将红包类实例添加到场景中。要实现红包能在场景中显示并移动，首先创建红包类，并将其添加到指定的场景中；然后为添加的红包对象设置初始显示位置坐标。具体的方法就是打开 RedPacketWar 类,在构造方法中使用 World 类中的 addObject(Actor actor,x,y)方法，将红包对象添加到场景中，代码如下：

```
01    import greenfoot.*;
02    /**
03     * 场景类
04     * @author (your name)
05     * @version (a version number or a date)
06     */
07    public class RedPacketWar extends World
08    {
09        /**
10         * 构造方法
11         */
12        public RedPacketWar()
13        {
14            super(400, 600, 1); //设置场景尺寸
15            RedPacket rp = new RedPacket();//创建红包对象
16            this.addObject(rp,180,50);//将红包对象添加到场景中坐标为（180，50）的位置
17        }
18    }
```

说明： 上述第 15、第 16 行代码就是完成角色类对象与添加角色到指定位置的代码。

⑧ 运行场景。在完成前述步骤之后，要运行该游戏场景，首先需要在剧本编辑区右击"RedPacketWar"，选择"new RedPacketWar()"项，将需要运行的场景实例化，然后单击剧本运行控制区中的"Run"（运行）按钮，游戏场景即启动。在场景中就可以看到红包在下落，如图 1.2.31 所示。

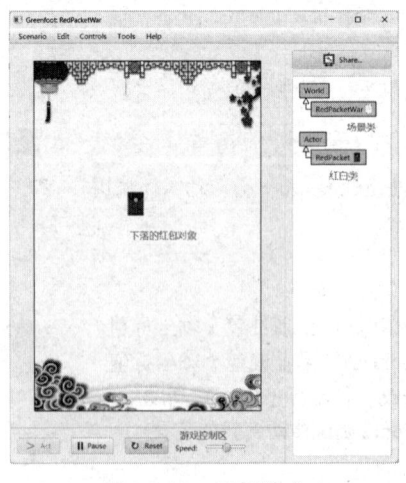

图 1.2.31　运行游戏

练习 1.1　在**示例 1.2** 的基础上为程小白抢红包游戏项目增加炸弹类（Bomb 类），实现将炸弹对象添加到场景中，并能实现下落运动。

提示
　　① 炸弹类与示例 1.2 中的红包类都是 Actor 的子类；
　　② 炸弹运行脚本可以参考红包类；
　　③ 炸弹图标文件名为"Bomb.png"，本教材配套资源包中已提供。

2. 在 Eclipse 中设计开发 Greenfoot 应用程序

虽然 Greenfoot 工具提供了一种快速简单开发游戏的方式来提升学习者兴趣，但在项目交流与协作方面的能力较弱。因此脱离 Greenfoot 工具平台在其他集成开发环境中设计Greenfoot 应用程序就变得非常必要了。Greenfoot 是由 Java 语言设计开发的，对平台基础功能模块进行了封装，可以被 Eclipse 引用和调用。下面将以 Eclipse 为开发工具实现示例1.2 的功能为例，来讲解如何在 Eclipse 中设计开发 Greenfoot 应用程序。

示例 1.3　使用 Eclipse 工具开发程小白抢红包游戏中红包下落功能。

（1）创建 Eclipse 项目工程。

启动 Eclipse，选择已经建好的"chapter01"项目。为使 Eclipse 项目能使用 Greenfoot提供的 API，必须在项目中引用 Greenfoot API 类库。Greenfoot 的 API 主要封装在 greenfoot.jar和 bluejcore.jar 这两个 jar 组件文件中，其引用方法如下。

单击主菜单"Project"，在弹出的菜单中选择"Properties"项，打开项目属性设置窗体，在窗体中左侧选择"Java Build Path"项目，在"Java Build Path"设置区域中选择"Libraries"选项卡。

在当前选项卡中单击"Add External JARs..."按钮，在弹出的文件选择器中，分别添加Greenfoot 安装文件夹下的 lib 子文件夹（../Greenfoot/lib）中的 bluejcore.jar 文件和 Greenfoot安装文件夹下的 lib 子文件夹下的 extensions 子文件夹（../Greenfoot/lib/extensions）中的greenfoot.jar 文件，也可以直接复制出这两个 jar 包存到某个文件夹内再进行添加。添加之后单击"Apply and Close"按钮完成设置，如图 1.2.32 所示。添加第三方类库之后项目结构如图 1.2.33 所示。

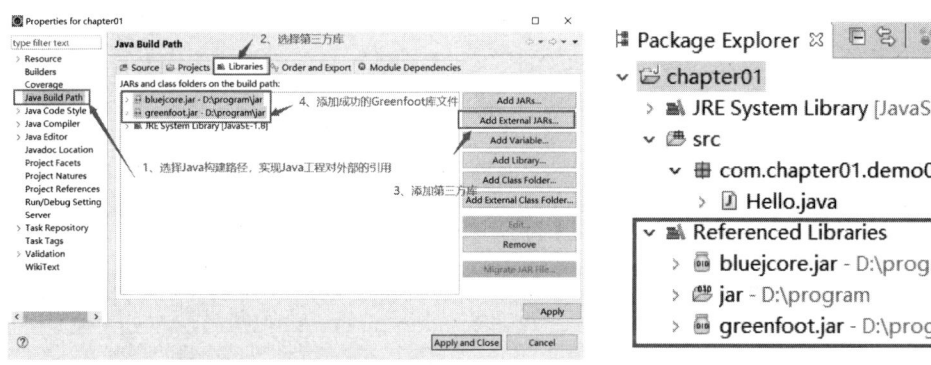

图 1.2.32　项目属性设置窗体　　　　　　　　图 1.2.33　项目结构

在项目的 src 目录中创建放置游戏图片的文件夹和音乐的文件夹。右击 src 目录，在弹出的菜单中选择"New"->"New Folder"选项，在弹出的新建文件夹窗体中输入文件夹名"images"，单击"Finish"按钮完成新建操作。同样按上述操作新建放置音乐的 sounds 文件夹，images 子文件夹用于保存项目中的图片素材，sounds 子文件夹用于保存项目中音乐素材。

将游戏中使用到的背景图片 background.jpg 和红包图标 redpacket40.png 文件复制到 images 目录中。完成操作后项目结构如图 1.2.34 所示。

（2）在项目中创建红包类——RedPacket 类。

选择项目导航窗体的 chapter01/src，右击，在弹出的菜单中选择"New"->"Class"项，打开新建类窗体，在窗体中的 Package、Name 和 Superclass 三项中分别输入包名"com.chapter01.demo03"、类名"RedPacket"和父类名称"greenfoot Actor"，如图 1.2.35 所示。

可以单击 Superclass 右侧的"Browser"按钮，在打开的窗体中输入"Actor"，会自动查找到 Actor 父类对应的包，该

图 1.2.34　项目结构

包位于导入的第三方库 greenfoot.jar 中，如图 1.2.36 所示。

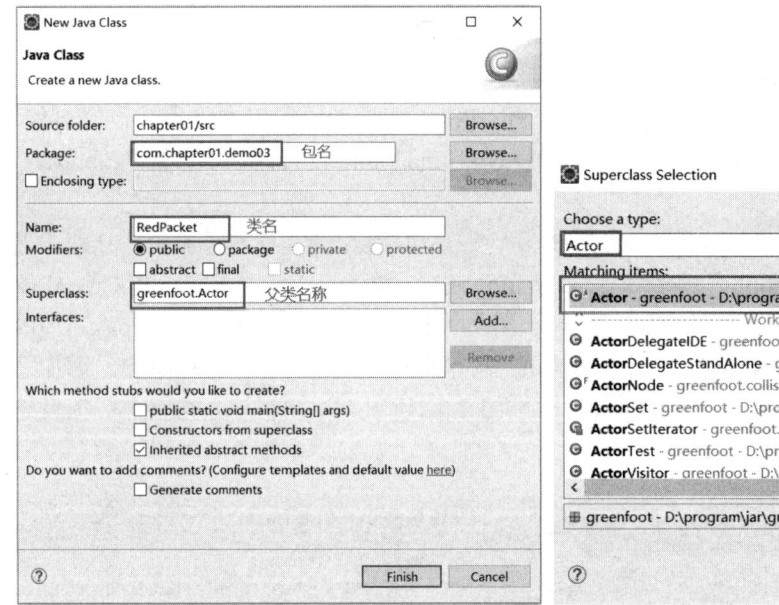

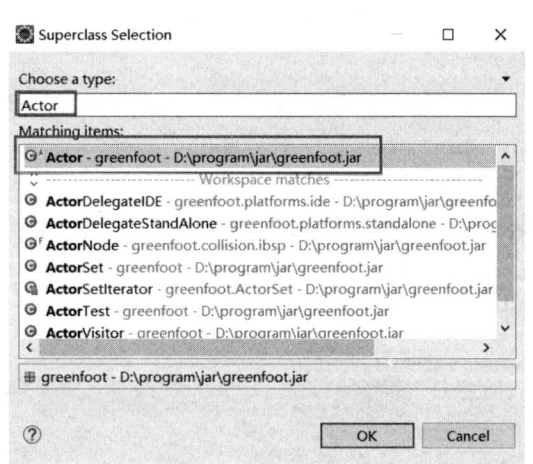

图 1.2.35　创建 RedPacket 类　　　　图 1.2.36　导入 Actor 父类对应的包

完成红包类创建之后，输入红包类的代码，如下所示：

```
01    package com.chapter01.demo03;
02    import greenfoot.Actor;
03    /**
04     * 红包类
05     * @author
06     */
07    public class RedPacket extends Actor {
08        //构造方法
09        public RedPacket() {
```

```
10              super();
11              //设置红包图标
12              this.setImage("/images/redpacket40.png");
13          }
14      //角色运动脚本方法
15      @Override
16      public void act() {
17              int x = this.getX();
18              int y = this.getY();
19              y = y + 5;//y 轴坐标值向下移动 5 个单元
20              //实现红包下落
21              this.setLocation(x, y);
22          }
23  }
```

说明：

① 第 09 行至第 13 行代码是红包类的构造方法，并使用 setImage()方法设置红包类在场景中显示的图标。

② 第 16 行至第 22 行代码是红包类的运行脚本方法,在方法中编写控制该角色的程序。第 17、第 18 行代码是使用 getX()和 getY()方法取得本红包在场景屏幕的位置坐标。第 19 行代码用于计算红包角色新的 y 轴坐标值，也就是下降一次的高度。要实现红包下落运动，其关键点就是让红包角色在场景中的显示位置不断被修改，如果是直线下掉就只需要修改红包类所在位置的 y 轴坐标值。第 21 行代码是使用 setLocation()方法移动红包。

（3）在项目中创建程小白抢红包游戏的主场景类——RedPacketWar 类。

红包类创建好后，要将红包显示在场景中，需要创建对应的场景类，也即显示红包游戏的窗口与背景图片。场景类均继承自 World 类。World 类是一个承载 Actor 游戏对象们的世界（或场景），它本身也是一个二维的坐标格网络。Actor 游戏对象要载入游戏界面显示，要先放入到场景的某个位置。

在项目导航窗体中选中 "com.chapter01.demo03" 这个包名，右击，在弹出的菜单中选择 "New" -> "Class" 项，打开新建类窗体，在窗体中的 Name 和 Superclass 两项中分别输入类名 "RedPacketWar" 和父类名 "World"，完成创建之后在代码编辑器中输入场景类代码，如下所示：

```
01  package com.chapter01.demo03;
02  import greenfoot.World;
03  /**
04   * 程小白抢红包场景类
05   * @author
06   */
07  public class RedPacketWar extends World {
08      public RedPacketWar() {
09          super(400,600,1);
10          //设置场景背景图片
11          this.setBackground("images/background.jpg");
```

```
12          //创建红包对象
13          RedPacket rp   = new RedPacket();
14          //将创建的红包对象加入到场景中，并放置在坐标为(200,100)的位置上
15          this.addObject(rp, 200, 100);
16      }
17  }
```

（4）为项目添加 Greenfoot 项目文件。

为了在 Eclipse 中运行 Greenfoot 游戏需要在 Eclipse 项目中添加 Greenfoot 项目文件。Greenfoot 的项目文件名统一命名为 "project.greenfoot"，该文件是一种文本属性文件，用于保存 Greenfoot 项目中的初始设置，由于现在使用 Eclipse 工具代替 Greenfoot 平台，故不需要设置里面的配置，只需要在项目中创建名为 "project.greenfoot" 的文本文件，不需要在该文件中输入任何信息。添加的方法是在项目导航区中选中 "chapter01"，右击，在弹出的菜单中选择 "New" -> "File" 项，在打开的新建窗体中的 "Enter or select the parent folder" 项中输入文件保存的位置，这个配置文件需要保存在项目文件夹下的源码子文件夹（chapter01/src）中；在 "File name" 项中输入 "project.greenfoot"，如图 1.2.37 所示。

创建成功后，在 src 文件夹下会出现 project.greenfoot 文件，文件可以是空白，不需要输入任何代码，如图 1.2.38 所示。

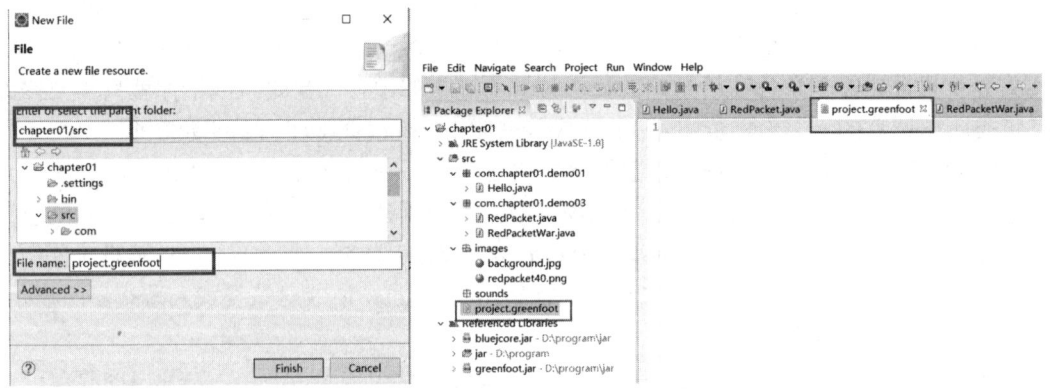

图 1.2.37 创建 Greenfoot 项目配置文件   图 1.2.38 Greenfoot 项目配置文件

（5）创建 Greenfoot 属性文件 standalone.properties。

为了让 Greenfoot 项目能够在 Eclipse 中编辑和运行，只有 Greenfoot 项目配置文件还不够，还需要有保存和设置 Greenfoot 项目属性的属性文件 standalone.properties，该文件是一种键值对形式的文本文件。在属性文件中可设置 Greenfoot 项目名称、项目主要场景类、控制区按钮标题等。该文件必须与 Greenfoot 项目配置文件 project.greenfoot 放在同一个文件夹下，也就是保存在 "chapter01/src" 文件夹中。

standalone.properties 属性文件创建方法与前面 project.greenfoot 文件创建方式雷同。创建完成之后在项目导航窗体中选择该文件打开，在编辑区中输入如下属性设置信息。

```
01  #greenfoot 项目名称
02  project.name=chapter01
03  #greenfoot 项目主场景类
04  main.class=com.chapter01.demo03.RedPacketWar
```

```
05    #是否允许使用 Eclipse 开发
06    eclipse=on
07    #锁定剧本编辑区
08    scenario.lock=true
09    #剧本运行控制按钮属性设置
10    controls.pause.button=Pause
11    reset.world=Reset
12    run.simulation=Run
13    pause.simulation=Pause
14    run.once=Act
15    controls.run.button=Run
16    controls.speed.label=Speed\:
```

说明：

① 第 02 行 project.name 属性用于设置该 Greenfoot 项目的项目名称；

② 第 04 行 main.class 属性用于设置 Greenfoot 项目运行时的主类，也就是首先加载的场景类，本示例中应为 com.chapter01.demo03.RedPacketWar 类；

③ 第 06 行 eclipse 属性用于设置是否在 Eclipse 中运行 Greenfoot 项目；

④ 从第 08 行之后开始的属性为可选设置值，用于设置运行控制区按钮中的提示信息之类。

在后续的任务中，如果需要在 Eclipse 中运行 Greenfoot 项目，只需修改 standalone.properties 属性文件第 2 行的项目名称及第 3 行的包名即可。

（6）在 Eclipse 中运行 Greenfoot 项目。

在完成上述步骤的操作之后，就可以在 Eclipse 中运行 Greenfoot 项目，其操作方法如下：

① 在项目导航窗体中选择"chapter01"项目之后右击，在弹出的菜单中选择"Run As ..." -> "Run Configurations..."项，打开运行菜单设置窗体，如图 1.2.39 所示。

在运行配置窗体中选择"Java Application" -> "New Configuration"项，进入新的运行配置界面，如图 1.2.40 所示。

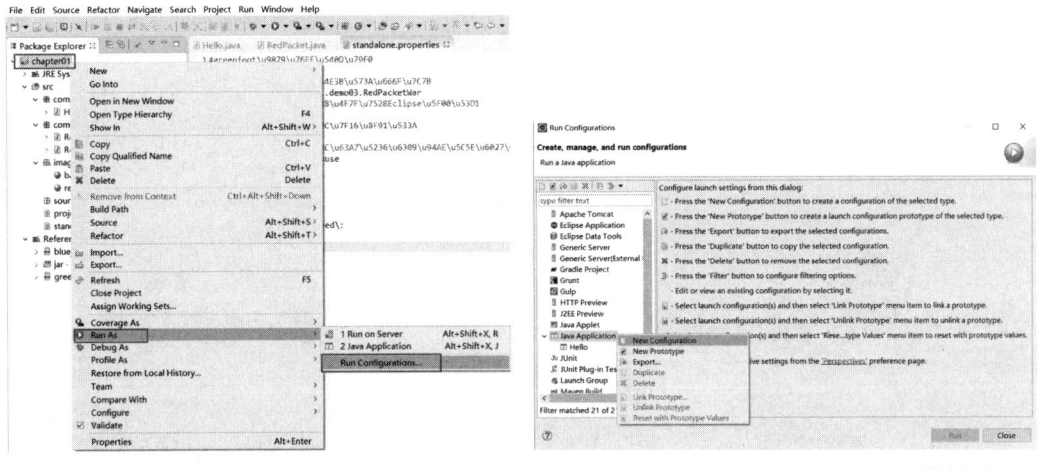

图 1.2.39　在运行菜单中打开运行配置窗体　　　图 1.2.40　配置窗体打开新的配置界面

② 在新的配置界面上分别设置运行的项目名称和项目主类，注意在 Eclipse 中运行 Greenfoot 项目时必须将项目启动主类设置为 Greenfoot 平台的启动程序，即在"Main class"中输入"greenfoot.export.GreenfootScenarioApplication"，如图 1.2.41 所示。

③ 完成运行参数设置之后，单击设置窗体中的"Run"按钮运行项目。项目运行的结果如图 1.2.42 所示。

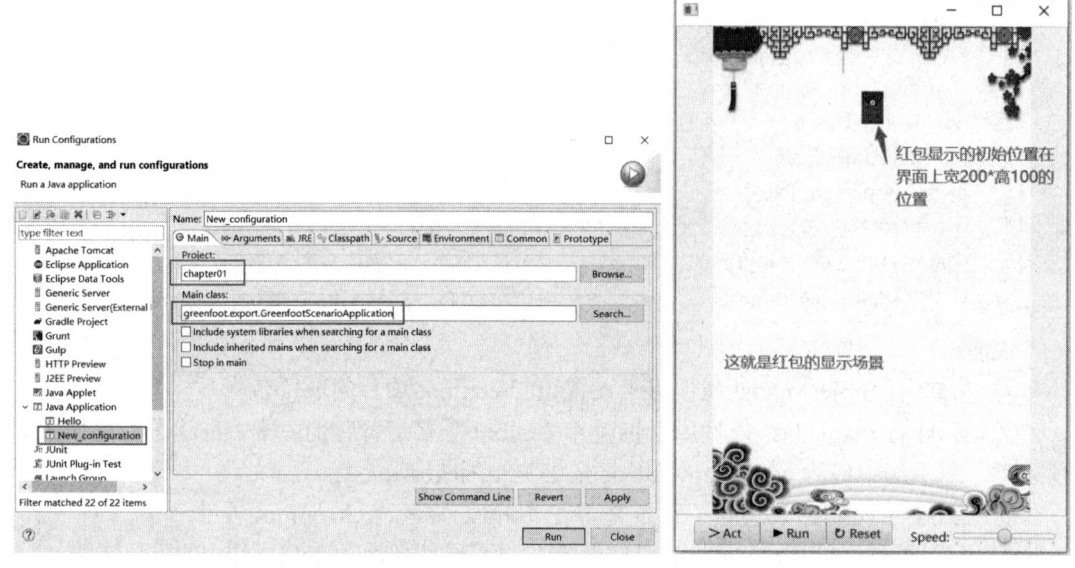

图 1.2.41　项目运行参数设置　　　　　　　　图 1.2.42　项目运行结果

④ 单击红包窗体下方的"Run"按钮，运行项目，可以看到红包会直线往下掉落。单击"Reset"按钮，可以重置红包位置，继续运行查看项目运行的效果，如图 1.2.43 所示。

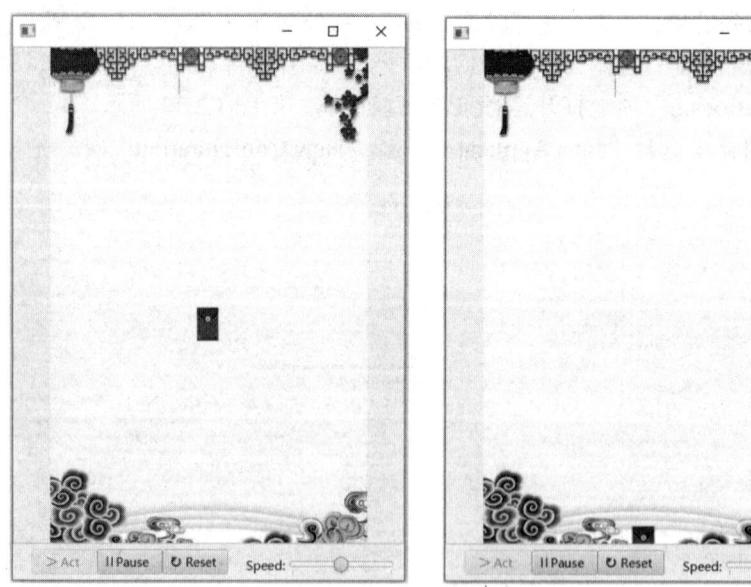

图 1.2.43　红包下落效果

综上所述，要脱离 Greenfoot 平台在 Eclipse 中开发 Greenfoot 项目，必须要包括下面三个方面的操作。

① 在项目中添加 greenfoot.jar 和 bluejcore.jar 两个 API 类库的引用。

② 在项目中创建 Greenfoot 项目配置文件 project.greenfoot 和项目属性文件 standalone.properties，其中在 standalone.properties 文件中必须设置 main.class 属性的值为项

目运行时入口场景类；

③ 在 Eclipse 运行 Greenfoot 项目时必须设置"Main class"运行参数为"greenfoot.export.GreenfootScenarioApplication"，也就是通过 Greenfoot 平台来启动项目，Greenfoot 平台通过读取 standalone.properties 属性文件中的设置来加载游戏入口场景类，从而启动游戏运行。

练习 1.2 在**示例 1.3** 的基础上为程小白抢红包游戏项目增加炸弹角色类（Bomb 类），实现将炸弹角色对象添加到场景中，并能实现下落运动。

① 炸弹类与示例 1.3 中的红包类都是 Actor 的子类；
② 炸弹角色的运行脚本可以参考红包类；
③ 要在界面上显示炸弹需要修改场景类 RedPacketWar 里面的显示对象；
④ 炸弹图标文件名为"Bomb.png"，本教材配套资源包中已提供。

┃任务实施┃

使用 Eclipse 编写 Java 代码，编译运行后显示有家超市销售管理系统中超市的基本信息。

（1）在"chapter01"项目中，选择"src"，右击，选择"New"->"Package"，新建一个包"com.chapter01.task"，此包里面放置的是任务实施的类，如图 1.2.44 所示。

（2）选中新建的包，右击，选择"New"->"Class"项，新建一个 Supermarket 类，并且选中 main()方法，单击"Finish"按钮，完成类的创建，如图 1.2.45 所示。

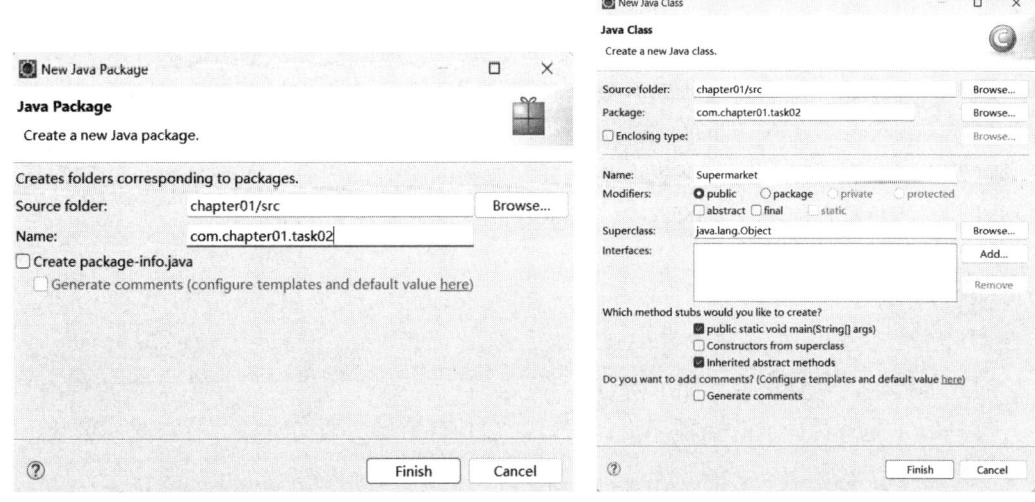

图 1.2.44　新建任务包　　　　　图 1.2.45　新建 Supermarket 类

（3）在代码编辑区中输入如下代码，实现 Supermarket 类的编写。

```
01    package com.chapter01.task02;
02    public class Supermarket{
03        public static void main(String[] args) {
04            // TODO Auto-generated method stub
05            System.out.println("超市名称：有家超市");
06            System.out.println("超市地点：长沙市南湖路 38 号");
07            System.out.println("超市营业时间：07:00-22:00");
```

```
08        }
09    }
```

（4）选中"Supermarket"类，右击，选择"Run as"->"Java Applicaiton"项，运行项目，结果如图 1.2.46 所示。

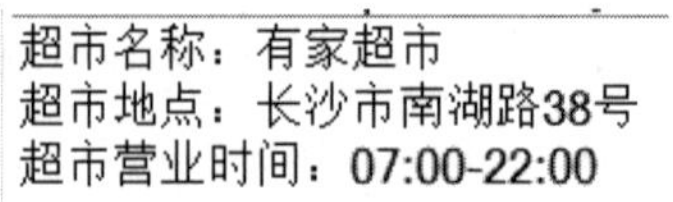

```
超市名称：有家超市
超市地点：长沙市南湖路38号
超市营业时间：07:00-22:00
```

图 1.2.46　Supermarket 类运行结果

▍任务小结 ▍

本任务主要是让读者了解 Java 基本知识，熟悉 JDK 的安装与设置，了解 Greenfoot 学习工具，掌握 Java 集成开发工具——Eclipse 的安装与使用。

▍任务拓展 ▍

请使用 Eclipse 编写一个 Java 程序，实现在屏幕中显示学生信息，包括姓名、班级、性别、年龄等。

▍素养提升 ▍

Eclipse 作为一款流行的 Java 集成开发环境，不仅提供了丰富的功能，还能通过插件拓展实现更多可能性。熟练运用 Eclipse，能大大提高开发效率，如同工匠拥有精良工具可雕琢出精美作品，体现了工具对于提高生产力的重要性，激励开发者不断追求技术进步。

随着软件行业的快速发展，对开发工具的使用和选择也提出了更高要求。面对工具的更新换代，软件开发者要保持学习热情，积极适应变化，学会灵活运用各种开发工具，勇于尝试新的插件和工具，以创新思维推动开发效率的提升，提升个人竞争力。我们需要培养与时俱进的精神和终身学习的意识，以更好地适应社会发展需求。

模块小结

通过本模块，主要学习了如下内容。

（1）Java 是一种面向对象程序设计语言，它具有简单、面向对象、分布式、健壮、安全等特性。

（2）根据不同应用场景，将 Java 技术平台划分为 Java ME、Java SE 和 Java EE 三种。

（3）JDK 的安装与配置，Java 代码的编写、编译和运行方法；

（4）Java 程序结构与编写方法；

（5）Eclipse 集成开发工具的安装与配置，使用 Eclipse 开发 Java 程序的方法。

（6）使用 Eclipse 工具开发 Greenfoot 游戏程序的方法。

模块训练

一、选择题

1．下述哪项特性不属于 Java 语言（　　）。

A．面向对象　　　　　B．分布式　　　　　C．健壮　　　　　D．编译型语言

2．下面哪个子平台是 Java 标准版本（　　）。

A．Java NET　　　　　B．Java EE　　　　　C．Java SE　　　　　D．Java ME

3．下面哪个工具是 Java 程序编译器（　　）。

A．javac.exe　　　　　　　　　　　　B．java.exe

B．Javadoc.exe　　　　　　　　　　　D．appletviewer.exe

4．编译 Java Application 源程序文件将产生相应的字节码文件，这些字节码文件的扩展名为（　　）。

A．.java　　　　　　　B．.class　　　　　　C．.html　　　　　　D．.exe

5．下面哪个方法是 Java 程序运行入口方法（　　）。

A．void main (String[] args)　　　　　B．int method (int y)

C．void main (int x,int y)　　　　　　D．void output ()

二、简答题

1．简述 Java 语言的基本特征。

2．简述 Java 程序开发过程。

3．在 Windows 系统下安装 JDK，需要配置哪些系统变量？

三、编程题

1．编写一个简单的 Java 程序，在控制台输出个人基本信息。

姓名：XXX　　　　　性别：X　　　　年龄：XX　　　　爱好：XXXXX

2．使用 Eclipse 编写程序实现在场景中显示"程小白抢红包"图片，如图 1.1 所示。（注：封面图片文件名为 title.jpg）

图 1.1　显示封面

模块实践

任务 1.2 中定义的红包类中只是展示了红包下落功能。在程小白抢红包游戏中需要程小白角色来抢夺红包，因此需要在场景中显示程小白角色。请定义程小白类，并在场景中呈现。

模块单词

Internet	[ˈɪntənet]	互联网
Intranet	[ˈɪntrənet]	内联网
Garbage Collection	[ˈɡɑːbɪdʒ kəˈlekʃn]	垃圾收集器
algorithm	[ˈælɡərɪðəm]	算法
Memory Leak	[ˈmeməri liːk]	内存泄漏
Virtual Machine	[ˈvɜːtʃuəl məˈʃiːn]	虚拟机
Development Tools	[dɪˈveləpmənt tuːl]	开发工具
Administrator	[ədˈmɪnɪstreɪtə(r)]	管理员
Integrated Development Environment	[ˈɪntɪɡreɪtɪd dɪˈveləpmənt ɪnˈvaɪrənmənt]	集成开发环境

模块 二 数据类型描述与运算

模块介绍

本模块介绍 Java 编程的基础知识。讲述 Java 代码的基本组成、Java 数据类型、变量、常量以及运算符等，使初涉编程的读者熟悉 Java 语法，为后续章节的学习奠定基础。

本模块结合有家超市销售管理系统项目，完成相关数据信息的描述、界面设计及购物结算等功能。

知识图谱

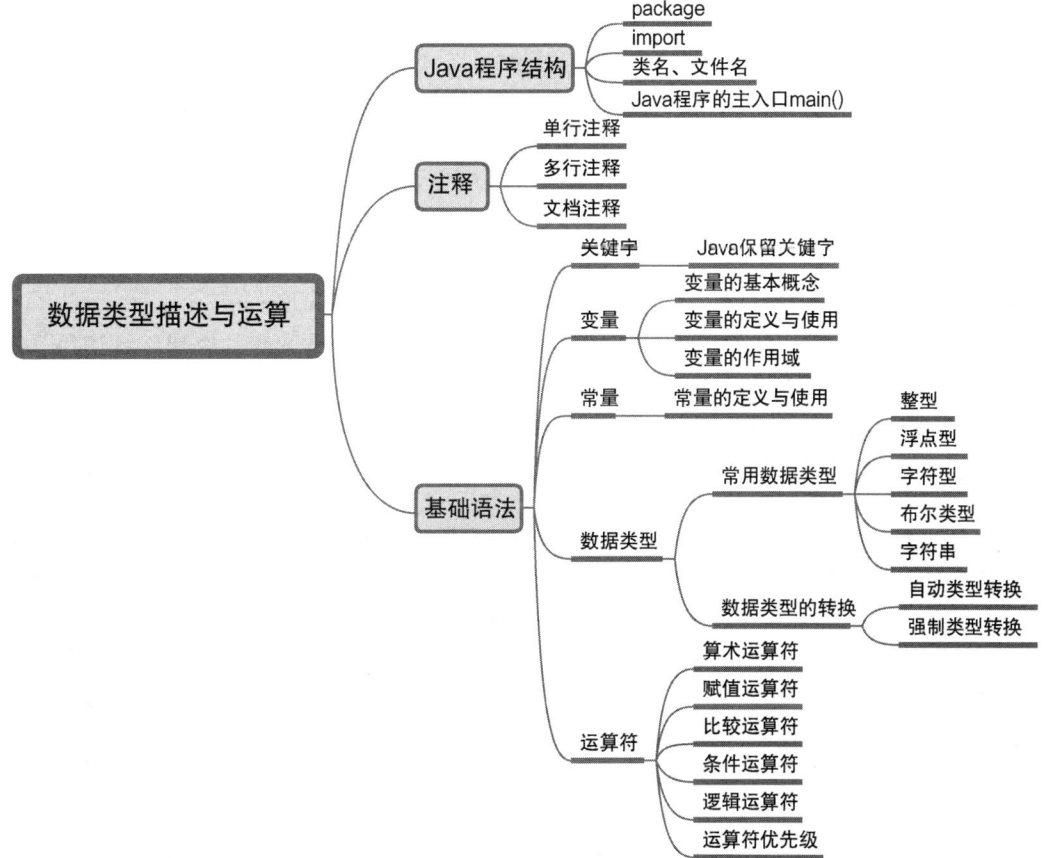

💲 **模块目标**

【知识目标】

- 了解 Java 的编码规范和代码规范
- 掌握 Java 应用程序的基本结构
- 掌握 Java 的基本数据类型
- 理解 Java 的变量和常量
- 掌握 Java 运算符的使用
- 理解 Java 数据类型的转换

【能力目标】

- 能正确定义各种数据类型的变量、常量表达数据信息
- 能进行不同数据类型的转换
- 能从键盘输入各种类型的数据并保存在变量中
- 能使用基本运算符与表达式进行计算

【素质目标】

- 具有逻辑思维素养
- 具有代码规范意识和良好的编程习惯
- 具有较强的编码实践能力
- 具有勇于探究创新的开拓精神

任务 2.1 设计系统主界面

▎任务目标▎

每种编程语言都有一套需遵循的语法规则，Java 语言也是如此。要想熟练使用 Java 语言，首先就必须了解其基本语法格式、代码书写规范、标识符和关键字的定义等。本任务的目标是用 Java 的基本语法规则完成有家超市销售管理系统主菜单的设计。

▎任务描述▎

有家超市销售管理系统包含会员管理、商品管理、销售管理、活动中心、注销系统等功能，要实现这些功能，首先需要设计主菜单，以供用户进行选择。由于还没有学习图形界面，因此可先在控制台模拟信息的显示、输出。

▎任务准备▎

微课：2.1.1

2.1.1 Java 的基本语法格式

Java 的基本语法格式

1. package 语句

package 语句的用途主要是用于分类管理类文件，类似于 Windows 操作系统中的文件夹。它与类文件存储的相对路径保持一致，也就是说 Java 使用目录来分类存储类程序代码文件。package 语句在 Java 程序代码中是可选语句，如果使用这条语句，在对类文件进

行打包时，package 语句就只能作为程序代码中的第一条语句，不能放在 import 语句或者其他 Java 代码之后。例如：

```
package com.chapter02.demo01;    //使用 package 关键字声明包
```

注意，在 Eclipse 中，如果开发者没有显示地声明 package 语句，那么创建的类都位于默认包中。在实际开发中，应避免此类情况。

2. import 语句

在编写 Java 代码的过程中，为了使用已经存在的类，需要在类的定义之前将需要用到的类包导入进来，通过 import 语句来实现，例如：

```
import java.util.*;   //导入 java.util 包中的所有类资源；
import java.io.*;     //导入 java.io 包中的所有类资源；
```

3. 类的定义

类的定义是一个 Java 代码中最为核心的一部分，主要描述该类的成员特征和行为。Java 中的所有程序代码都必须存在于一个类中，用 class 关键字定义类，在 class 前面可以有一些修饰符，格式如下：

```
修饰符 class 类名{
    //程序代码
}
```

Java 源代码文件以".java"为后缀名，Java 源代码中的 public 类名必须要与源代码文件名相同。例如，下面定义的类名为"Student"，则其源代码文件名就必须命名为"Student.java"，否则在编译时将会出错：

```
public class Student{
    //程序代码
}
```

4. 类的方法

在一个类中，可以根据需求定义若干个方法，实现一定的功能。其中 main()方法是一个特殊的方法，它是 Java 应用程序执行的入口点，任何一个 Java 应用程序必须有且只能有一个 main()方法，而且这个 main()方法必须按照下面的格式来书写：

```
public static void main(String args[]){
    //程序功能代码
}
```

当执行 Java 应用程序时，无论 main()的位置在哪里，整个程序将从这个 main()方法的方法体的第一条语句开始执行。

示例 2.1　定义学生类，并完成输出。

```
01    package com.chapter02.demo01;
02    import java.lang.System;
03    public class Student {
04        String name;
05        public void introduce(){
```

```
06          System.out.println("大家好，我是李明，来自软件技术 1 班！");
07       }
08       public static void main(String args[]){
09          System.out.println("我想成为一名 Java 开发工程师！");
10       }
11  }
```

运行 Student.java，其结果如图 2.1.1 所示。

我想成为一名Java开发工程师！

图 2.1.1　类 Student 的运行输出结果

说明：

① 第 1 行是包名，表明程序所在的包空间，如果没有，则使用默认包空间。

② 第 2 行导入 java.lang 包下的 System 类，该类提供标准的输入输出功能。实际上，使用 java.lang 包下的所有类，都不需要手动导入，所以这条语句可以省略。

③ 第 3 行是类的名称及访问修饰符。

④ 第 4 行是类的成员变量。

⑤ 第 5～第 7 行是类的成员方法 introduce()，因为该方法没有被调用，所以并不会被执行。

⑥ 第 8～第 10 行是类的主方法，程序将从这个 main() 方法的方法体的第一条语句开始执行。

5. 基本书写格式

首先，Java 程序的语法格式是严格区分大小写的，例如，不能将 class 写成 Class。

其次，Java 是一种自由格式的语言，可以按自己的意愿任意编排，只要每个词之间用空格、制表符、换行符或大括号、小括号这样的分隔符隔开即可。例如，下面这种编排方式也是可以的：

```
public class Student {
String name;    int age;
public static void main(String args[]){System.out.println("大家好，我是李明！");}
}
```

用哪种代码书写格式因个人喜好而定，但出于可读性的考虑，不建议使用这种格式。

在 Java 代码的书写格式中，有如下需要注意的地方。

① 在声明变量时，建议每个变量的声明单独占一行，这样有利于添加注释。同时出于可读性的考虑，应该使用换行符、制表符等做到代码整齐，层次清晰。如上述代码，建议使用如下编排方式：

```
public class Student {
    String name;
    int age;
    public static void main(String args[]){
        System.out.println("大家好，我是李明！");
    }
}
```

② Java 代码中一个连续的字符串不能分开在两行中写。以上代码中的字符串如果写

成下面这种方式是会编译出错的：

```
public class Student {
    String name;
    int age;
    public static void main(String args[]){
        System.out.println("大家好,
    我是李明！");
    }
}
```

③ 建议每条语句单独占一行，功能执行语句的最后必须用分号";"结束。但初学者常将这个英文的";"误写成中文的"；"，自己却找不出错误的原因来。对于这样的情况，编译器通常会报告"illegal character"（非法字符）这样的错误信息。

2.1.2　Java 中的注释

微课：2.1.2

Java 中的注释

在代码中加入适当的注释可以提高代码的可读性和可维护性。注释是对代码的某句代码或者某个功能的解释说明、设计者的个人信息等。在代码编译时，编译器会忽略注释信息，不会将注释信息编译到 class 文件中。Java 注释的方法有以下三种。

1.　单行注释

单行注释从"//"开始，终止于行尾，用来描述该行代码的程序功能，例如：

```
//This is my first java program!
```

2.　多行注释

多行注释从"/*"开始，到"*/"结束。这种注释不能相互嵌套，只要在两个界定符号之间的任何语句都被看作注释。多行注释主要用来描述代码块的基本功能，当需要用大量的文字来解释某个代码块时，可以选择多行注释。它的基本用法如下：

```
/*This is my first java program!
I spend sometime on java studying!
I enjoy java language!*/
```

3.　文档注释

文档注释从"/**"开始，到"*/"结束。这种注释主要是为支持 JDK 工具 javadoc（Java 文档生成工具）而采用的。javadoc 能识别注释中用标记"@"标识的一些特殊变量，并把文档注释加入到它所生成的 HTML 文件中，例如：

```
/**
*    @version:1.0
*    @authorName:JavaFunner
*    @Date:2024-01-01
*/
```

2.1.3　Java 中的标识符

Java 中的包、类、方法、参数和变量的名字，可由任意顺序的大小写字母、数字、下划线(_)和美元符号($)组成，但标识符不能以数字开头，也不能是 Java 关键字。

如下是合法的标识符：

| indentifier | username | user_name | _userName | $username |

如下是非法的标识符：

| class | 98.3 | Hello World | 3.14pi |

注意，这里提到的字母不仅仅包括英文字母，也包含了汉字等其他语言中的文字。因此"姓名"这个标识符是合法的，但是不推荐使用中文命名，因为 Java 是跨平台开发语言，当编译环境的字符集发生变化后，中文标识符有可能会显示成乱码。

Java 代码有一套公认的命名规范。

① 包名的所有字母一律小写，如 com.chapter02.demo01。

② 类名和接口名通常是名词。如果由多个单词组合构成，则每个单词的首字母大写，如 DataSource。

③ 方法名通常是动词，第一个单词的首字母小写，后续单词的首字母大写，如 getProductName。

④ 变量名的第一个单词的首字母小写，后续单词的首字母大写，如 productName。

⑤ 常量名的所有字母大写，单词之间用下划线连接，如 TIME_MAX。

⑥ 为了提高程序可读性，应尽量使用有意义的英文单词来命名标识符，做到"见名知意"，如 productName 表示商品名称，productPrice 表示商品价格。

练习 2.1　说一说下面哪些标识符不合法，为什么？

| HelloWorld | 2Thankyou | _First | -Month | 893Hello | student_name |
| non-problem | HotJava | implements | $_MyFirst | _@_ | $123b_ |

2.1.4　Java 中的关键字和保留字

和其他语言一样，除了关键字，Java 中也有许多保留字，如 true，false 等，这些保留字也不能被当作标识符使用。表 2.1.1 列出了 Java 的关键字和保留字。

表 2.1.1　Java 关键字和保留字

abstract	boolean	break	byte	case	catch	char
class	continue	default	do	double	else	extends
false	final	finally	float	for	if	implement
import	instanceof	int	interface	long	native	new
null	package	private	protected	public	return	short
static	strictfp	super	switch	this	throw	throws
transient	true	try	void	volatile	while	synchronized

 注　意

Java 没有 goto、const 这些关键字，但不能用 goto、const 作为变量名。

任务实施

有家超市销售管理系统包含会员管理、商品管理，销售管理、活动中心、注销系统等功能，系统主菜单运行效果如图 2.1.2 所示。

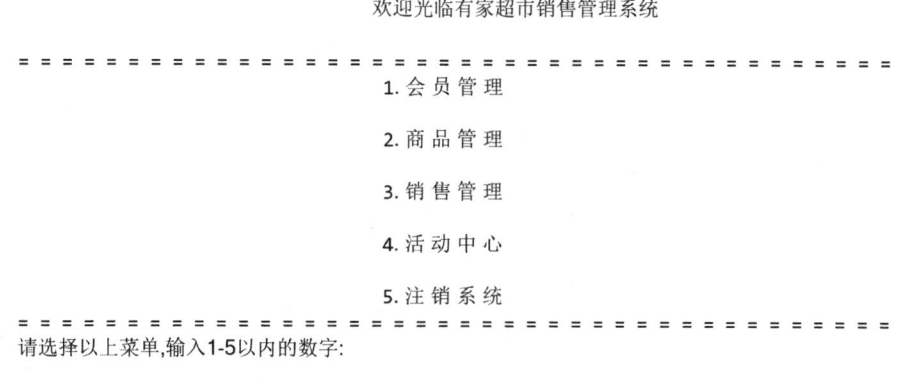

图 2.1.2　系统主菜单运行效果图

```
01    package com.chapter02.task01;
02    public class MainScreen {
03        public static void main(String[] args) {
04            System.out.println("\n\t\t\t 欢迎光临有家超市销售管理系统\n");
05            System.out.println("= = = = = = = = = = = = = = = = = = = = = = = = = = = = = = = = = = = = =");
06            System.out.println("\t\t\t 1. 会 员 管 理\n");
07            System.out.println("\t\t\t 2. 商 品 管 理\n");
08            System.out.println("\t\t\t 3. 销 售 管 理\u");
09            System.out.println("\t\t\t 4. 活 动 中 心\n");
10            System.out.println("\t\t\t 5. 注 销 系 统");
11            System.out.println("= = = = = = = = = = = = = = = = = = = = = = = = = = = = = = = = = = = =");
12            System.out.print("请选择以上菜单,输入 1-5 以内的数字:");
13        }
14    }
```

说明：

①第 4 行使用"\n"和"\t"转义符进行显示格式的控制，其中"\n"是换行符，"\t"是制表符。在进行格式控制时，要尽量避免使用空格，而采用"\t"来控制。

任务小结

本任务主要是让读者熟悉 Java 的基本语法格式，使用"\n"和"\t"转义符进行格式的控制，设计有家超市销售管理系统中的系统主菜单。

任务拓展

在有家超市销售管理系统中，除了系统主菜单，还有会员管理和商品管理菜单，请按照 2.1.3 和 2.1.4 所示效果图完成对应菜单的设计。

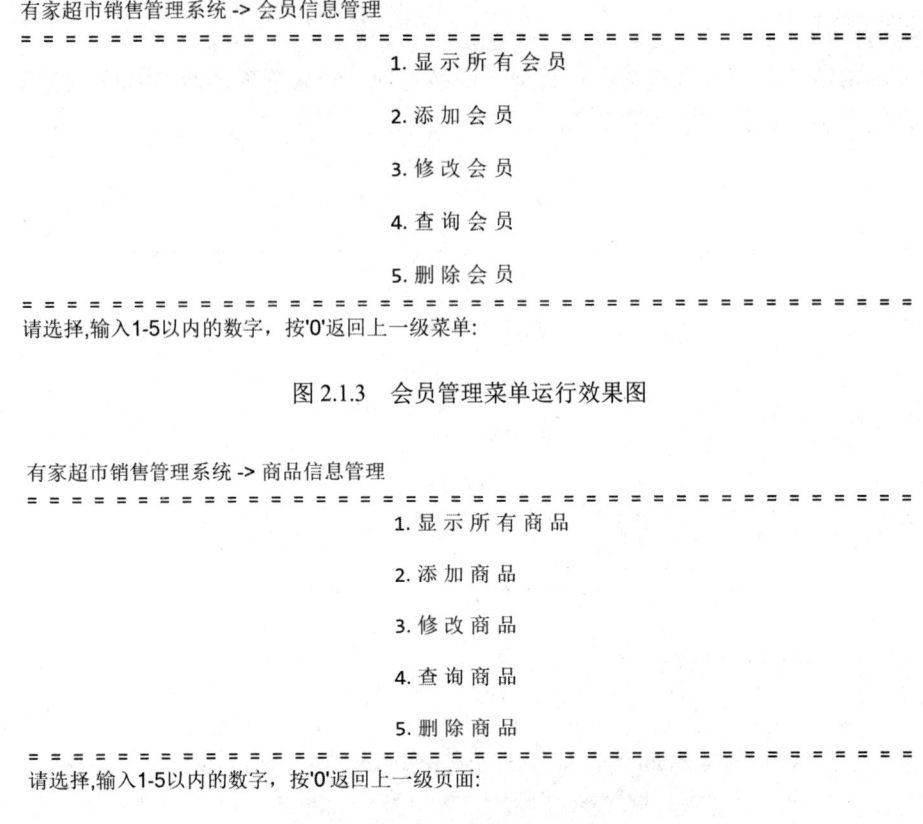

有家超市销售管理系统 -> 会员信息管理
= =

                    1. 显 示 所 有 会 员

                    2. 添 加 会 员

                    3. 修 改 会 员

                    4. 查 询 会 员

                    5. 删 除 会 员

= =
请选择,输入1-5以内的数字，按'0'返回上一级菜单：

图 2.1.3　会员管理菜单运行效果图

有家超市销售管理系统 -> 商品信息管理
= =

                    1. 显 示 所 有 商 品

                    2. 添 加 商 品

                    3. 修 改 商 品

                    4. 查 询 商 品

                    5. 删 除 商 品

= =
请选择,输入1-5以内的数字，按'0'返回上一级页面：

图 2.1.4　商品管理菜单运行效果图

▎素养提升 ▎

　　Java 的基本语法格式规范是构建代码的基石，如同建筑设计中的蓝图规划，为开发奠定坚实基础。注释的合理使用就像为代码添加详细的说明书，方便团队协作和后续维护。在大型软件项目中，团队成员通过注释能快速理解他人代码意图。标识符与关键字的准确运用，体现了编程的严谨性。它们如同交通规则，确保了代码世界的秩序与规范。正如在生活中，我们需要注重言行举止，遵守社会规范，才能赢得他人的尊重和信任。同样，在编程中，遵循语法格式规范，编写清晰易懂的代码，不仅有助于团队协作，还能减少错误，提高开发效率。这种素养的养成，对于个人成长和职业发展都具有重要意义。

　　此外，在软件开发中，一个清晰、规范、方便的系统主界面设计至关重要。例如，政府服务平台无障碍浏览功能的融入，体现了科技对残障人士的关怀与尊重，彰显了科技服务人民的宗旨。在中国航天工程中，航天器的控制系统界面设计必须简洁明了、操作便捷，以确保宇航员能够在复杂的太空环境中准确无误地进行各种操作。航天工程师们在设计界面时，对每一个按钮的布局、每一个参数的显示都经过精心考量，这种对用户体验的高度重视和对细节的精准把控，体现了科技人的工匠精神。

输入商品信息

‖ 任务目标 ‖

在程序设计中会使用各种不同类型的数据来表示数据信息。有的数据在程序运行过程中值会发生改变，而有的数据在整个程序运行过程中不能被改变，还有的数据会根据需求改变原有的数据类型。本任务的目标是定义各类变量，完成有家超市销售管理系统中商品信息的录入。

‖ 任务描述 ‖

有家超市销售管理系统中需要对商品进行管理，输入商品信息，包括商品编号、商品名称、商品价格、商品库存等，并要求按照一定的格式显示。

‖ 任务准备 ‖

微课：2.2.1

2.2.1　变量的定义

变量的定义

在程序的运行期间，随时可能产生一些临时数据，应用程序会将这些数据保存在内存单元中。每个内存单元都用一个标识符来标识，这个内存单元被称为变量，定义的标识符就是变量名，内存单元中存储的数据就是变量值。在程序运行过程中，变量值可以改变，其定义格式如下：

```
数据类型 变量名称 [ = <初始值>];
```

说明："[]"表示可选项，即定义变量时，可以给出初始值，也可以在随后的代码中再给变量赋值。例如：

```
int i = 0 ;    //定义时指定变量初始值
int j;
j = 10;        //使用赋值语句为变量赋初值
i=100;
```

针对上述四条语句，给出变量 i、j 在内存中的状态变化，如图 2.2.1 至图 2.2.4 所示。

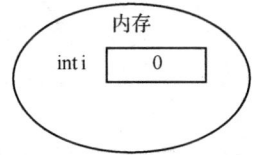

图 2.2.1　变量 i 在内存中的初始值

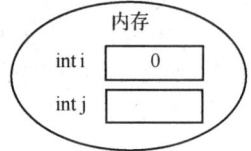

图 2.2.2　变量 j 在内存中的初始值

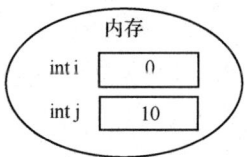

图 2.2.3　变量 i、j 在内存中的状态变化

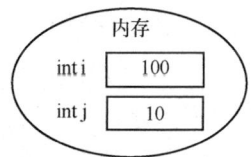

图 2.2.4　变量 i、j 在内存中的状态变化

2.2.2 变量的数据类型

微课：2.2.2

变量的数据类型

Java 是一门强类型的编程语言，在上述定义变量的语法中，第一步就是确定变量的数据类型。在 Java 中变量的数据类型分为两种：基本数据类型和引用数据类型。Java 中基本数据类型如表 2.2.1 所示。

这 8 种基本数据类型是 Java 语言内嵌的，在任何操作系统中都具有相同大小和属性，而引用数据类型是由编程人员自己定义的数据类型。此处重点介绍的是 Java 的基本数据类型，引用数据类型会在以后的章节中详细讲解。

表 2.2.1　Java 基本数据类型

类　　型	基本数据类型	关 键 字	占 用 位 数	缺 省 数 值	取 值 范 围
数值型	字节型	byte	8	0	−128～127
	短整型	short	16	0	−32768～32767
	整型	int	32	0	−2147483648～2147483657
	长整型	long	64	0L	−9223372036854775808～9223372036854775807
	单精度浮点型	float	32	0.0f	−2147483648.0f～2147483657.0f
	双精度浮点型	double	64	0.0d	−9223372036854775808.0～9223372036854775807.0
布尔型	布尔型	boolean	1	false	true，false
字符型	字符型	char	16	'\u0000'	'\u0000'～'\uFFFF'

1．整数数据类型

整数数据类型就是用来存放整数数据的，每种数据类型占用内存的大小都不一致，占用内存越多，所能表示的数据范围就越大，就好比不同大小的教室，所能容纳的学生数量也不同。目前，Java 语言有 4 种整数类型，如下所示：

① byte 型（8 位）：-2^7～2^7-1；

② short 型（16 位）：-2^{15}～$2^{15}-1$；

③ int 型（32 位）：-2^{31}～$2^{31}-1$；

④ long 型（64 位）：-2^{63}～$2^{63}-1$。

整数在 Java 程序中可以有十进制、十六进制、八进制、二进制四种表示方式。十进制的表示方式与日常生活所使用的方式相同；十六进制的数字则除 0～9 之外，还使用到了 a、b、c、d、e 和 f 等 6 个英文字母来表示十六进制中的第 10 至第 15 个状态，因此，在使用时为了使 Java 编译器能正确识别就需要在数值前添加 "0x" 的前缀，如下所示：

```
61(十进制)   =   0x3d(十六进制)
172(十进制)  =   0xac(十六进制)
```

注：在十六进制中前缀中的 "x" 字符与数值中的 "a～f" 字符都不区分大小写。

八进制就是一种 "逢八进一" 的计数制，其表示方式就在数值前添加 1 个零作为前缀，来标识该整数是由八进制来表示的，如下所示：

9（十进制）	＝	011（八进制）
16（十进制）	＝	020（八进制）

电子管的两种状态"开""关"决定了以电子管为基础的电子计算机采用二进制来表示数字和数据。二进制采用"逢二进一"的进位规则，用 0 和 1 两个数码来表示，如下所示：

35（十进制）	＝	00100011（二进制）
100（十进制）	＝	01100100（二进制）

示例 2.2 请编写程序输出各种整型数据类型变量的值。

```
01  package com.chapter02.demo02;
02  public class NumberTypeTest {
03      public static void main(String[] args) {
04          byte a = 30;
05          short b = 340;
06          int c = 299792458;
07          long d=5368709120L;
08          System.out.println("猎豹的奔跑速度" + a +"米/秒");
09          System.out.println("声音在空气中的传播速度" + b+ "米/秒");
10          System.out.println("光在真空中的传播速度" + c+"米/秒");
11          System.out.println("5GB 等于" + d+ "字节");
12      }
13  }
```

说明：

① 第 7 行是定义了一个 long 类型的变量。如果赋予的整数值超出 int 的取值范围，则需要在数值的后面加上 L 或者 l；如果赋予的整数值未超出 int 的取值范围，后面可以加上 L 或者 l，也可以省略。

程序运行结果如图 2.2.5 所示。

猎豹的奔跑速度30米/秒
声音在空气中的传播速度340米/秒
光在真空中的传播速度299792458米/秒
5GB等于5368709120字节

图 2.2.5 类 NumberTypeTest 的运行结果

2. 浮点数类型

浮点数简单说就是数学中的小数，更严格来说是实数。之所以称为浮点数，是因为在固定位数中，小数点是可以浮动的，也就是说位数不变，浮点数仍可表示很大范围的数值。用浮点数的方式表示 3000.0 的数值，通常在 Java 中可写为 3.0E3，这其中的 En 就表示"10的 n 次方"意思。目前 Java 提供了两种浮点型数据类型。

（1）float 型（32 位）：单精度型。

表示 float 类型时，要在数字后面加 f 或 F，因为在 Java 语言中，小数后面不带 'f' 'F' 'd' 'D' 的情况下，系统默认该小数为双精度浮点数。

例如：float f = 3.14f;

（2）double 型（64 位）：双精度型。

表示 double 类型时，可以在数字后面加 d、D，或者缺省。

例如：double d = 3.14d;　或者　double d = 3.14;

示例 2.3　float 和 double 类型精度的区别。

```
01    package com.chapter02.demo03;
02    public class FloatTypeTest {
03        public static void main(String[] args) {
04            float f=3.1415926535f;
05            double d=3.1415926535;
06            float area1=f*3*3;
07            double area2=d*3*3;
08            System.out.println("半径为 3 的圆面积(float 类型)为:"+area1);
09            System.out.println("半径为 3 的圆面积(double 类型)为:"+area2);
10        }
11    }
```

说明：

① 第 6 行定义了 float 型变量 area1，等号右边是计算圆面积的表达式，将表达式的值赋值给 area1。

② 第 7 行的作用和第 6 行相同，只不过数据类型不相同。

程序运行结果如图 2.2.6 所示。

半径为3的圆面积(**float**类型)为:**28.274334**
半径为3的圆面积(**double**类型)为:**28.2743338815**

图 2.2.6　类 FloatTypeTest 的运行结果

3. 字符型

字符型（char）在 Java 中是用来表示单个字符的数据类型，Java 目前使用 Unicode 编码来作为字符内码，因此字符型数据的存储容量为 16 位二进制，其所表示的范围是 0～65535。例如：

```
char c1 = 'a';
char c2 = 65;
char c3 = '男';
```

示例 2.4　编写程序输出字符型数据到屏幕上。

```
01    package com.chapter02.demo04;
02    public class CharTypeTest {
03        public static void main(String[] args) {
04            char c1 = 'a';
05            char c2 = 97;
06            char c3 = '\u0061';
07            System.out.println("c1 = " + c1);
08            System.out.println("c2 = " + c2);
09            System.out.println("c3 = " + c3);
10        }
11    }
```

说明：

① 第4行定义了一个 char 型变量，赋值字符 a，此时需要用一对英文半角格式的单引号把字符括起来。

② 第5行定义了一个 char 型变量，赋值整数 97，计算机会自动将整数 97 转化为对应的字符 a。

③ 第6行定义了一个 char 型变量，赋值 Unicode 字符\u0061，对应的也是字符 a。

程序运行结果如图 2.2.7 所示。

```
c1 = a
c2 = a
c3 = a
```

图 2.2.7　类 CharTypeTest 的运行结果

4. 布尔型

布尔型（boolean）是一种特殊的数据类型，它只有两个值：true 和 false，分别用于表示逻辑真与逻辑假，且它们被定义为保留字。布尔型数据主要用于关系或逻辑运算中：

```
boolean b1 = false;      //定义布尔型变量 b1，赋值为 false
boolean b2 = 3>2;        //定义布尔型变量 b2，赋值为 3>2 的结果，为 true
```

5. 字符串类型

之前介绍的基本数据类型其在内存中的大小是固定的，字符串类型（String）不是基本数据类型，是引用类型。字符串是指用双引号括起来的连续字符序列，如"Hello""软件技术"，有关字符串的知识将在本教材的后续章节中详细介绍。现在，可以定义字符串类型的变量，例如：

```
String userName="张三";
```

示例 2.5　定义程小白抢红包游戏中红包、元宝、金币、炸弹的数量，以及对应的积分。

分析： 在程小白抢红包游戏中，会随机出现红包、元宝、金币、炸弹，如图 2.2.8 所示，它们的数量不同，所对应的积分也不同。在界面上，还需要显示一个"Money"的文字标签，并显示游戏过程中所获得的总积分。通过不同类型的变量来表示这些数据。

图 2.2.8　程小白抢红包游戏主界面

其代码如下：

```
01  package com.chapter02.demo05;
02  import greenfoot.Actor;
03  public class ScoreBorad extends Actor{
04      int redPacketes = 10;          //红包数量
05      int treasures = 4;             //元宝数量
06      int coines = 3;                //金币数量
07      int bombes = 1;                //炸弹数量
08      int rScore=20;                 //红包对应的积分数
09      int tScore = 100;              //元宝对应的积分数
10      int cScore = 200;              //金币对应的积分数
11      int bScore = -300;             //炸弹对应的积分数
12      String lable="Money";          //文字标签
13      int monies = 0;                //总积分
14      public void act() {
15      }
16  }
```

练习 2.2 使用变量存储本次考试的相关信息，并打印输出。运行参考效果如图 2.2.9 所示。

考试科目：Java 程序设计

考试人数：50

最高分学生姓名：李明

最高分学生性别：男

最高分：98.5

全班是否全部及格：是

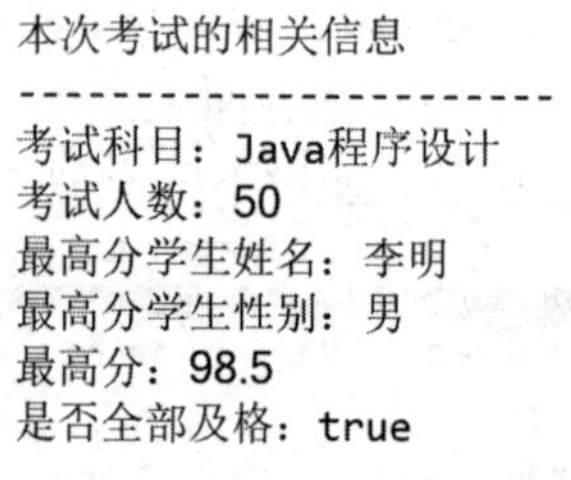

本次考试的相关信息
- -
考试科目：Java程序设计
考试人数：50
最高分学生姓名：李明
最高分学生性别：男
最高分：98.5
是否全部及格：true

图 2.2.9　输出考试相关信息的运行效果图

2.2.3　数据输入

在 Java 中，要完成数据输入，可使用标准输入流 System.in。从 JDK5 开始一般通过 Scanner 类来获取用户的输入，这个类位于 java.util 包中。创建 Scanner 对象的基本语法为：

```
Scanner sc = new Scanner(System.in);
```

通过 Scanner 类的 next()与 nextLine()方法可获取输入的字符串，通过 nextInt()方法可获取输入的整数，通过 nextDouble()方法可获取输入的浮点数等。

示例2.6　接收键盘输入的数据并显示。

```
01    package com.chapter02.demo06;
02    import java.util.Scanner;
03    public class ScannerTest {
04        public static void main(String[] args) {
05            Scanner sc = new Scanner(System.in);
06            System.out.print("请输入一个字符串:");
07            String s=sc.next();
08            System.out.println("你输入的字符串是:"+s);
09        }
10    }
```

说明：第2行是通过import语句导入java.util包中的Scanner类，如果没有这条语句，第5行会报错。

程序运行结果如图2.2.10所示。

请输入一个字符串:Hello
你输入的字符串是:Hello

图2.2.10　类ScannerTest的运行结果1

如果从键盘输入"Hello　World"，运行结果如图2.2.11所示。

请输入一个字符串:Hello World
你输入的字符串是:Hello

图2.2.11　类ScannerTest的运行结果2

但是如果将第7行代码改成 String s=sc.nextLine();，运行结果如图2.2.12所示。

请输入一个字符串:Hello World
你输入的字符串是:Hello World

图2.2.12　类ScannerTest的运行结果3

为什么会出现这种结果呢？请注意next()与nextLine()方法的区别。

next()方法：

①必须要读取到有效字符后才可以结束输入。

②next()方法会自动去掉输入有效字符之前遇到的空格。

③输入有效字符后，会将后面输入的空格作为分隔符或结束符，所以next()不能得到带有空格的字符串。

nextLine()方法：

①以Enter为结束符，nextLine()方法返回的是输入回车之前的所有字符。

②可以得到带有空格的字符串。

示例2.7　从键盘上输入计算机的相关信息并按一定的格式显示输出。

分析：本例分为两个部分，首先要求从键盘输入计算机的品牌、价格、硬盘大小，以及是否为独立显卡，将输入的数据保存在变量中，然后按照指定的格式进行输出。运行参考效果如图 2.2.13 所示。

```
请输入计算机的品牌:联想
请输入计算机的价格(元):4999.99
请输入计算机的硬盘大小(G):500
是否为独立显卡(true/false):true
--------------------------------
你的计算机的品牌:联想,价格:4999.99元,硬盘大小:500G,是否独立显卡:true
```

图 2.2.13　计算机的相关信息运行效果图

其代码如下:

```java
01    package com.chapter02.demo07;
02    import java.util.Scanner;
03    public class Computer {
04        public static void main(String[] args) {
05            Scanner sc=new Scanner(System.in);
06            System.out.print("请输入计算机的品牌:");
07            String brand=sc.nextLine();
08            System.out.print("请输入计算机的价格(元):");
09            double price=sc.nextDouble();
10            System.out.print("请输入计算机的硬盘大小(G):");
11            int diskSize=sc.nextInt();
12            System.out.print("是否为独立显卡(true/false):");
13            boolean isDispalyCard=sc.nextBoolean();
14            System.out.println("--------------------------------------------------");
15            System.out.println("你的计算机的品牌:"+brand+",价格:"+price+
16                "元,硬盘大小:"+diskSize+"G,是否独立显卡:"+isDispalyCard);
17        }
18    }
```

练习 2.3 输入课程的相关信息并按一定的格式显示输出。测试输入数据如图 2.2.14 所示。

```
请输入课程编号:0001
请输入课程名称:Java程序设计
请输入课程学分:6.5
请输入课程开课学期:1
是否为精品在线开放课程(true/false):true
编号为0001的课程名称是Java程序设计,这门课的学分是:6.5,开设在第1学期,是否为精品在线开放课程:true
```

图 2.2.14　课程的相关信息运行效果图

2.2.4　数据类型转换

由前面内容所知,系统为不同的变量类型分配不同的空间大小,如 double 型变量在内存中占八个字节,float 型变量占四个字节,byte 型变量占一个字节等,如图 2.2.15 所示。

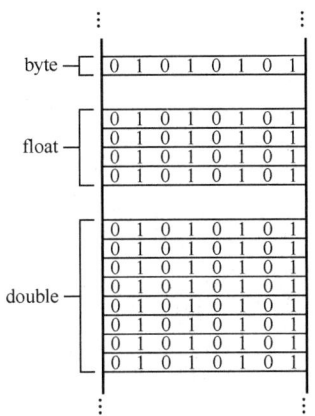

图 2.2.15　不同类型变量在内存中的存储情况

因此在程序中，如果出现下面代码编译会报错：

```
byte b=129;        //编译报错，因为 129 超出了 byte 型变量的取值范围。
float f=3.5;       //编译报错，因为 3.5 后面没有带 f 或 F，会将 3.5 默认为 double 型。double 型常量
在内存中占八个字节，而 Java 只为 float 的变量分配四个字节的空间。
```

在编写代码过程中，经常会遇到需要将一种数据类型的值赋给另一种不同数据类型的变量。由于数据类型有差异，在赋值时就需要进行数据类型的转换。这里涉及两个关于数据类型转换的概念：自动类型转换和强制类型转换。

（1）自动类型转换（也叫隐式类型转换）。

要实现自动类型转换，需要同时满足两个条件，第一是两种类型彼此兼容，第二是目标类型的取值范围要大于源类型。例如，当 byte 型向 int 型转换时，由于 int 型取值范围大于 byte 型，就会发生自动转换。所有的数字类型，包括整型和浮点型彼此都可以进行这样的转换。例如：

```
byte b=3;
int x=b;    //没有问题，程序把 b 的结果自动转换成了 int 型了
```

（2）强制类型转换（也叫显式类型转换）。

当两种类型彼此不兼容，或目标类型取值范围小于源类型时，自动转换无法进行，这时就需要进行强制类型转换。强制类型转换的通用格式如下：

```
目标类型 变量=(目标类型)值
```

例如：

```
byte a;
int b;
a = (byte) b;
```

这段代码的含义就是先将 int 型的变量 b 的取值强制转换成 byte 型，再将该值赋给变量 a。注意，变量 b 本身的数据类型并没有改变。由于在这类转换中，源类型的值可能超出目标类型取值范围，因此强制类型转换可能会造成精度损失，如示例 2.8。

示例 2.8 强制类型转换。

```
01    package com.chapter02.demo08;
02    public class Conversion {
03        public static void main(String[] args) {
04            int i = 266 ;
05            byte b ;
06            b = (byte)i ;
07             System.out.println("byte to int is"+" "+b) ;
08        }
09    }
```

运行结果如图 2.2.16 所示。

byte to int is 10

图 2.2.16 类 Conversion 的运行结果

第 6 行将 int 类型的变量强制转换为 byte 型后赋值给变量 b，从运行结果可以看到变量 i 原本的值是 266，但是在强制转换赋值给 b 之后，值变成了 10。为什么会出现精度损失这种现象呢？因为 byte 型是 8 位，最大值为 127，所以当 int 型强制转换为 byte 型时，值 266 中超出部分会丢失。从图 2.2.17 中可以看出强制类型转换的过程。

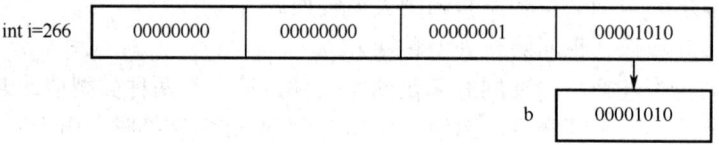

图 2.2.17 int 类型变量强制转换成 byte 类型过程

2.2.5 变量的作用域

变量是有作用范围（Scope）的，即作用域。一旦超出变量的作用域，该变量就无法再使用。在代码中，变量被定义在某一对大括号 {} 中，该大括号所包含的代码区便是这个变量的作用域。

按作用域范围进行划分，变量可分为成员变量和局部变量。

1. 成员变量

在类体内定义的变量称为成员变量，它的作用域是整个类，也就是说在整个类中都可以访问到该成员变量。

2. 局部变量

在一个方法或方法内的代码块中定义的变量称为局部变量。当方法或代码块被执行时，Java 虚拟机就会创建其中的局部变量，为其分配内存空间。在方法或代码块结束时，局部变量被销毁。注意，局部变量在进行取值前必须被初始化，否则编译器会报错。

示例 2.9 成员变量和局部变量。

```
01    package com.chapter02.demo09;
02    public class VariableScopeTest {
```

```
03          static int i=10;
04          public static void main(String[] args) {
05              i++;
06              System.out.println("打印成员变量 i 的值:"+i);
07              int x=12;
08              {
09                  int y=96;
10                  System.out.println("x="+x);
11                  System.out.println("y="+y);
12              }
13          }
14          public static void fun(){
15              i=100;
16              //x=1000;
17          }
18      }
```

运行结果如图 2.2.18 所示。

```
打印成员变量i的值:11
x=12
y=96
```

图 2.2.18　变量的作用域范围

说明：

① 第 3 行定义了成员变量 i，它的作用域范围从第 3 行到第 17 行。在类型的前面加上 static，表明这是静态变量。

② 第 5 行将成员变量 i 的值加 1，由于 main()是静态方法，按照规定，静态方法不能访问非静态的成员变量，所以第 3 行将变量 i 声明成静态变量。

③ 第 7 行定义 main()方法中的局部变量 x，它的作用域范围从第 7 行到第 13 行。

④ 第 8～第 12 行定义代码块，在代码块中定义了局部变量 y，它的作用域范围是从第 9 行到第 12 行。

⑤ 第 10 行假设类中还有一个方法 fun()，那么在该方法中，可以访问成员变量 i，但是不能访问局部变量 x。若是 x=1000 这一行不被注释掉，代码就会发生编译错误。

2.2.6　常量

常量一旦被赋值，在程序运行的整个过程中都不会改变。这意味着它不能被再次赋值，即使是相同的值。定义常量的关键字为 final。Java 中常用的常量有布尔型常量、整型常量、字符常量、字符串常量和浮点型常量。

语法格式如下：

```
final 数据类型 常量名=值;
```

例如：

```
final double PI = 3.14;
```

示例 2.10 定义程小白抢红包游戏中的常量。

分析: 在程小白抢红包游戏中, 红包的总数量、玩家的时间和使用的封面图片是不会被随意改变的。同时在程序执行过程中, 多次会用到红包数量和玩家时间, 因此考虑将这些值定义成常量, 并且放在一个专门的类 Constant 中。程小白抢红包游戏封面和运行主界面如图 2.2.19 所示。

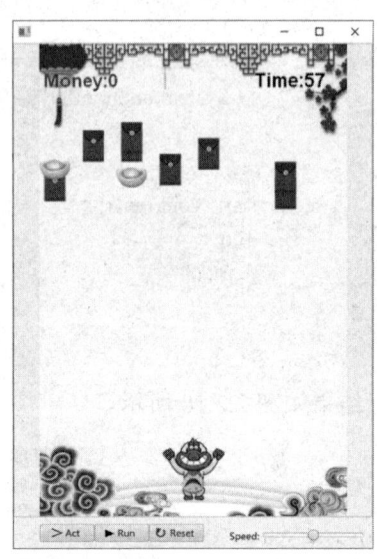

图 2.2.19 程小白抢红包游戏封面和运行主界面

其代码如下:

```
01    package com.chapter02.demo10;
02    public class Constant {
03        public final int REDPACKET_NUM = 10;//红包数量
04        public final int TIME_MAX = 60;//玩家时间
05        public final String TITLE_IMG = "images/title.jpg";//封面图片文件
06    }
```

注意

按照编码规范, 常量名所有字母大写, 单词之间用下划线连接。

▌任务实施▐

有家超市销售管理系统中要对商品进行管理, 需要输入商品信息, 包括商品编号、商品名称、商品价格、商品库存等, 并按照一定的格式显示, 运行效果如图 2.2.20 所示。

```
有家超市销售管理系统 -> 商品信息管理-> 添加商品
=====================================================
请输入商品编号: 1000
请输入商品名称: U盘
请输入商品价格: 120
请输入商品库存: 20
你输入的商品编号为: 1000, 商品名称为: U盘, 商品价格为: 120.0元, 商品库存为: 20
```

图 2.2.20 商品信息的输入和显示运行效果图

```
01      package com.chapter02.task02;
02      import java.util.Scanner;
03      public class AddProduct {
04          public static void main(String[] args) {
05              Scanner in = new Scanner(System.in);
06              System.out.println("\n 有家超市销售管理系统 -> 商品信息管理-> 添加商品");
07              System.out.println("= = = = = = = = = = = = = = = = = = = = = = = = = = = = = = = =
= = = =");
08              System.out.print("请输入商品编号：");
09              int productNo=in.nextInt();
10              System.out.print("请输入商品名称：");
11              String productName=in.next();
12              System.out.print("请输入商品价格：");
13              double productPrice=in.nextDouble();
14              System.out.print("请输入商品库存：");
15              int productNum=in.nextInt();
16              System.out.println("你输入的商品编号为："+productNo+"，商品名称为："+productName+"，
商品价格为："+productPrice+"元，商品库存为："+productNum);
17          }
18      }
```

说明：

① 第 9 行从键盘输入一个整数，在有家超市销售管理系统中采用 4 位整数为商品编号。

② 第 11 行从键盘输入一个字符串，用于存储商品名称。第 13 行从键盘输入一个浮点数，用于存储商品价格。

③ 第 16 行将商品信息拼接成字符串在屏幕上输出。

▌**任务小结**▐

本任务介绍了如何从键盘输入数据，并保存到不同类型的变量中，完成了有家超市销售管理系统商品信息的输入和显示。

▌**任务拓展**▐

完成有家超市销售管理系统中会员数据的输入和显示，运行效果如图 2.2.21 所示。

```
有家超市销售管理系统 -> 会员信息管理-> 添加会员
= = = = = = = = = = = = = = = = = = = = = = = = = = = = = = = = = = = = = = =
请输入5位会员编号(整数)：10000
请输入会员姓名：张华
请输入会员生日(月/日<例如08/30>)：08/05
请输入会员积分(整数)：2000
你输入的会员编号为：10000，会员姓名为：张华，会员生日为：08/05，会员积分为：2000
```

图 2.2.21　会员信息的输入和显示运行效果

▌**素养提升**▐

变量的定义和数据类型的选择在信息处理中至关重要。以国内大型超市的库存管理系统为例，系统中对商品信息的存储，如数量、价格及生产日期等，均需通过合理定义的变

量来实现精细化管理，因为这些信息的属性各异，需匹配不同的数据类型，以确保数据的准确性和处理效率。如同科学家在实验中需要准确记录每一个数据点，在北斗卫星导航系统的研发中，科学家们对卫星的轨道参数、运行状态等信息的定义和存储都极其精确，任何一个小的偏差都可能影响卫星的定位精度和运行稳定性。我们对于变量的定义也应如此，要具备严谨的科学精神。

任务 2.3　显示购物结算信息

▍任务目标▍

计算机的最基本用途之一就是执行数学运算，作为一门计算机语言，Java 也提供了一套运算符来操纵变量，实现对数据进行赋值、算术、比较等操作。本任务的目标是利用 Java 的各类运算符完成有家超市销售管理系统中购物结算信息的显示。

▍任务描述▍

在有家超市销售管理系统中，顾客选购完商品后要进行结账，需要显示购物结算信息，根据各类商品单价和商品数量计算总金额，依据折扣计算折后总金额，并得到积分。

▍任务准备▍

2.3.1　算术运算符

Java 中除了常用的加（"+"）、减（"-"）、乘（"*"）、除（"/"）四则运算，还多了模运算（"%"）等。这些算术运算符中，除法与数学中有些差异，Java 中的除法会根据操作符左右两边操作数数据类型的不同，得到不同的值，如：

> 表达式 3/2

上述表达式中的 3 与 2 两个操作数都是 int 类型，计算后的结果也将是 int 类型，因此这个表达式将执行整除运算，其计算后的结果为 1。

如果将上述表达式中的任一个操作数改为浮点数数据类型，例如：

> 表达式 3.0/2

则这个表达式执行除法运算后的结果为 1.5，这是因为浮点数默认的数据类型为 double，所以 Java 会将两边操作数的数据类型转成数据表示范围较大的那个数据类型，也就是 double 类型，因此计算结果为 1.5。

注意，模运算是取整数除法的余数，所以"%"不能用于 float 和 double 类型。表 2.3.1 列出了 Java 语言中常用的算术运算符。

表 2.3.1　算术运算符

运　算　符	作　　用	示　　例	结　　果
+	加法	10+10	20
-	减法	10-10	0

续表

运　算　符	作　　用	示　　例	结　　果
*	乘法	10*10	100
/	除法	10/10	1
+	正号	+8	8
-	负号	a=8; -a;	-8
%	模	10%10	0
++	自增（前）	a=10;b=++a;	a=11;b=11;
++	自增（后）	a=10;b=a++;	a=11;b=10;
--	自减（前）	a=10;b=--a;	a=9;b=9;
--	自减（后）	a=10;b=a--;	a=9;b=10;

自增和自减运算符可用在操作数之前，也可放在其后，例如：x = x+1；可写成++x；或 x++;，但在表达式中这两种用法是有区别的。**自增或自减运算符在操作数之前，Java 语言在引用操作数之前就先执行加 1 或减 1 操作；运算符在操作数之后，Java 语言先引用操作数的值，再进行加 1 或减 1 操作。**下面是说明++及--用法的程序段：

```
int x = 8;
int y = 8;
int z;
z =  (x++)*(++y);                            //相当于执行  y=8+1; z=8*9; x=8+1;
System.out.println("x="+x+",y="+y+",z="+z);  //显示  x=9 ,y=9,z=72
z = (--x)*(y--);                             //相当于执行  x=9-1; z=8*9; y=9-1;
System.out.println("x="+x+",y="+y+",z="+z);  //显示  x=8 ,y=8,z=72
```

示例 2.11　请计算程小白抢红包游戏中的积分，运行效果如图 2.3.1 所示。

图 2.3.1　程小白抢红包游戏积分运行效果图

其代码如下：

```
01    package com.chapter02.demo11;
02    import greenfoot.*;
03    public class ScoreBorad extends Actor{
04        int redPacketes = 10;            //红包数量
05        int treasures = 4;               //元宝数量
06        int coines = 3;                  //金币数量
07        int bombes = 1;                  //炸弹数量
08        int rScore=20;                   //红包对应的积分数
09        int tScore = 100;                //元宝对应的积分数
10        int cScore = 200;                //金币对应的积分数
11        int bScore = -300;               //炸弹对应的积分数
12        String lable="Money:";           //文字标签
13        int monies = 0;                  //总积分
14        //定义构造方法
15        public ScoreBorad() {
16            monies=redPacketes*rScore+treasures*tScore+coines*cScore+bombes*bScore;
17            GreenfootImage img_field = new GreenfootImage(300, 60);
18            Font font1 = new Font("Helvetica", true, false, 24);
19            img_field.setFont(font1);
20            img_field.setColor(Color.RED);
21            img_field.drawString(lable+moneies, 130, 55);
22            setImage(img_field);
23            System.out.println(lable+moneies);
24        }
25    }
```

说明：

① 第 16 行计算积分，并将结果保存在 monies 变量中。

② 第 17 行创建了一个 300*60 像素大小的空白的 GreenfootImage 对象 img_field。

③ 第 18 行定义字体对象，规定字体风格为 Helvetica，字体大小为 24。

④ 第 19 行设置图像 img_field 的画笔所采用的字体，即 font1 对象所指明的字体风格样式。

⑤ 第 20 行设置图形对象 img_field 的画笔颜色为红色。

⑥ 第 21 行在图像 img_field 上用当前画笔的颜色和字体绘制指定的字符串，内容是标签文本"Money"和计算后的积分。

⑦ 第 22 行设置游戏角色的图像为 img_field 对象。

⑧ 第 23 行将标签文本"Money"和计算后的积分在控制台进行输出。

要运行该程序，还需要程小白抢红包游戏的主场景类——RedPacketWar 类。

```
01    package com.chapter02.demo11;
02    import greenfoot.*;
03    public class RedPacketWar extends World{
```

```
04        public RedPacketWar() {
05            super(400, 600, 1); //设置游戏场景的大小
06            setBackground("images/background.jpg");//设置游戏场景的背景图片
07            ScoreBorad scoreBorad   = new ScoreBorad();//创建积分榜对象
08            //将创建的积分榜对象加入到场景中，并放置在坐标为(25,30)的位置上
09            this.addObject(scoreBorad, 25, 30);
10        }
11    }
```

示例 2.12　实现程小白抢红包游戏中红包的下落。

分析：在程小白抢红包游戏中，会有不同类型的红包不断地下落，这是如何实现的呢？首先定义红包的初始位置，包括横坐标和纵坐标，注意(0,0)代表页面左上角点；第二，将所有让红包移动的代码都放置在 act()方法中，该方法会被多次调用，每执行一次，让纵坐标值增加 1，就可以达到下落的效果。运行效果如图 2.3.2 所示。

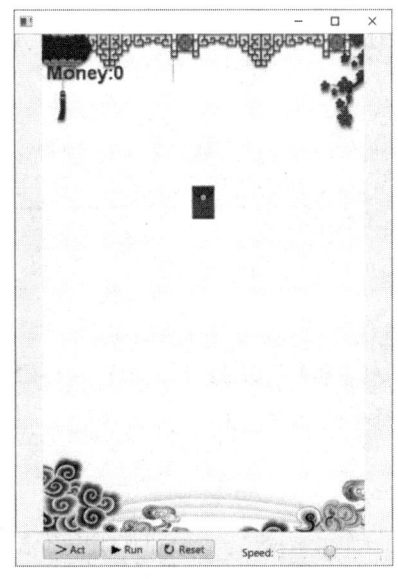

图 2.3.2　程小白抢红包游戏中红包运行效果图

其代码如下：

```
01    package com.chapter02.demo12;
02    import greenfoot.*;
03    public class RedPacket extends Actor{
04        int x=200;
05        int y=20;
06        //构造方法
07        public RedPacket() {
08            super();
09            this.setImage("images/redpacket40.png");
10        }
11        public void act() {
12            y++;
```

```
13              this.setLocation(x, y);
14          }
15      }
```

说明：

① 第 3 行定义了 RedPacket 类，表示游戏中的角色——红包。

② 第 4 和第 5 行定义红包的初始位置，x 是横坐标，y 是纵坐标。注意页面大小为 400*600 像素。

③ 第 7～第 10 行是定义红包类的构造方法，第 9 行设置红包对应的图片。该图片放在项目的 images 文件夹下。

④ 第 12 行代码让红包的纵坐标增加 1，也可以使用++y，和 y=y+1 是等价的。

⑤ 第 13 行代码重新设置红包的坐标位置。

要运行该程序，还需要程小白抢红包游戏的主场景类——RedPacketWar 类。

```
01  package com.chapter02.demo12;
02  import greenfoot.*;
03  public class RedPacketWar extends World{
04      public RedPacketWar() {
05          //设置游戏场景的大小
06          super(400, 600, 1);
07          //设置游戏场景的背景图片
08          setBackground("images/background.jpg");
09          //创建红包对象
10          RedPacket redPacket   = new RedPacket();
11          //将创建的红包对象加入到场景，并放置在坐标为(200,20)的位置上
12          this.addObject(redPacket, 200, 20);
13      }
14  }
```

练习 2.4 从键盘上输入一个 4 位整数，分别求出其千位、百位、十位和个位的数字。运行效果如图 2.3.3 所示。

请输入一个4位的整数：5439
这个4位数的各个数位上的数字从高到低分别是5、4、3、9

图 2.3.3　分解数位运行效果图

 提示 可以使用"/"和"%"运算符实现。

2.3.2　赋值运算符

微课：2.3.2

赋值运算符

当需要把某个运算结果或数据存放到相应的存储单元时，就需要用到赋值运算。赋值运算符就是等号（"="），它的左边是变量，右边是表达式，即把右边表达式的值赋给左边的变量。Java 赋值语句的格式是：

```
变量名 = 表达式 ；
```

例如：

```
x = 2 + 5;
x =x + 11;
y = (x = 2);    //首先将 2 存入变量 x，然后将 x 的值赋值给 y
```

除了"="赋值运算符，Java 还提供了复合赋值运算符，例如，"a+=10;"相当于"a=a+10"，先执行 a+10 运算，再将结果赋值给变量 a。表 2.3.2 列出中常用的复合赋值运算符。

表 2.3.2　复合赋值运算符

运　算　符	作　　用	示　　　例	结　　果
+=	加等于	a=10;a+=10;	a=20;
–=	减等于	a=10;a–=10;	a=0;
*=	乘等于	a=10;a*=10;	a=100;
/=	除等于	a=10;a/=10;	a=1;
%=	模等于	a=10;a%=10;	a=0;

示例 2.13　实现两个数的交换。

分析：要实现两个数的交换，可以通过借助临时变量的方法来实现。具体步骤如下。

（1）先把第一个交换数的值存储到临时变量中，如图 2.3.4 中步骤①。

（2）把第二个交换数的值赋给第一个交换数，如图 2.3.4 中步骤②。

（3）把临时变量的值赋给第二个交换数，如图 2.3.4 中步骤③。

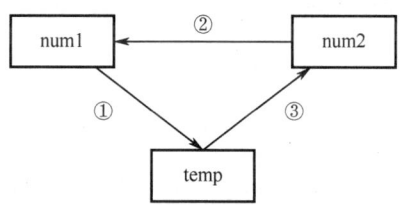

图 2.3.4　两个数的交换过程示意图

其代码如下：

```
01    package com.chapter02.demo13;
02    import java.util.Scanner;
03    public class ChangeNumber {
04        public static void main(String[] args) {
05            Scanner sc=new Scanner(System.in);
06            System.out.print("请输入第一个数:");
07            int num1=sc.nextInt();
08            System.out.print("请输入第二个数:");
09            int num2=sc.nextInt();
10            System.out.println("交换前，第一个数是:"+num1+",第二个数是:"+num2);
11            //借助临时变量 temp 交换两个数
```

```
12              int temp=0;
13              temp = num1;
14              num1 = num2;
15              num2 = temp;
16              //输出交换后的结果
17              System.out.println("交换后，第一个数是:"+num1+",第二个数是:"+num2);
18          }
19      }
```

运行结果如图 2.3.5 所示。

```
请输入第一个数:10
请输入第二个数:20
交换前，第一个数是:10,第二个数是:20
交换后，第一个数是:20,第二个数是:10
```

图 2.3.5　类 ChangeNumber 的运行结果

练习 2.5　请阅读以下代码，输出结果是什么？想一想这段代码可以实现什么功能？

```
01      package com.chapter02.practice05;
02      public class SwapNumber {
03          public static void main(String[] args) {
04              int a=10;
05              int b=20;
06              a = a + b;
07              b = a - b;
08              a = a - b;
09              System.out.println("a="+a+",b="+b);
10          }
11      }
```

2.3.3　比较运算符

微课：2.3.3

比较运算符

比较运算用于对两个操作数进行比较。比较运算符有大于（">"）、小于（"<"）、大于等于（">="）、小于等于（"<="）、等于（"=="）和不等于（"!="）。比较运算的结果只有两种：true 或 false，也就是 boolean 类型值。例如：

```
4 > 3      //返回 true
5 = = 6    //返回 false
```

参与比较运算的操作数可以是数值型的，也可以是字符型的，因为字符可以转换为整数后，再去比较两个整数的大小。

示例 2.14　判断程小白抢红包游戏中程小白的移动是否到达边界。

分析：在程小白抢红包游戏中，程小白可以向左和向右移动，但是如果程小白移动到了场景的边界，就应回到页面中央，重新运动。如何定义判断程小白是否移动到边界的表达式？这里要用到几个方法。

① getX()：用于获得对象在场景中的 x 轴坐标值，注意这里得到的是对象中心点坐标值。

② getWorld()：用于获得场景对象。

③ getWidth()：用于获得某对象的宽度。

其代码如下：

```
01    getX()<40
02    getX()>getWorld().getWidth()-40
```

说明：

① 第 1 行判断左边界，注意不是判断是否小于 0，而是是否小于 40。因为程小白的图片大小是 80*80 像素，当 getX()取到的对象的中心点坐标值小于 40，就意味着已经碰到左边界了。

② 第 2 行判断右边界，getWorld().getWidth()的返回值为 400 像素，同理不是判断是否大于 400，而是是否大于 360。

2.3.4　逻辑运算符

逻辑运算符用于计算由多个比较运算符组成的表达式。逻辑运算符主要有与（"&"）、或（"|"）、异或（"^"）、非（"!"）、逻辑与（"&&"）、逻辑或（"||"）等。表 2.3.3 中列出了常用的逻辑运算符。

表 2.3.3　逻辑运算符

运　算　符	运　　算	范　　例	结　　果
&	AND（与）	false&true	false
|	OR（或）	false|true	true
^	XOR（异或）	true^false	true
!	Not（非）	!true	false
&&	AND（逻辑与）	false&&true	false
||	OR（逻辑或）	false||true	true

"&"（与）：两个操作数全为真时才为真，如：

```
boolean a = true;      //定义布尔类型变量，并赋初值 true
boolean b = false;     //定义布尔类型变量，并赋初值 false
b = a & b;             //与运算要求两个操作数都为 true 时结果才为 true，因此该表达式结果为 false
```

"|"（或）：两个操作数只要有一个为真，则结果为真，如：

```
boolean a = true;      //定义布尔类型变量，并赋初值 true
boolean b = false;     //定义布尔类型变量，并赋初值 false
b = a | b;             //由或运算规则可知该表达式结果为 true
```

"^"（异或）：当两个操作数中有一个且只有一个为真时，运算结果才为真，如：

```
boolean a = true;      //定义布尔类型变量，并赋初值 true
boolean b = false;     //定义布尔类型变量，并赋初值 false
b = b ^ a;             //由于变量 a 的值为 true，变量 b 的值为 false，根据异或运算规则，结果为 true
```

"!"（非）：逻辑反，即原来为真，则为假，反之亦如，如：

```
boolean a = true;        //定义布尔类型变量，并赋初值 true
boolean b = !a;          //执行逻辑非运算后，结果为 false
```

"&&"（逻辑与）：如果运算符左边为真，则继续执行运算符右边的关系表达式的运算；如果运算符左边为假，则不再执行运算符右边表达式的运算，如：

```
int nNum1 = 3;
int nNum2 = 4;
boolean isTrue = nNum1 > nNum2 && ++nNum1> nNum2
//与运算首先执行运算符左边表达式，当左边表达式为 false 时，该表达式结果为 false
//同时它将忽略其右边表达式的运算，nNum1 的 "++" 运算不会被执行，nNum1 的值为 3
```

> **注意**
>
> "&" 和 "&&" 的区别在于，如果使用前者连接，那么无论任何情况，"&" 两边的表达式都会参与计算；如果使用后者连接，当 "&&" 的左边为 false 时，则不会计算其右边的表达式。

"||"（逻辑或）：如果运算符左边为假，则继续执行运算符右边的关系表达式的运算；如果运算符左边为真，则不再执行运算符右边的关系表达式的运算，如：

```
int nNum1 = 3;
int nNum2 = 4;
boolean isTrue = nNum1 < nNum2 || ++nNum1> nNum2
//或运算首先会执行运算符左边表达式，当左边表达式为 true 时，该表达式结果为 true
//同时它将忽略其右边表达式的运算，nNum1 的 "++" 运算不会被执行，nNum1 的值为 3
```

> **注意**
>
> "|" 和 "||" 的区别在于，如果使用前者连接，那么无论任何情况，"|" 两边的表达式都会参与计算；如果使用后者连接，当 "||" 的左边为 true 时，则不会计算其右边的表达式。

示例 2.15 判断输入的年份是否为闰年。

分析：闰年的判断规则如下：

（1）若某个年份能被 4 整除但不能被 100 整除，则是闰年；

（2）若某个年份能被 400 整除，则也是闰年。

```
01    package com.chapter02.demo15;
02    import java.util.Scanner;
03    public class LeapYearTest {
04        public static void main(String[] args) {
05            //TODO Auto-generated method stub
06            Scanner sc=new Scanner(System.in);
07            System.out.print("请输入年份：");
08            int year=sc.nextInt();//接收输入的年份
09            boolean result=((year%4==0) && (year%100!=0))||(year%400==0);
10            System.out.println(year+"是闰年吗?"+result);
11        }
12    }
```

运行结果如图 2.3.6 所示。

> 请输入年份：2024
> 2024是闰年吗?true

图 2.3.6　判断输入的年份是否为闰年的运行结果

说明：

① 第 8 行从键盘输入一个整数，存储在变量 year 中表示年份。

② 第 9 行是判断闰年的表达式，将表达式的结果存储在变量 result 中。其中 ((year%4==0)&&(year%100!=0)) 为规则（1）的表达式，year%4==0，判断 year 能否被 4 整除；year%100!=0，判断 year 能否被 100 整除，根据规则（1），这两个条件必须同时成立，用"&&"运算符连接。(year%400==0) 为规则（2）的表达式，规则（1）和规则（2）只要满足其中一个，即为闰年，所以两者之间用"||"运算符连接。

练习 2.6　请将下列条件写成 Java 语言的关系表达式或逻辑表达式。

（1）a>b 或 b>d；

（2）a 不等于 b；

（3）a 大于等于 15 并且 b 大于等于 25；

（4）a、b 之一等于 9 并且 c、d 之一等于 9。

2.3.5　条件运算符

微课：2.3.5

条件运算符

条件运算符（? :）是一种特殊的操作符，它支持条件表达式，即一个简单的双重选择分支语句的简单缩写。它的基本语法格式如下：

```
expression ? statement1 : statement2
```

其中表达式 expression 的值为一个 boolean 类型的值，当该值为 true 时，执行语句 statement1，否则执行语句 statement2。例如：

```
int nResult;
int nNumber = 9;
nResult = nNumber = = 0 ? 0 : 1;
```

由于 nNumber 的值为 9，不为 0，表达式 nNumber = = 0 为 false，将会执行第 2 个子句，即将 1 赋值给 nResult 变量，所以 nResult 的值为 1。

示例 2.16　实现程小白抢红包游戏中程小白的移动。

分析：在抢红包游戏中，通过键盘上的"←"或"→"键可以控制程小白向左或向右移动。那么如何用键盘控制程小白的运动呢？首先所有让程小白移动的代码都应该被放置在 act() 方法中。其次，Greentfoot 类有一个 isKeyDown(String key) 方法，括号中的参数 key 表示键盘按键的名称字符串：如键盘上的"左方向键"用 left 表示，"右方向键"用 right 表示，"向上方向键"用 up 表示，"向下方向键"用 down 表示，其他字母键用大写字母表示，数字键用数字表示。

运行效果如图 2.3.7 所示。

图 2.3.7　程小白抢红包游戏中程小白移动的运行效果图

其代码如下：

```
01    package com.chapter02.demo16;
02    import greenfoot.Actor;
03    import greenfoot.Greenfoot;
04    public class Programmer extends Actor{
05        int x=200;
06        int y=540;
07        public void act() {
08            setImage("images/programmer80.png");
09            x=Greenfoot.isKeyDown("left")? (x-5):x;
10            x=Greenfoot.isKeyDown("right")? (x+5):x;
11            x=(getX()<40||getX()>getWorld().getWidth()-40)?200:x;
12            this.setLocation(x, y);
13        }
14    }
```

说明：

① 第 4 行定义 Programmer 类，表示游戏中的角色程小白。

② 第 5 和第 6 行定义程小白的初始位置，x 是横坐标，y 是纵坐标。注意，(0,0)代表页面左上角点。

③ 第 8 行设置程小白角色对应的图片，该图片放在项目的 images 文件夹下。

④ 第 9 行判断用户是否按下了"左方向键"。如果是，执行 x=x-5，将 x 的坐标值减去 5，以达到向左移动 5 个像素的效果；如果不是，x 的值不变。

⑤ 第 10 行判断用户是否按下了"右方向键"。如果是，执行 x=x+5，将 x 的坐标值加

上 5，以达到向右移动 5 个像素的效果；如果不是，x 的值不变。

⑥ 第 11 行判断程小白是否达到了左、右边界。在示例 2.14 中已经给出了判断左边界和右边界的表达式，这两个表达式之间的逻辑关系应该是"或"，也就是说只要有一个方向到达边界，就视为到达边界。如果是，执行 x=200，将 x 的坐标值重置到场景中央；如果不是，x 的值不变。

⑦ 第 12 行重新设置"程小白"的坐标位置。

运行该程序，还需要程小白抢红包游戏的主场景类——RedPacketWar 类。

```
01    package com.chapter02.demo16;
02    import greenfoot.*;
03    public class RedPacketWar extends World{
04        public RedPacketWar() {
05            super(400, 600, 1);
06            setBackground("images/background.jpg");
07            //创建程小白角色对象
08            Programmer programmer   = new Programmer();
09            //将程小白角色对象加入场景中，放置在坐标为(200,540)的位置上
10            this.addObject(programmer, 200, 540);
11        }
12    }
```

练习 2.7　请从键盘上输入数字 1-7，分别代表星期一至星期日，判断今天是否为工作日。运行结果如图 2.3.8 所示。

请输入数字1-7代表今天是星期几：5
今天是工作日

图 2.3.8　工作日判断的运行结果

2.3.6　运算符的优先级

以上介绍的运算符都有不同的优先级，所谓优先级就是在表达式中的运算顺序。Java 操作符的优先级和结合性如表 2.3.4 所示。

表 2.3.4　操作符优先级列表

优 先 等 级	操　作　符	结 合 性
1	()、[]、写在左边的自增（++）、自减（--）	左
2	正（+）、负（-）、写在右边的自增（++）、自减（--）、求反位运算（~）、逻辑非（！）	右
3	类型转换（数据类型）、创建类实例（new）	左
4	*、/、%	左
5	+、-	左
6	按位右移（>>）、按位左移（<<）、无符号右移(>>>)	左
7	小于（<）、小于等于（<=）、大于（>）、大于等于（>=）、instanceof	左
8	等于（==）、不等于（！=）	左

优 先 等 级	操 作 符	结 合 性
9	按位与（&）	左
10	按位异或（^）	左
11	按位或（|）	左
12	逻辑与（&&）	左
13	逻辑或（||）	左
14	条件运算（？：）	左
15	赋值操作符（＝）	右

根据上表显示的优先级，分析以下语句的执行过程

```
int a=5;
int b=a+3*a;
```

程序先执行 3*a 后再与 a 相加，将结果赋给 b，b 的值为 20。可以使用括号改变运算符的运算顺序。如果将第二句改成 b=(a+3)*a，则程序先执行 a+3 然后与 b 相乘，b 的结果为 40。

 在实际编程中，不要在一行中编写太复杂的表达式，建议用括号或者分成多条语句完成你所需的功能。多用括号能增强代码的可读性，是一种良好的编程习惯，也是软件编码规范的一个要求。

练习 2.8 请阅读以下代码，输出结果是什么？

```
01    package com.chapter02.practice08;
02    public class PriorityTest {
03        public static void main(String[] args) {
04            int i = 1;
05            boolean result = !(++i == 1) ^ (i++ ==2) && (i++==3);
06            System.out.println("result="+result);
07            System.out.println("i="+i);
08        }
09    }
```

任务实施

在有家超市销售管理系统中，需要显示购物结算信息，根据各类商品单价和商品数量计算总金额，依据折扣计算折后总金额，并得到积分。运行效果如图 2.3.9 所示。

```
有家超市销售管理系统 -> 销售管理-> 购物结算
=============================================
                     选购商品清单

商品编号        商品名称        商品价格        商品数量
1000           运动水壶        ￥32.5          2
1002           笔记本          ￥12.0          4
=============================================
请输入会员折扣：0.8
消费总金额：113.0
折后总金额：90.4
本次购物所获的积分是：9
```

图 2.3.9　购物结算运行效果图

分析：观察运行效果图，可以看出，页面分成 3 个部分。

页面顶部：顶部的导航显示，这部分为固定格式数据，直接打印。

页面中部：选购的商品清单，根据之前所学，应该使用不同类型的数据，分别保存商品的各项信息，同时要注意控制格式。

页面底部：统计计算，首先需要从键盘输入会员折扣，然后计算消费总金额和折后总金额，最后按照消费 10 元积一分计算本次购物所获得的积分。

```
01      package com.chapter02.task03;
02      import java.util.Scanner;
03      public class PayService {
04          public static void main(String[] args) {
05              Scanner in = new Scanner(System.in);
06              //页面顶部
07              System.out.println("有家超市销售管理系统->销售管理->购物结算");
08              System.out.println("= = = = = = = = = = = = = = = = = = = = = = = = = = = = = = = = = = = =");
10              //页面中部
11              System.out.println("\t\t\t 选购商品清单\n");
12              //定义运动水壶的相关信息
13              int bottleNo=1000;
14              String bottle="运动水壶";
15              double bottlePrice=32.5;
16              int bottleAmount=2;
17              //定义笔记本的相关信息
18              int notebookNo=1002;
19              String notebook="笔记本";
20              double notebookPrice=12;
21              int notebookAmount=4;
22              System.out.println("商品编号\t\t 商品名称\t\t 商品价格\t\t 商品数量");
23              System.out.println(bottleNo+"\t\t"+bottle+"\t\t"+"￥"+bottlePrice+"\t\t"+
bottleAmount);
25              System.out.println(notebookNo+"\t\t"+notebook+"\t\t"+"￥"+notebookPrice+"\t\t"+
notebookAmount);
27              System.out.println("= = = = = = = = = = = = = = = = = = = = = = = = = = = = = = = = = = =");
29              //页面底部
30              System.out.print("请输入会员折扣：");
31              double discount=in.nextDouble();
32              double totalMoney=bottlePrice*bottleAmount+notebookPrice*notebookAmount;
34              double finalMoney=totalMoney*discount;
35              System.out.println("消费总金额：  "+totalMoney);
36              System.out.println("折后总金额：  "+finalMoney);
37              int score = (int) finalMoney / 10;
38              System.out.println("本次购物所获的积分是：  "+score);
39          }
40      }
```

▌**任务小结**▐

本任务介绍了 Java 运算符的使用,完成了有家超市销售管理系统购物结算信息的显示。

▌**任务拓展**▐

在有家超市销售管理系统的主菜单中,用户如果选择数字 1-5,就可以进入到相应的子菜单中。例如,输入数字 3,表示选择"销售管理",当前,只要求显示用户的选择即可,如图 2.3.10 所示。如果输入的是其他数字,系统将提示输入错误,如图 2.3.11 所示。

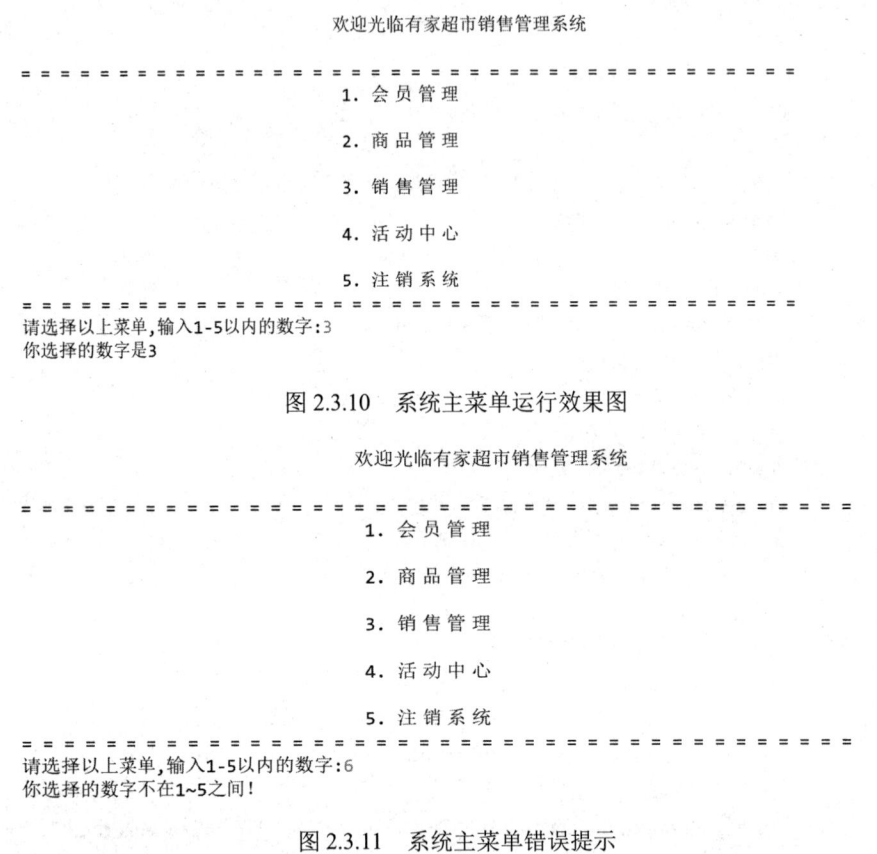

欢迎光临有家超市销售管理系统

==
1．会 员 管 理
2．商 品 管 理
3．销 售 管 理
4．活 动 中 心
5．注 销 系 统
==
请选择以上菜单,输入1-5以内的数字:3
你选择的数字是3

图 2.3.10　系统主菜单运行效果图

欢迎光临有家超市销售管理系统

==
1．会 员 管 理
2．商 品 管 理
3．销 售 管 理
4．活 动 中 心
5．注 销 系 统
==
请选择以上菜单,输入1-5以内的数字:6
你选择的数字不在1~5之间!

图 2.3.11　系统主菜单错误提示

▌**素养提升**▐

算术、赋值等运算符在信息处理中发挥着核心作用。在国内电商购物场景中,准确的价格计算、优惠折扣的应用都离不开这些运算符的精确运算;在国产大飞机 C919 的飞行控制系统设计中,逻辑运算符被广泛应用于各种飞行条件的判断和处理,以保障飞机在不同飞行状态下的安全稳定。运算符优先级决定了运算的先后顺序,如同在复杂的商业谈判中,要明确主次问题,要求我们具备分析问题和解决问题的能力,以及把握重点、统筹兼顾的思维方式。

在科技发展的道路上,无论是软件开发还是其他领域,都需要我们以严谨的科学态度和精湛的技术能力,确保每一个计算、每一个决策都准确无误,为社会提供高质量的科技服务和产品,推动科技与经济的健康发展。

模块小结

通过本模块，我们主要学习了以下内容。

（1）在学习程序开发的过程中，要养成良好的编码规范，这样有利于程序的开发和后期的代码维护。常用的编码规范包括：

① 建议每条语句单独占一行，功能执行语句的最后必须用分号（;）结束；

② 在声明变量时，建议每个变量的声明单独占一行，这样有利于添加注释；

③ 在关键性的变量、语句、方法上都要加上注释，方便阅读；

④ 尽量使用()增强代码的可读性。

（2）Java 中的标识符是包、类、方法、参数和变量的名字，可由任意顺序的大小写字母、数字、下划线（_）和美元符号（$）组成，但标识符不能以数字开头，不能是 Java 关键字。

（3）变量是存储数据的基本单元，Java 中的局部变量需要先声明并赋值，才能使用。在程序运行过程中，变量的值可以改变，但不能超出它所能表达的有效范围。

（4）常量在程序运行的整个过程中值都不会改变。按照编码规范，常量名所有字母大写，单词之间用下划线连接。

（5）Java 中常用的数据类型有整型（int）、双精度浮点型（double）、布尔类型（boolean）和字符串类型（String）。

（6）数据类型转换是为了使不同类型的数据之间可以进行运算，包括自动类型转换和强制类型转换。

（7）Java 中的运算符主要包括算术运算符、赋值运算符、比较运算符、逻辑运算符、条件运算符等，正确使用这些运算符，才能得到预期的计算结果。

模块训练

一、选择题

1. 下面关于变量命名规范说法正确的是（　　）。

A. 变量名由字母、数字、下划线、$符号随意组成

B. name 和 Name 在 Java 中是同一个变量

C. 变量名不能以数字作为开头

D. 任何字符的组合都可以形成一个标识符

2. 以下（　　）不是合法的标识符。

A. student　　　　　　B. age2　　　　　　　C. void　　　　　　　D. student_id

3. main()方法是 Java Application 程序执行的入口，关于 main()方法的方法头，以下哪项是合法的（　　）。

A. public static void main()

B. public static void main(String[ ] args)

C. public void main(String arg[ ])

D. public static int main(String[ ] args)

4. 下面关于布尔类型变量的定义中，正确的是（　　　　）。

A. boolean b=TRUE;　　　　　　　　B. boolean b=False;

C. boolean b="true";　　　　　　　　D. boolean b=false;

5. 下面关于浮点型变量的定义中，错误的是（　　　　）。

A. float f=3.14;　　　　　　　　　　B. double d=0;

C. double d=1.5E4;　　　　　　　　　D. double d=3.14;

6. 为一个 boolean 类型变量赋值时，正确的是（　　　　）。

A. boolean b = 1;　　　　　　　　　　B. boolean b = (2 >= 1);

C. boolean b="假";　　　　　　　　　　D. boolean b = = false;

7. 表达式(11+3*8)/4%3 的值是（　　　　）。

A. 12　　　　　　　B. 1　　　　　　　C. 0　　　　　　　D. 2

8. 下列运算符按优先级别排序，正确的是（　　　　）。

A. 由高向低分别是()、算术运算符、逻辑运算符、关系运算符、!、赋值运算符

B. 由高向低分别是()、!、关系运算符、赋值运算符、算术运算符、逻辑运算符

C. 由高向低分别是()、!、算术运算符、关系运算符、逻辑运算符、赋值运算符

D. 由高向低分别是()、关系运算符、算术运算符、赋值运算符、!、逻辑运算符

9. 以下关于条件运算符的说法，正确的是（　　　　）。

A. 条件运算符中"表达式 1"是关系或者逻辑表达式，其值是 boolean 值

B. 若"表达式 1"成立，该条件表达式取"表达式 2"的值，否则取"表达式 3"的值

C. 条件运算符是一个三元运算符，其格式是表达式 1？表达式 2：表达式 3

D. 以上说法都正确

10. 编译运行以下程序后，关于输出结果的说明正确的是（　　　　）。

```
public class Conditional{
    public static void main(String args[ ]){
        int    x=1;
        System.out.println("value    is    "+ ((x<1)? 1.0 : 0)) ;
    }
}
```

A. 输出结果为 value　is　1.0　　　　　B. 输出结果为 value　is　0

C. 输出结果为 value　is　0.0　　　　　D. 编译错误

二、填空题

1. Java 代码中的单行注释符是 ＿＿＿＿＿＿，多行注释符是 ＿＿＿＿＿＿＿＿ 。

2. Java 中用于定义小数的关键字有两个：＿＿＿＿＿＿＿＿＿和＿＿＿＿＿＿，后者精度高于前者。

3. Java 中用于两个数相等比较的运算符是＿＿＿＿＿＿，用于不相等比较的运算符是＿＿＿＿＿＿。

4. 对于 int 型变量，内存分配＿＿＿＿＿＿个字节。

5. ＿＿＿＿＿＿＿＿就是 Java 语言中已经被赋予特定意义的一些单词，不可以把这类词作为变量名称来用。

三、简答题

1. 简述 Java 程序的基本结构。

2．什么是变量？什么是常量？

3．Java 中适用于表达式的类型提升规则是什么？

4．请简述"&"与"&&"的区别。

四、编程题

1．编写一个程序：从键盘上任意输入一个小写字母 a～z，将其转换为大写字母并输出。

2．编写一个程序：从键盘上依次输入矩形的长和宽，输出这个矩形的周长和面积。

3．输入你的身高体重，计算出你的 BMI 值是多少。

BMI 值的计算公式：体重(kg) / (身高*身高)

例如，李明的体重是 65kg，身高是 1.78m，他的 BMI 值是 20.52。

4．编写一个程序：要求输入一个 float 类型的值，打印该数的立方值，并将其立方值赋给一个 int 类型的变量，输出该 int 类型的值。

5．设计一个数字加密器，从键盘输入一个整数，要求加密结果也为一整数。加密规则是：加密结果= (100+整数%2)/5+9.8

模块实践

在有家超市销售管理系统中需要实现礼品兑换功能。当会员积攒到一定积分之后，可以兑换相应的产品，如果积分不够，需要给出相应的提示，兑换完成后，还需要显示会员剩余的积分。

模块单词

package ['pækɪdʒ] 包、打包
import ['ɪmpɔːt] 导入、引进
Data Type ['deɪtə taɪp] 数据类型
number ['nʌmbər] 数字
character ['kærəktər] 字符
boolean ['buːliən] 布尔型
float [fləʊt] 单精度浮点数类型
double ['dʌbl] 双精度浮点数类型
true [truː] 真
false [fɔːls] 假
String [strɪŋ] 字符串
final ['faɪnl] 最终的
Scanner ['skænə(r)] 扫描器
Constant ['kɒnstənt] 常量
Initialization [ɪ‚nɪʃəlaɪ'zeɪʃn] 初始化
Identifier [aɪ'dentɪfaɪə(r)] 标识符
Expression [ɪk'spreʃn] 表达式

模块 二 流程功能设计

$ 模块介绍

　　流程是指完成一件事情或活动的过程与步骤。流程控制是指控制程序中各语句的执行顺序，是程序设计中非常关键和基本的部分。流程控制语句可以把单个的语句组合成有意义的、能完成一定功能的逻辑模块。熟练运用流程控制语句可以在很大程度上提高编写程序的质量。最主要的流程控制方式是结构化程序设计中规定的三种基本流程结构：顺序结构、分支（选择）结构和循环结构。其中顺序结构是三种结构中最简单的一种，即语句按照书写的顺序依次执行；分支结构也称为选择结构，是根据表达式计算结果来判断应当选择执行哪一个流程分支；循环结构则是在一定条件下反复执行一段语句的流程结构。

　　本模块结合有家超市销售管理系统项目，完善管理系统中界面的设计和操作。

$ 知识图谱

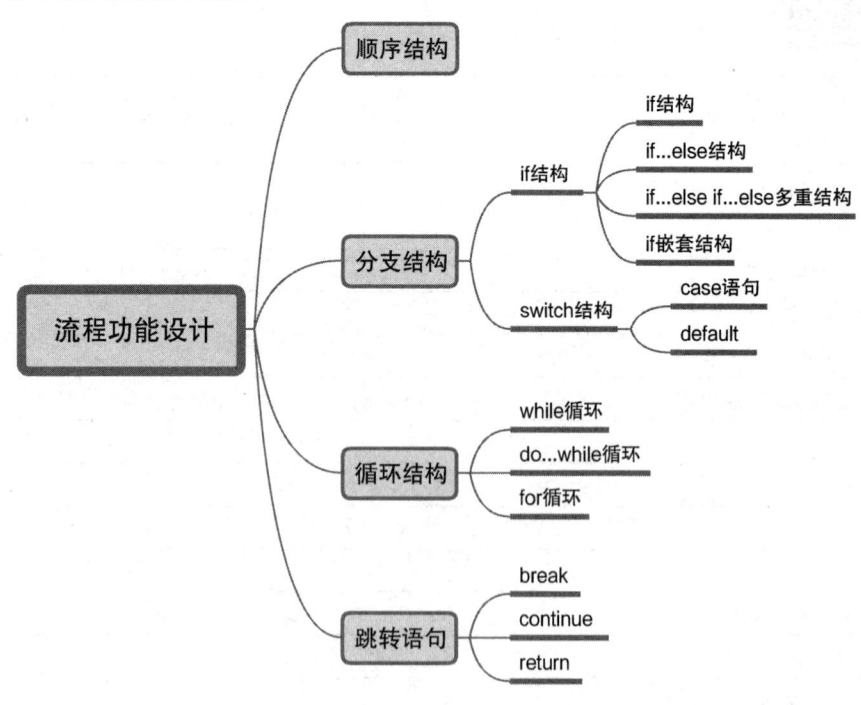

💲 模块目标

【知识目标】

- 了解算法的概念
- 掌握分支结构中各种条件语句的使用
- 掌握循环结构中各种循环语句的使用
- 掌握 break、continue 和 return 语句的使用

【能力目标】

- 能够灵活运用顺序、分支和循环三大结构
- 能够根据实际问题抽象出合适的算法逻辑，设计出高效的算法流程
- 能够准确控制循环条件，确保循环逻辑的正确性
- 能够灵活运用流程关键语句处理循环中的特定情况

【素质目标】

- 具有逻辑与算法素养
- 具有分析问题，并使用各种互联网工具解决问题的能力
- 具有持续创新的精神和严谨的态度
- 具有代码规范意识和良好的编程习惯

任务3.1 使用分支结构完善界面设计

‖任务目标‖

分支结构也称为选择结构，它是对某个给定条件进行判断，条件为真或假时分别执行不同分支的内容。本任务的目标是使用分支结构语句实现有家超市销售管理系统的界面跳转功能。

‖任务描述‖

有家超市销售管理系统包括初始界面、登录界面和主界面等多个操作界面。在图 3.1.1 所示初始界面选择 1 选项之后，进入图 3.1.2 所示登录界面，如果登录成功，则进入图 3.1.3 所示主界面，否则退出系统。要实现这些界面之间的相互跳转，需要使用分支结构来根据用户的不同选择进行判断。

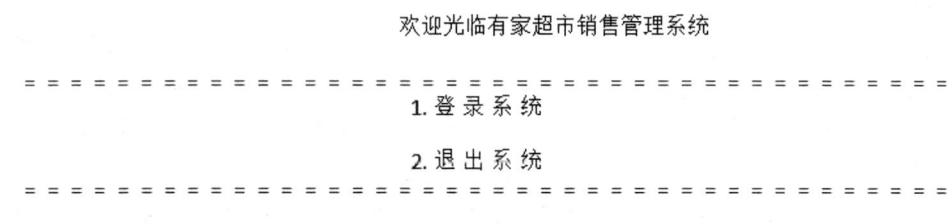

图 3.1.1 初始界面

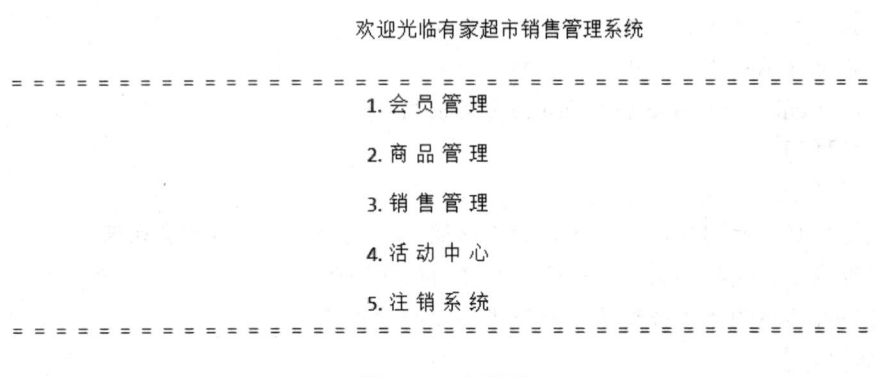

请选择以上菜单,输入1-2以内的数字:1
请输入用户名：admin
请输入密码：123456

图 3.1.2　登录界面

欢迎光临有家超市销售管理系统

＝＝＝＝＝＝＝＝＝＝＝＝＝＝＝＝＝＝＝＝＝＝＝＝＝＝＝＝＝＝＝＝＝＝

1. 会 员 管 理

2. 商 品 管 理

3. 销 售 管 理

4. 活 动 中 心

5. 注 销 系 统
＝＝＝＝＝＝＝＝＝＝＝＝＝＝＝＝＝＝＝＝＝＝＝＝＝＝＝＝＝＝＝＝＝＝

图 3.1.3　主界面

▌任务准备▐

3.1.1　算法知识

程序是指完成某些活动的一种既定方式和过程，可以将程序看成是一系列动作执行过程的描述。编写一段程序，不仅要解决"做什么"的问题，更重要的是要明确指明具体的步骤，也就是"怎么做"的问题，同时还需要保证其正确性和高效性，这就是程序设计方法学中"算法"要解决的问题。

例如，同学们用餐卡去食堂吃饭，得先在食堂打卡机上刷卡成功后，食堂工作人员才会将同学需要的饭菜打给他。那么，食堂打卡机中的程序就是用来解决"刷餐卡扣费"问题的。刷卡扣费的步骤如下：

（1）接收输入的餐费金额；

（2）读取卡内金额；

（3）判断卡内金额是否大于餐费金额；

（4）如果卡内金额小于餐费金额，给出余额不足提示；

（5）如果卡内金额大于餐费金额，将卡内金额减去餐费金额后，回写到卡内。

这个步骤就是刷餐卡扣费程序的算法。算法（Algorithm）一词源于算术（Algorism），意思是阿拉伯数字的运算法则，在 18 世纪演变为"algorithm"。在古代，人们把采用算术的方法求解未知问题的运算过程称为算法，如解题过程；在近代，人们把采用科学的方法完成某项事务的执行过程称为算法，如乐谱、菜谱、工作计划等；在现代，特别是计算机诞生之后，人们把计算机解题步骤称为计算机算法，如程序。现在谈到的算法实际是计算机算法的代名词，没有特别说明，算法就是指计算机算法。

荷兰学者 Dijkstra 提出了"结构化程序设计"的思想。它规定了一套方法，使程序具有合理的结构，以保证和验证程序的正确性。这种方法要求程序设计者不能随心所欲地编写程序，而要按照一定的结构形式来设计和编写程序。结构化程序设计规定：任何简单或复杂的算法都可以由顺序结构、分支（选择）结构和循环结构这三种基本结构组合而成。这三种结构被称为程序设计的基本结构，也是结构化程序设计必须采用的结构。

3.1.2　顺序结构

通常计算机程序总是由若干条语句组成，从执行方式上看，从第一条语句到最后一条语句完全按语句顺序执行，这就是简单的**顺序结构**。其处理过程就如同我们早上起床这个行为，其步骤如下：

① 起床；

② 刷牙；

③ 洗脸；

④ 吃饭；

⑤ 早自习。

这就是一种最简单形式的逐行执行指令语句的程序。

示例 3.1　试编写求梯形面积的程序，要求梯形相关数据由键盘输入。

分析：设梯形上底为 upper，下底为 bottom，高为 high，面积为 area，则 area=（upper+bottom）×high÷2。程序需要分别接收梯形上底长度、下底长度和梯形的高，再根据公式计算梯形面积，最后显示面积。其代码如下：

```
01    package com.chapter03.demo01;
02    import java.util.Scanner;
03    public class TrapezoidArea {
04        public static void main(String[] args) {
05            float upper;                                     //梯形上底长度
06            float bottom;                                    //梯形下底长度
07            float high;                                      //梯形的高
08            float area;                                      //梯形面积
09            System.out.print("请输入上底长度:");
10            Scanner sc = new Scanner(System.in);             //创建文本扫描器
11            upper = sc.nextFloat();                          //等待输入上底长度
12            System.out.print("请输入下底长度: ");
13            bottom = sc.nextFloat();                         //等待输入下底长度
14            System.out.print("请输入梯形高度: ");
15            high = sc.nextFloat();                           //等待输入高
16            area = ((upper + bottom) * high) / 2.0f;         //计算梯形面积
17            System.out.println("该梯形的面积为: " + area);   //显示梯形面积
18        }
19    }
```

说明：

① 第 3 行定义了一个 TrapezoidArea 类，用来计算梯形的面积。

② 第 5～第 8 行定义了在计算梯形面积过程中用到的各种变量。

③ 第 11、第 13、第 15 行表示接收从控制台输入的单精度浮点类型数据，并分别赋值给表示上底、下底和高的变量。

④ 第 16 行计算梯形面积，并将结果赋值给 area 变量。

运行结果如图 3.1.4 所示。

```
请输入上底长度:3.5
请输入下底长度: 4
请输入梯形高度: 2.8
该梯形的面积为: 10.5
```

图 3.1.4　求梯形面积程序运行结果

练习 3.1　用顺序结构实现从控制台接收书的单价和数量，计算并显示书的总价。

3.1.3　分支结构

通过前面的学习可知，顺序结构是一种非常简单的程序结构。当遇到一些处理流程不确定，需要根据当时的状态决定处理流程时，这种结构就无法满足需求。例如小明的妈妈对他说："如果你考试上了 90 分，我就送你一台玩具车；如果没有，我就送你一本书。"至于小明最终得到哪种礼物，这要根据他的考试成绩来决定。同样，在程序运行时也会遇到这种情况，这就需要使用分支结构来处理。

分支结构基本特点：程序流程由多路分支组成。在程序的执行过程中，根据不同的情况，只有一条支路被选中执行，而其他分支上的语句被直接跳过。

在 Java 语言中，提供了 if 语句和 switch 语句来实现分支结构。if 语句用于两者选一的情况，而 switch 用于多分支的情形。

1. if 语句

if 语句有一个条件表达式，表达式值是一个布尔值，如果值为 true，则执行条件语句中的代码块。if 语句的具体语法格式如下：

```
if(条件表达式) {
    <代码块>
}
```

示例 3.2　判断输入的 x 值是否为 1。

分析：该程序需要先从控制台接收 x，再判断 x 的值是否等于 1，如果是，则输出"x=1"。其代码如下：

```
01    package com.chapter03.demo02;
02    import java.util.Scanner;
03    public class TestIF {
04        public static void main(String[] args) {
05            Scanner sc = new Scanner(System.in); //创建文本扫描器
06            System.out.print("请输入 x 的值:");
07            int x = sc.nextInt();//接收控制台输入的 x
08            if (x==1) {
09                System.out.println("x=1");
10            }
11        }
12    }
```

程序运行后，如果输入的 x 值等于 1，则打印出"x=1"，否则什么也不做。

练习 3.2　用分支结构判断输入的整数 x 是否为偶数。

2．if…else 语句

if…else 语句在条件表达式为 true 的情况下，执行<if 代码块>；在条件表达式为 false 的情况下，执行<else 代码块>。

if…else 语句的具体语法格式如下：

```
if(条件表达式){
    <if 代码块>
}else{
    <else 代码块>
}
```

示例 3.3　请编写程序判断输入的整数是奇数还是偶数。

分析：判断整数是奇数还是偶数的方法是，将该整数与 2 取余，如果取余的结果等于 0，表示为偶数，否则为奇数。其代码如下：

```
01    package com.chapter03.demo03;
02    import java.util.Scanner;
03
04    public class OddOrEven {
05        public static void main(String[] args) {
06            Scanner sc = new Scanner(System.in); //创建文本扫描器
07            System.out.print("请输入一个整数：");
08            int num = sc.nextInt(); //从控制台读入一个整数
09            //通过取余法判断 iNumber 是否为偶数
10            if (num % 2 == 0) {
11                System.out.println(num + "是偶数！");//为偶数时的处理
12            } else {
13                System.out.println(num + "是奇数！");//为奇数时的处理
14            }
15        }
16    }
```

运行结果如图 3.1.5 所示。

请输入一个整数：14
14是偶数！

图 3.1.5　判断奇偶数程序运行结果

【注意】if 语句中还可以有多条语句的情况，**多条语句必须用大括号括起来形成一个复合语句**，如下面的程序段：

```
int x = 0;
if (x == 1) {
    System.out.println("x=1");
    System.out.println("Yes");
} else {
```

```
        System.out.println("x!=1");
        System.out.println("No");
}
```

上面的程序段中，如果不使用大括号，运行结果将完全不同。

示例 3.4 在程小白抢红包游戏中，会随机生成两类红包：金币和元宝，请根据红包的类型将对应的图片显示在游戏界面上。程序流程描述如下：

（1）红包类型默认为 0；

（2）红包价值默认为 0；

（3）随机生成红包；

（4）判断红包是否是金币，如果是，则转（5），否则转（6）；

（5）显示金币图片，红包类型赋值为 1，红包价值为 100 元，转（7）；

（6）显示元宝图片，红包类型赋值为 2，红包价值为 200 元，转（7）；

（7）结束。

程序运行结果有可能出现图 3.1.6 所示的情况，也可能出现图 3.1.7 所示的情况，请编程实现。

图 3.1.6　随机生成元宝

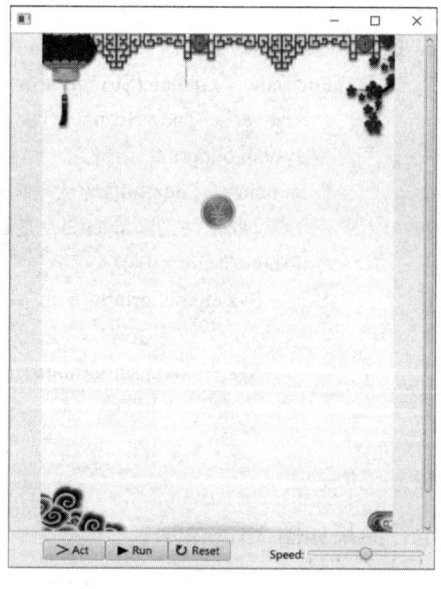

图 3.1.7　随机生成金币

分析：如前面章节介绍，要实现程小白抢红包的游戏，需要两个类，一个是场景类 World，一个是角色类 Actor。而 World 和 Actor 都是抽象类，不能直接被使用，因此在设计本程序时创建了这两个类的子类：RedPacketWar 和 RedPacket。其代码如下：

```
01    package com.chapter03.demo04;
02    import greenfoot.Actor;
03    import greenfoot.Greenfoot;
04    /**
05     * 红包类，是 Actor 的子类
06     */
```

```
07    public class RedPacket extends Actor {
08        private int money = 0; //初始化红包中的金额
09        //定义红包类型：1 表示金币（100 元）；2.表示元宝（200 元），初始化为 0
10        private int type = 0;
11
12        public RedPacket() {
13            //生成 0～99 范围内的随机数
14            int val = Greenfoot.getRandomNumber(100);
15            //如果随机数是 60 及 60 以下的整数，则生成的红包是金币，否则，生成的红包是元宝
16            if (val <= 60) {
17                type = 1;//类型为金币
18                setImage("images/goldcoin.png");//设置金币的图案
19                money = 100;//给红包封装现金
20            } else {
21                type = 2;//类型为元宝
22                setImage("images/treasure.png");//设置元宝的图案
23                money = 200;//给红包封装现金
24            }
25        }
26    }
```

说明：

① 第 7 行开始定义了红包 RedPacket 类，它是角色类 Actor 的子类。关于子类、父类的继承关系将在模块六中再做介绍。

② 第 14 行通过 Greenfoot 类中的一个获得随机数的方法 getRandomNumber() 来随机生成 0～99 范围内的整数，并赋值给 val 变量。

③ 第 16 行判断整型变量 val 是否小于等于 60，在该程序中约定如果 val 是 0～60 以内的整数，则生成的红包是金币；如果 val 是 61～99 以内的整数，则生成的红包是元宝。

④ 第 17～第 19 行是分支结构中条件表达式为 true 的分支，用来设置金币的类型、图案和金额。

⑤ 第 21～第 23 行是分支结构中条件表达式为 false 的分支，用来设置元宝的类型、图案和金额。

RedPacketWar 程序请参照**任务 2.3** 中示例 **2.11** 的 RedPacketWar 程序，只需要修改红包的显示位置坐标即可，即将红包对象 redPacket 添加在横坐标为 200，纵坐标为 200 的场景中。

```
this.addObject(redPacket, 200, 200);
```

运行程序，界面随机生成金币红包或元宝红包。

练习 3.3　重构**任务 2.3** 的示例 **2.15**，判定控制台输入的年份是否是闰年，并输出结果。

练习 3.4　计算函数：

$$y = \begin{cases} x & x >= 0 \\ x^2 & x < 0 \end{cases}$$

分析：首先从键盘中接收变量 x 的值，然后判别 x 的值属于哪个区间，如果属于大于等于零的区间则 $y=x$；否则 $y = x*x$。

3. if…else if…else 语句

if…else if…else 语句用于对多个条件进行判断，进行多种不同的处理。具体语法格式如下：

```
if(条件表达式 1){
    <if 代码块>
}else if(条件表达式 2){
    <else if 代码块>
......
}else{
    <else 代码块>
}
```

在一些运算中往往有多种情况要处理，这就使得程序在运行时将根据条件判别结果选择不同的程序块来执行，这就是多重 if 语句结构。例如，在教务管理系统中需要根据学生考试成绩来给出评价等级，评价规则是 90 到 100 分为甲等、80 到 89 分为乙等、70 到 79 分为丙等、60 到 69 分为丁等、不满 60 分为戊等。那么编写评定等级的程序，就需要使用多重 if 语句来实现。

将 "90 到 100 分"、"80 到 89 分"、"70 到 79 分"、"60 到 69 分" 和 "不满 60 分" 分别用关系表达式表示为："score >=90&& score <=100"、"score >=80"、"score >=70"、"score>=60"，再用多重 if 语句组合起来，便转换成如下代码：

```
......
if(score >= 90 && score <= 100){
    System.out.println("甲等");
}else if(score >= 80){
    System.out.println("乙等");
}else if(score >= 70){
    System.out.println("丙等");
}else if(score >= 60){
    System.out.println("丁等");
}else {
    System.out.println("戊等");
}
......
```

示例 3.5　在程小白抢红包游戏中，游戏界面上随机生成四类红包：普通红包、金币、元宝和炸弹。程序运行结果有可能出现图 3.1.6、图 3.1.7、图 3.1.8 和图 3.1.9 四种情况的任意一种，请编程实现。

分析：该程序与**示例 3.4** 功能相似，不同的是能随机生成四类红包。如果假定生成的随机数在 0~60 之间，则出现普通红包；随机数在 61~70 之间，则出现金币；随机数在 71~80 之间，则出现元宝；随机数在 81~99 之间，则出现炸弹。因此本程序首先要准备四种不同红包的图片并存放在项目的 images 文件夹中，然后需要两个类 RedPacketWar 和

RedPacket 来分别描述场景和角色。其中，场景类 RedPacketWar 与示例 3.4 相同，此处不再赘述。而 RedPacket 类相比示例 3.4 而言，多了两个分支。

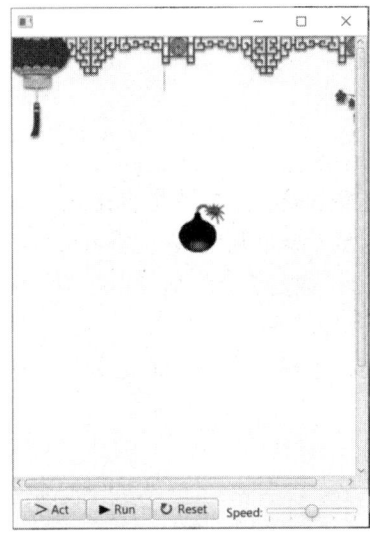

图 3.1.8　随机生成炸弹

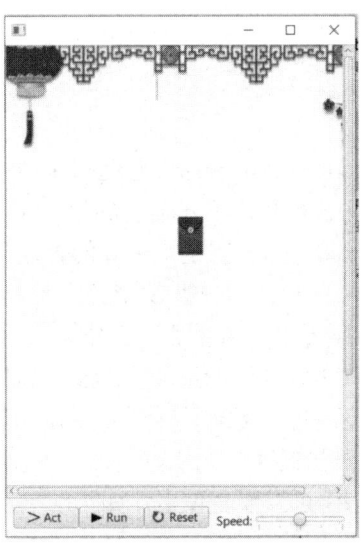

图 3.1.9　随机生成普通红包

其代码如下：

```
01    package com.chapter03.demo05;
02    import greenfoot.Actor;
03    import greenfoot.Greenfoot;
04
05    public class RedPacket extends Actor {
06        private int money = 0; //初始化红包中的金额
07        //定义红包类型：0 表示普通红包，1 表示金币（100 元）；2.表示元宝（200 元）；3 表示
表示炸弹(-300 元)，初始化为 0
08        private int type = 0;
09        public RedPacket() {
10            int val = Greenfoot.getRandomNumber(100);//生成 0～99 范围内的随机数
11            if (val <= 60) {
12                type = 0;//表示普通红包
13                setImage("images/redpacket40.png");
14                money = Greenfoot.getRandomNumber(20); //给红包封装现金
15            } else if (val <= 70) {
16                type = 1;//表示金币
17                setImage("images/goldcoin.png");
18                money = 100; //给红包封装现金
19            } else if (val <= 80) {
20                type = 2;//表示元宝
21                setImage("images/treasure.png");
22                money = 200; //给红包封装现金
23            } else {
24                type = 3;//表示炸弹
```

```
25                setImage("images/bomb.png");
26                money = -300; //给红包封装现金
27            }
28        }
29    }
```

说明:

① 第 14 行是给普通红包随机生成 0～19 元的金额。

② 第 15 行开始了 if 语句的第 2 个分支, 是判断生成的随机数是否在 61～70 之间, 因这里使用 else if 即表明是 0～60 的否定分支, 又继续下一个判定条件 "<=70"。

③ 第 29 行开始的第 3 个分支是判断生成的随机数是否在 71～80 之间, 因这里使用 else if 即表明是 0～70 的否定分支, 又继续下一个判定条件 "<=80"。

④ 第 23 行开始的第 4 个分支是判断生成的随机数是否在 0～80 之外, 此时只要前面的条件均不满足, 因此只需要 else 语句即可。

4. if 语句嵌套

if 语句还可以嵌套使用, 如:

```
if (x == 1)
    if(y == 1)
        System.out.println("x = 1,y = 1");
    else
        System.out.println("x = 1,y != 1");
else
    if(y == 1)
        System.out.println("x != 1,y = 1");
    else
        System.out.println("x != 1,y != 1");
```

上面的程序段很难判定最后的 else 语句到底属于哪一层, 编译器是不能根据书写格式来判定的, 这样的情况可以使用 {} 来加以明确, 如下面的程序段:

```
if (x == 1){
    if(y == 1){
        System.out.println("x = 1,y = 1");
    }else{
        System.out.println("x = 1,y != 1");
    }
}else{
    if(y == 1){
        System.out.println("x != 1,y = 1");
    }else{
        System.out.println("x != 1,y != 1");
    }
}
```

　注意

（1）在 Java 语言中，if()和 else if()括号中的表达式的结果必须是布尔型的；

（2）条件语句块不论是否为复合语句，最好使用{}加以明确；

（3）在 if 语句为 if-else 形式或 if-else if 形式时，将会出现多个 if 和 else 重叠的情况，Java 语言规定，else 总是与它前面最近的 if 配对。

示例 3.6　给出任意三个数，找出最大值并输出。

分析：要得到三个数（x,y,z）中的最大值的方法是，将 x 与 y 比较，如果 x>y，继续将 x 与 z 比较，如果 x>z，则 x 为最大值，否则 z 为最大值；如果 x<y，则继续将 y 与 z 比较，如果 y 大于 z，则 y 为最大值，否则 z 为最大值。其代码如下：

```
01    package com.chapter03.demo06;
02    import java.util.Scanner;
03
04    public class MaxNumber {
05        public static void main(String[] args) {
06            int x, y, z, max;
07            Scanner sc = new Scanner(System.in); //创建文本扫描器
08            //接收三个数的值
09            System.out.print("请输入第一个数：");
10            x = sc.nextInt();
11            System.out.print("请输入第二个数：");
12            y = sc.nextInt();
13            System.out.print("请输入第三个数：");
14            z = sc.nextInt();
15            if (x > y) {
16                if (x > z)
17                    max = x;
18                else
19                    max = z;
20            } else {
21                if (y > z)
22                    max = y;
23                else
24                    max = z;
25            }
26            System.out.println("最大值为" + max); //输出最大值
27        }
28    }
```

说明：

① 第 6 行声明了四个变量分别表示 x、y、z 三个数字和最大值。

② 第 9～第 14 行从键盘依次接收三个整数并分别赋值给 x、y 和 z。

③ 第 15～第 20 行是 x>y 为真的分支，里面嵌套的代码继续判断 x 与 z 的大小；第 20～第 25 行是 x>y 为假的分支，里面嵌套的代码继续判断 y 与 z 的大小。

练习 3.5　计算函数

$$y=\begin{cases}1 & x>0\\0 & x=0\\-1 & x<0\end{cases}$$

分析：首先从键盘中接收 x 的值，然后将 x 与 0 进行比较，如果大于等于零则进一步判断 x 是否为零，如为零则 $y=0$，否则 $y=1$；如果小于零则 $y=-1$。

5. switch 语句

前面讨论了 if 单分支结构和 if-else 双分支结构，以及使用多重 if 和 if-else 嵌套来实现多分支结构。多分支结构往往存在着程序复杂、可读性差等缺点，为此 Java 语言通过提供多分支语句 switch 来降低程序复杂度。switch 语句能根据表达式可能的值选择执行不同的程序块。switch 中的表达式能接收 byte、short、int、char、枚举或 String 类型的变量。

switch 语句的语法格式如下：

```
switch(表达式)
{
        case 值 1:
                程序块 1;
                break;（不可缺少）
        case 值 2:
                程序块 2;
                break; （不可缺少）
        ……
        default:
                程序块 n;
}
```

switch 语句执行时，**首先计算表达式的值，这个值只能是 byte、short、int、char、枚举或 String 类型变量**，同时应当与各个 case 分支的判断值的类型相一致。计算出表达式的值之后，先将它与第一个 case 分支的判断值相比较，如果相同，则程序的流程转入第一个 case 分支的语句块；否则，再将表达式的值与第二个 case 分支的判断值相比较，依次类推，如果表达式的值与任何一个 case 分支的判断值都不相同，则转入最后一个 default 分支，或在 default 分支都不存在的情况下，跳出整个 switch 语句。

需要注意，**各个 case 后面的常量不能有相同的值**，各个分支语句块可以有多条语句，switch 语句也允许嵌套，即 case 子句中的语句块可以包含另一个 switch 语句。switch 语句的每一个 case 判断，都只负责指明程序流程分支的入口点，而不负责指定分支的出口点，分支的出口点需要编程时用相应的跳转语句来标明。看下面的例子：

```
switch(mark){
    case 'a':
        score = 8;
    case 'b':
        score = 6;
    case 'c':
```

```
        score = 3;
    default :
        score = 0;
}
```

　　假设变量 mark 的值为'b'，那么当执行完上面的 switch 语句后，score 的值是多少呢？是 0，而不是 6。因为 case 判断只负责指明分支的入口点，表达式的值与第一个 case 分支的值不匹配，而与第二个 case 分支的判断值相匹配，程序流程进入第二个分支，将 score 的值赋为 6。但是，由于没有指明分支的出口点，所以程序流程将继续沿下面的分支逐个执行，score 的值依次变成 3、0。

　　在这种情况下，如果希望程序的逻辑结构正确，完成分支的选择，则需要为每个分支编写退出语句，修改后的代码如下：

```
switch(mark){
    case 'a':
        score = 8;
        break;
    case 'b':
        score = 6;
        break;
    case 'c':
        score = 3;
        break;
    default :
        score = 0;
}
```

　　break 语句是流程跳转语句，通过引入 break 语句，定义了各分支的出口点，多分支语句的结构就完整了。在某些特殊的情况下，只有分支入口点而没有分支出口点的 switch 语句也有它独特的使用场合。若干个判断需要共享同一个分支时，就可以实现由不同的判断值选择同一个分支。例如，在判断英文字母是否为元音字母的时候可以用到，代码如下：

```
switch(c){
    case 'a':
    case 'e':
    case 'i':
    case 'o':
    case 'u':
        System.out.println("vowel");
        break;
    case 'y':
    case 'w':
        System.out.println("sometimes is vowel");
        break;
    default :
```

```
        System.out.println("not vowel");
    }
```

示例 3.7　试运用多重分支 switch 语句，实现简易算术计算器的算术运算模块界面。

分析： 假定计算器软件的算术运算模块功能包括四则运算和平方运算，因此，计算器的界面有这几项可以提供选择：加法运算、减法运算、乘法运算、除法运算、平方运算、退出。这是一个标准的多分支流程。可以通过判定输入界面菜单编号来决定用户需要操作的功能，其算法如下：

① 显示菜单信息；

② 接收用户选择信息；

③ 如果用户输入的是 1，则显示用户进入加法运算功能；

④ 如果用户输入的是 2，则显示用户进入减法运算功能；

⑤ 如果用户输入的是 3，则显示用户进入乘法运算功能；

⑥ 如果用户输入的是 4，则显示用户进入除法运算功能；

⑦ 如果用户输入的是 5，则显示用户进入平方运算功能；

⑧ 如果用户输入的是 6，则显示用户退出本模块；

其代码如下：

```
01    package com.chapter03.demo07;
02    import java.util.Scanner;
03
04    public class Calculator {
05        public static void main(String[] args) {
06            int choice;        //菜单选择变量
07            System.out.println("欢迎来到简易算术计算器主界面");
08            System.out.println("1.加法运算");
09            System.out.println("2.减法运算");
10            System.out.println("3.乘法运算");
11            System.out.println("4.除法运算");
12            System.out.println("5.平方运算");
13            System.out.println("6.退出");
14            System.out.println("请您选择执行的功能（1～6）: ");
15            //创建控制台输入流
16            Scanner sc = new Scanner(System.in);
17            choice = sc.nextInt();
18            switch (choice) {
19                case 1:      //选择加法运算
20                    System.out.println("您选择了加法运算功能");
21                    break;
22                case 2:      //选择减法运算
23                    System.out.println("您选择了减法运算功能");
24                    break;
25                case 3:      //选择乘法运算
26                    System.out.println("您选择了乘法运算功能");
27                    break;
```

```
28              case 4:     //选择除法运算
29                  System.out.println("您选择了除法运算功能");
30                  break;
31              case 5:     //选择平方运算
32                  System.out.println("您选择了平方运算功能");
33                  break;
34              case 6:     //退出
35                  break;
36              default:    //菜单选择错
37                  System.out.println("输入错误，您只能输入 1～6 的数字！");
38              }
39          }
40      }
```

说明：

① 第 6 行声明 choice 变量用来存储用户输入的选择。

② 第 7～第 14 行输出简易计算器的主界面。

③ 第 17 行从控制台输入用户的选择值，并存入 choice 变量。

④ 第 18～第 20 行用 switch 语句控制多分支结构，根据用户的不同选择，显示不同的输出结果。其中，每个 case 分支最后的 break 语句不能省略。

⑤ 第 36 和第 37 行是当前面的 case 分支均未执行时，最后执行 default 分支。当输入的数字不是 1～6 时，提醒用户输入有误。

运行结果如图 3.1.10 所示。

```
欢迎来到简易算术计算器主界面
1.加法运算
2.减法运算
3.乘法运算
4.除法运算
5.平方运算
6.退出
请您选择执行的功能（1~6）：
4
您选择了除法运算功能
```

图 3.1.10　简易算术计算器运行结果

练习 3.6　请运用多分支语句，实现输入 2024 年的月份，程序计算该年该月的天数，并将结果输出到控制台。

分析：因为 2024 年是闰年，因此 2024 年的 12 个月每个月的天数安排如下：

①第 1、3、5、7、8、10、12 月份每月是 31 天；

②第 4、6、9、11 月份每月是 30 天；

③2 月份由于 2024 年是闰年，所以是 29 天；

因此，在输入月份值后就可以判定所需查询的月份属于哪个段，从而获得该月的天数。请根据上述分析编程实现。

▌任务实施▌

有家超市销售管理系统的初始界面包括登录和退出两个选择，因此，有家超市销售管

89

理系统将包括初始界面、登录界面和主界面。当选择登录选项时，进入登录界面进行登录判断，则实现登录界面和主界面之间的跳转。

  分析：有家超市销售管理系统的初始界面、登录界面和主界面如图 3.1.1、图 3.1.2 和图 3.1.3 所示。当系统运行时，用户进入初始界面，如果用户选择 1 选项，则进入登录界面。由于还未涉及数据存储的知识点，因此本任务先默认系统的账号固定为 admin，密码为 123456。进行登录判断之后，如果账号密码正确则进入系统主界面，否则提示账号密码不正确。程序代码如下：

```
01   package com.chapter03.task01;
02   import java.util.Scanner;
03   /**
04    * 界面类 *
05    */
06   public class Screen {
07       public static void main(String[] args) {
08           System.out.println("\n\t\t\t 欢迎光临有家超市销售管理系统\n");
09           System.out.println("========================================
=====");
10           System.out.println("\t\t\t 1. 登 录 系 统 \n");
11           System.out.println("\t\t\t 2. 退 出 系 统");
12           System.out.println("========================================
=====");
13           System.out.print("请选择以上菜单,输入 1-2 以内的数字:");
14           /* 菜单选择 */
15           Scanner in = new Scanner(System.in);
16           String choice = in.next();
17           switch (choice) {
18           case "1":
19               System.out.print("请输入用户名：");
20               String name = in.next();
21               System.out.print("请输入密码：");
22               String password = in.next();
23               //判断输入的账号密码是否能成功登录
24               if (name.equals("admin") && password.equals("123456")) {
25                   System.out.println("\n\t\t\t 欢迎光临有家超市销售管理系统\n");
26                   System.out.println("========================================
============");
27                   System.out.println("\t\t\t 1. 会 员 管 理\n");
28                   System.out.println("\t\t\t 2. 商 品 管 理\n");
29                   System.out.println("\t\t\t 3. 销 售 管 理\n");
30                   System.out.println("\t\t\t 4. 活 动 中 心\n");
31                   System.out.println("\t\t\t 5. 注 销 系 统");
32                   System.out.println("========================================
============");
33               } else {
34                   System.out.println("\n 登录失败，您没有权限进入系统！谢谢！ ");
```

```
35                    }
36                    break;
37          case "2":
38                    System.out.println("谢谢您的使用，欢迎下次光临！");
39                    break;
40          default:
41                    System.out.print("\n 输入有误！谢谢您的使用！");
42          }
43          System.exit(0);//退出系统
44      }
45  }
```

说明：

① 第 8～第 12 行用来显示超市销售管理系统的初始界面。

② 第 13 行提示用户输入 1 或 2 进行选择。

③ 第 16 行使用 String 字符串类型存储选择的变量，这里之所以不使用 int 类型，是考虑到用户的输入有可能误操作输入了其他类型数据，如果用 int 类型定义选择变量，则会报错。而用户输入的任何字符或字符串，都可以存储在 String 类型变量中。

④ 第 17～第 42 行用 switch 语句控制多分支结构，根据用户的不同选择进行不同的操作。

⑤ 第 18～第 36 行是当用户输入为 1 时，进行登录操作。其中第 19～第 22 行是显示登录界面的提示信息，接收用户登录的账号和密码。第 24 行判断用户的账号密码是否正确，如果正确则执行第 25～第 32 行，显示主界面；否则执行第 34 行提示用户登录失败。请注意，字符串判断是否相等，是用字符串对象的 equals()方法。

⑥ 第 36 行是 case "1"分支的结束，此处的 break 语句不能省略。

⑦ 第 37～第 39 行是用户输入为 2 的分支，提示退出系统。

⑧ 第 40 和第 41 行是用户输入有误时的操作。

⑨ 第 43 行退出系统。

▎**任务小结** ▎

本任务介绍了程序三大流程结构中的顺序结构和分支结构，重点在分支结构。结合有家超市销售管理系统中的页面间跳转功能的实现，详细介绍了单分支结构、双分支结构和多分支结构的应用。

▎**任务拓展** ▎

要求继续完善有家超市销售管理系统的界面设计，并完成界面之间的相互跳转。重新设计主界面，如图 3.1.11 所示。其中主界面包括：会员管理、商品管理、销售管理、活动中心和注销系统五大功能，等待并接收用户的输入，选择进入不同的子功能界面。

当用户输入"1"时，进入如图 3.1.12 所示的会员管理界面；当用户输入"2"时，进入如图 3.1.13 所示的商品管理界面；当用户输入"3"时，进入如图 3.1.14 所示的销售管理界面；当用户输入"4"时，进入如图 3.1.15 所示的活动中心界面；当用户输入"5"时，进入如图 3.1.16 所示的注销界面，退出系统。

欢迎光临有家超市销售管理系统

= =

1. 会 员 管 理

2. 商 品 管 理

3. 销 售 管 理

4. 活 动 中 心

5. 注 销 系 统

= =

请选择以上菜单,输入1-5以内的数字:

图 3.1.11 修改后的主界面

有家超市销售管理系统 -> 会员信息管理

= =

1. 显 示 所 有 会 员

2. 添 加 会 员

3. 修 改 会 员

4. 查 询 会 员

5. 删 除 会 员

= =

图 3.1.12 会员管理界面

有家超市销售管理系统 -> 商品信息管理

= =

1. 显 示 所 有 商 品

2. 添 加 商 品

3. 修 改 商 品

4. 查 询 商 品

5. 删 除 商 品

= =

图 3.1.13 商品管理界面

有家超市销售管理系统 -> 销售管理

= =

此界面为销售管理界面,功能尚待完善……

= =

图 3.1.14 销售管理界面

有家超市销售管理系统 -> 活动中心

= =

1. 积 分 兑 换

2.设 置 会 员 日 折 扣

3.设 置 生 日 折 扣

= =

图 3.1.15 活动中心界面

```
请选择以上菜单,输入1-5以内的数字:5
已注销，退出系统!
```

图 3.1.16　注销界面

素养提升

分支结构是编程中常用的控制结构之一。在科技飞速发展的时代，分支结构在诸多领域有着广泛而关键的应用。以人工智能领域为例，当训练一个智能模型时，分支结构就像智能决策的中枢。它能根据不同的数据特征和算法条件，决定模型的训练路径和参数调整方向。例如，在图像识别中，面对不同类型、不同场景的图像，分支结构会依据图像的颜色、形状、纹理等特征，选择合适的算法分支进行处理，以实现准确的识别。

这就如同我们在人生道路上面临各种选择和决策时，需要根据自身的能力、兴趣、环境等因素，理性分析，权衡利弊，选择最适合自己的发展路径。同时，我们也要勇于尝试不同的可能性，因为每一个分支都可能带来新的机遇和挑战。正确的选择和持续的努力是实现个人成长和发展的关键，希望大家都能在自己的人生道路上运用好“分支结构”的智慧，书写属于自己的精彩篇章。

任务 3.2　使用循环结构优化界面设计

任务目标

在设计程序时，经常会遇到一些需要重复执行的代码。例如，输入 100 个学生的成绩、求 60 个数的乘积、求 1 个数的阶乘等，这就需要用到循环控制。本任务的目标是使用循环结构完善有家超市销售管理系统的界面设计。

任务描述

在有家超市销售管理系统的销售管理功能中，用户输入待购买的商品编号和数量，购买并打印用户的消费清单。如果待购买的商品编号输入错误，或购买的数量超出库存数量，系统应有相应的错误提示，用户可以选择重新购买或退出。销售管理界面如图 3.2.1 所示。

```
有家超市销售管理系统 -> 销售管理
= = = = = = = = = = = = = = = = = = = = = = = = = = = = =
商品编号            商品名称            商品价格            商品库存
1000                运动水壶            25.0                100
请输入您要购买的商品编号(整数)：1234
您要购买的商品不存在！请重新输入！
请输入您要购买的商品编号(整数)：1000
请输入您要购买的数量：200
您购买的商品数量为100，库存不够，请重新购买！
请输入您要购买的商品编号(整数)：1000
请输入您要购买的数量：25
是否继续（y/n）y
请输入您要购买的商品编号(整数)：1000
请输入您要购买的数量：15
是否继续（y/n）n

- - - - - - - - - -         - - - -消费清单- - - - - - - - - - - -
商品                单价                数量                金额
运动水壶            ¥25.0               25                  ¥625.0
运动水壶            ¥25.0               15                  ¥375.0
金额总计： ¥1000.0
```

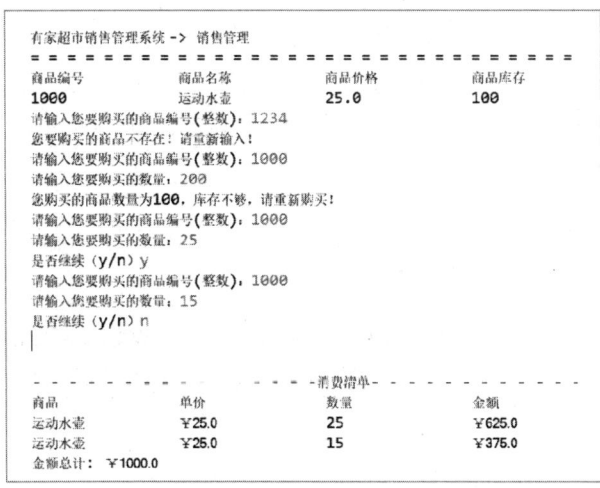

图 3.2.1　销售管理界面

3.2.1 while 循环

在现实生活中，经常碰到这样的事情：将 100 个数据相加，或是求 10 个数据的乘积。其实，这些例子大家都很熟悉，也都有自己的解决方法，但是这与循环有什么关系呢？

仔细想想，这些都是非常典型的循环事例。比如将 100 个数据相加，在实际运算过程中，将第一个数与第二个数相加，得到一个结果，然后将这个结果与第三个数相加，得到第二个结果，依此类推，直到最后得到累加和。在这个运算过程中，其实是在不断地执行两个数相加这个动作，只是每次相加的两个数据不一样。在 Java 中，把这种反复做的事情用循环来解决。

while 循环的语法格式如下：

```
while(条件表达式){
    循环体
}
```

示例 3.8 请编写将 10 个数据累加的程序。

分析： 可以定义一个存储器变量 total 用来存储累加和，为了控制 10 个数相加，用一个计数器 i 来计数，在相加的过程中需要两个操作数，其中一个是 total，另外一个是变量 num，num 用来存储待累加的数字，这样就可以反复接收一个数据存入 num，将这个数据与 total 相加，直到接收完第 10 个数据为止。其代码如下：

```
01    package com.chapter03.demo08;
02    import java.util.Scanner;
03
04    public class AccumulationToWhile {
05        public static void main(String[] args) {
06            int total = 0; //定义存放累加和的变量
07            int num = 0; //定义存放相加数的变量
08            int i = 0; //定义控制计数器
09            Scanner sc = new Scanner(System.in);
10            System.out.print("while 测试:\n 请输入要累加的 10 个整数：");
11            while (i <= 9) {
12                //用 while 循环求和
13                num = sc.nextInt(); //从键盘接收要累加的数据
14                total = total + num; //将数据累加到 total 上
15                i = i + 1; //循环控制计数器加 1
16            }
17            System.out.println("累加和是：" + total); //循环结束后，输出结果
18        }
19    }
```

说明：

① 第 6～第 8 行对循环累加过程中要使用的变量进行初始化，这里计数器 i 的初始值是 0。

② 第 11 行控制循环的次数是 10 次，因为计数器从 0 开始，所以条件表达式是 i 小于等于 9。

③ 第 14 行将接收到的数字与累加和进行求和，并对累加和重新赋值。

④ 第 15 行修改计数器，这个步骤一定不能忘记，否则会构成死循环。

运行结果如图 3.2.2 所示。

while测试：
请输入要累加的10个整数：1 2 3 4 5 6 7 8 9 10
累加和是：55

图 3.2.2　运行结果图

练习 3.7　试编写计算软件技术一班 10 位同学英语总成绩的程序。

分析：将英语成绩用 score 来表示，用 total 来表示总成绩，为了计算 10 位同学的英语成绩，需要定义一个计数器 i 来存储学生的个数，这个过程通过 while 循环来实现。请根据上述分析编写程序。

> **注 意**
>
> while 循环给运算带来了方便，但使用的时候有些地方也需要注意。
>
> ① 循环体可以是单个语句，也可以是复合语句。如果是复合语句，则循环体必须要用大括号括起来（参考示例 3.8）。
>
> ② 条件表达式可以是关系表达式，也可以是逻辑表达式。
>
> ③ 循环体中应当有使循环趋向结束的语句（如示例 3.8 中的 i<=9），否则循环将永远执行下去，构成死循环。
>
> ④ while 中的条件表达式，其计算结果必须是 boolean 型。

3.2.2　do-while 循环

微课：3.2.2

do-while 循环

while 循环的执行前提是要满足条件表达式，与 while 循环相似的是 do…while 循环，只是 do…while 循环不管条件表达式是否满足循环的条件，先做一次循环体内的事情，然后根据条件表达式的真假来决定是否再进行循环。

do…while 循环语句的一般形式如下：

```
do{
    循环体
}while（条件表达式）
```

示例 3.9　请用 do…while 循环将 10 个数累加。

分析：类似于 while 循环，也可以用 do…while 循环实现 10 个数累加。但是与 while 不同的是，do…while 循环不管循环判定条件是否成立，都将先执行循环体一次，直到所有数完成累加。其代码如下：

```
01    package com.chapter03.demo09;
02    import java.util.Scanner;
03
04    public class AccumulationToDoWhile {
05        public static void main(String[] args) {
```

```
06          int total = 0;                                    //定义存放累加和的变量
07          int num = 0;                                      //定义存放相加数的变量
08          int i = 0;                                         //定义循环控制计数器
09          Scanner sc = new Scanner(System.in);              //创建控制台输入流
10          System.out.print("请输入要累加的 10 个整数：");
11          do {
12              //用 do…while 循环求 10 个数的和
13              num = sc.nextInt();                           //从键盘接收要累加的数
14              total = total + num;                          //将数累加到 total 上
15              i = i + 1;                                     //将计数器加 1
16          } while (i <= 9);
17          System.out.println("累加和是：" + total);          //循环结束后，输出结果
18      }
19  }
```

运行结果如图 3.2.3 所示。

do-while测试；
请输入要累加的10个整数：1 2 3 4 5 6 7 8 9 10
累加和是：55

图 3.2.3　运行结果图

练习 3.8　请用 do…while 循环统计一个学习小组的 8 个学生 Java 考试的平均分。

分析：通过 do…while 循环来实现这个过程，可以定义变量 i 用来作为循环控制计数器，用变量 total 来存储学生的总分，变量 score 存储每个学生的 Java 考试成绩，等 8 个学生的总分累加完成，循环退出后再计算平均分。请根据上述分析编写程序。

⚠ **注 意**

（1）do…while 循环可以与 while 循环相互转换。

（2）do…while 循环至少执行一次循环体。

示例 3.10　在下面的示例代码中，演示了 while 循环与 do…while 循环的区别。

```
01  package com.chapter03.demo10;
02
03  public class Different {
04      public static void main(String[] args) {
05          int i = 1;
06          while (i < 6) {
07              //只有在 i<6 成立的情况下才执行，所以打印了 5 次
08              System.out.println("这是 while 语句块!!!");
09              i++;
10          }
11          System.out.println("我们正在测试 while 和 do…while 的区别");
12          int j = 6;
13          do {
14              //这句话在 j<6 不成立的情况下也要执行，所以打印了 1 次
```

15	System.out.println("这是 do …while 语句块!!!");
16	j++;
17	} while (j < 6);
18	}
19	}

运行结果如图 3.2.4 所示。

```
这是while语句块!!!
这是while语句块!!!
这是while语句块!!!
这是while语句块!!!
这是while语句块!!!
我们正在测试while和do...while的区别
这是do ....while语句块!!!
```

图 3.2.4　运行结果图

3.2.3　for 循环

微课：3.2.3

for 循环

在 while 循环和 do…while 循环结构中，事先可能不知道循环的次数，那么，在用户知道循环的次数后，一般可以采用 for 循环语句。

for 循环语句的一般形式如下：

```
for(表达式 1;表达式 2;表达式 3){
    循环体
}
```

其中，表达式 1 指循环控制变量初始化（用①表示），表达式 2 指循环控制条件（用②表示），表达式 3 指循环控制变量的改变（用③表示），循环体用④表示。通过序号来分析 for 循环的执行过程：

```
for(①; ②; ③) {
    ④
}
```

第一步：执行①。

第二步：执行②，如果判定结果为 true，执行第三步；如果判定结果为 false，执行第五步。

第三步：执行④。

第四步：执行③，然后重复执行第二步。

第五步：退出循环。

for 循环语句的三个表达式都可以为空，但当第二个表达式为空，或第三个表达式为空时，则表示当前循环是一个无限循环，需要在循环体内书写另外的跳转语句以终止循环。

示例 3.11　请用 for 循环完成 8 个数相乘的运算。

分析：要完成 8 个数相乘，需要定义一个变量 result 用来存储结果，再定义一个变量 num 用来存储乘数。大家都知道任何数（非 0）与 1 相乘，结果仍然是这个数本身，所以，可以将变量 result 初始化为 1，让 8 个数分别与 result 来进行乘法运算，这样就可以得到这 8 个数据的乘积。其代码如下：

```
01   package com.chapter03.demo11;
02   import java.util.Scanner;
03
04   public class Multiplication {
05       public static void main(String[] args) {
06           int i; //定义循环控制计数器
07           int result = 1; //定义存放结果的变量
08           int num; //定义存储参与运算数据的变量
09           Scanner sc = new Scanner(System.in);
10           for (i = 0; i < 8; i++) {
11               System.out.print("请输入第"+(i+1)+"个数： ");
12               num = sc.nextInt(); //从键盘接收数据
13               result = result * num;
14           }
15           System.out.println("乘积为" + result);//输出结果
16       }
17   }
```

运行结果如图 3.2.5 所示。

```
请输入第1个数： 2
请输入第2个数： 3
请输入第3个数： 4
请输入第4个数： 5
请输入第5个数： 6
请输入第6个数： 7
请输入第7个数： 8
请输入第8个数： 9
乘积为362880
```

图 3.2.5　运行结果图

示例 3.12　在**示例 3.5** 的程小白抢红包游戏的基础上，游戏界面上随机位置生成 5 个红包，红包分成 4 种类型：普通红包、金币、元宝和炸弹。程序运行结果如图 3.2.6 所示。

分析：在**示例 3.5** 中已经完成了如何随机生成 4 种不同的红包，在此基础上只要用 for 循环来控制生成 5 个红包即可。红包类 RedPacket 类与**示例 3.5** 中的 RedPacket 类相同，此处不再赘述。只需要修改场景类 RedPacketWar。程序代码如下：

```
01   package com.chapter03.demo12;
02   import com.chapter03.demo12.RedPacket;
03   import greenfoot.Greenfoot;
04   import greenfoot.World;
05   public class RedPacketWar extends World {
06       public RedPacketWar() {
07           super(400, 600, 1);
08           setBackground("images/background.jpg");
09           //循环 5 次
10           for (int i = 0; i < 5; i++) {
11               RedPacket redPacket = new RedPacket();
```

```
12                        this.addObject(redPacket, 10+Greenfoot.getRandomNumber(300), 100+Greenfoot.
getRandomNumber(300));
14                    }
15            }
16    }
```

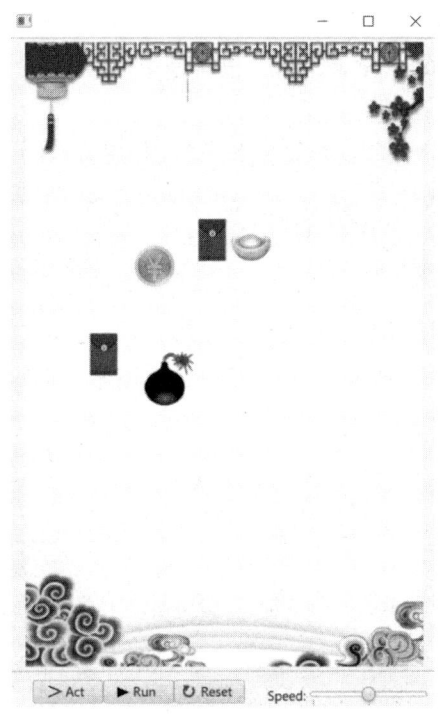

图 3.2.6　程小白抢红包运行结果图

说明：

① 第 10～第 14 行用 for 循环控制生成 5 个红包，并随机显示在场景的不同位置上。

② 第 12 和第 13 行表示将名为 redPackat 的红包添加在场景中，其中横坐标为 10+Greenfoot.getRandomNumber(300)，10 表示距离场景的左边界坐标为 10，这是为了红包显示不超出场景的左边界；纵坐标为 100+Greenfoot.getRandomNumber(300)，100 表示距离场景的上边界坐标为 100，同样是为了红包显示不超出场景的上边界。而 Greenfoot.getRandomNumber(300)表示生成 0～299 范围内的随机数。

练习 3.9　请用 for 循环找出 1 到 10 中奇数的个数。

分析：所谓奇数就是不能被 2 整除的数，用表达式表示就是 num%2!=0，如果结果为真，说明 num 为奇数。为了求 1 到 10 中奇数的个数，通过循环遍历 10 个数，每个数都通过表达式 num%2!= 0 去判断，如果为奇数，就将计数器加 1，直到 10 个数都判断完成。请根据上述分析编写程序。

练习 3.10　输出 100 至 1000 的所有"水仙花数"。所谓"水仙花数"是指一个三位数，其各位数字立方和等于该数本身。例如，153 是一个"水仙花数"，因为 $153=1^3+5^3+3^3$。

分析：利用 for 循环遍历 100 至 1000，每个数分解出个位、十位和百位，再判断是否是"水仙花数"。请根据上述分析编写程序。

微课：3.2.4

循环嵌套

3.2.4 循环嵌套

在循环体内嵌套了另一个循环，这种循环结构称为嵌套循环。如果有需要，嵌套循环内部可以继续嵌套循环，称为多重循环。

示例 3.13 请编写程序打印一个用*表示的矩形。

分析：为了打印出一个*型的矩形，要让矩形的每一行和每一列都用*来填充。假如矩形有 m 行、n 列，就需要 $m×n$ 个*来表示。也就是说，对于每一行来说，都要有 n 个*，这个过程可以用循环来实现。

首先，用循环打印一行*，假设每行有 8 个*，其核心代码如下：

```
for(int count = 1; count <= 8; count++){
    System.out.print(" * ");
}
```

那么如何实现矩形*的打印呢？其实只要在每一行的循环过程中，嵌套一个打印列的循环，就可以将每一行的行标所对应的列上的*都打印出来。代码如下：

```
01    package com.chapter03.demo13;
02    /**
03     * 打印一个 8 行 8 列的*型矩形
04     */
05    public class PrintRectangle {
06        public static void main(String[] args) {
07            //用来控制行数
08            for (int i = 0; i < 8; i++) {
09                //用来控制每行中要打印的*的个数
10                for (int j = 0; j < 8; j++) {
11                    System.out.print(" * ");
12                }
13                System.out.println(); //当一行打印完后，需要换行处理
14            }
15        }
16    }
```

运行结果如图 3.2.7 所示。

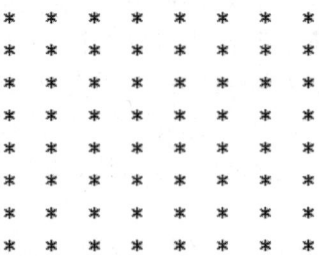

图 3.2.7　运行结果图

练习 3.11　请输入 6 位同学 3 门课程的成绩，并计算每个同学的平均分。

分析：为了计算每位同学的 3 门课程平均分，可以通过 for 循环来实现。对于 6 位同学的 3 门成绩，可以采用循环嵌套来解决问题，在外层循环中标记学生数目，在内层循环中输入该学生的 3 门成绩并累加。退出内层循环进入外层循环时，计算平均分并打印。请根据分析编写程序。

微课：3.2.5

break 语句、
continue 语句

3.2.5　break 语句、continue 语句与 return 语句

在学习完几种不同的循环语句后，我们基本了解了循环在 Java 中的实现。但在实际应用当中，有时为了控制事件的进度，需要对循环结构进行控制，比如在某个特殊的条件下，能及时跳出循环，或者在某些情况下继续循环体的执行。因此，引入了 break 语句和 continue 语句。

1．break 语句

在分支语句中学习过 break 语句，主要作用是跳出分支转而继续分支后面的程序。在循环结构中，break 语句用于跳出循环，执行循环结构后面的程序。**break 语句只能用于 switch 语句体和循环体。在循环语句的嵌套中，break 语句只是退出其所在的循环语句，并不是退出整个循环体。**

示例 3.14　请编写程序从键盘接收 10 个数据，在接收数据的过程中，如果遇到数字 0 就结束输入。

分析：在这个示例中，要从键盘接收 10 个数据，当满足条件即接收到数字 0 时就退出程序，实际上可以定义一个循环，在循环体内设定循环跳出语句就可以了。通过学习 for 循环结构的基本知识，并加入 break 语句的功能，就能解决这个问题。其代码如下：

```
01    package com.chapter03.demo14;
02    import java.util.Scanner;
03    /**
04     * 演示 break 语句的用法
05     */
06    public class TestBreak{
07        public static void main(String[] args) {
08            int number;
09            Scanner sc = new Scanner(System.in);
10            for (int count = 0; count < 10; count++) {
11                //使用 for 循环接收数据
12                System.out.print("请输入第"+(count+1)+"个数：");
13                number = sc.nextInt();
14                if (number == 0) {
15                    break;//如果条件成立，将跳出循环
16                }
17            }
18        }
19    }
```

运行结果如图 3.2.8 所示。

```
请输入第1个数：35
请输入第2个数：2
请输入第3个数：67
请输入第4个数：89
请输入第5个数：0
```

图 3.2.8　运行结果图

练习 3.12　请编写一个程序，判断输入的整数是否为素数。

分析：所谓素数，就是指只能被 1 和它本身整除的整数。（注意：在自然数中，0 和 1 不是素数。）因此要判断整数 number 是否为素数的方法，就是用 2，3，…，number-1 分别去除 number，如果其中有能整除 number 的数，则 number 不是素数；如果均不能整除 number，则 number 是素数。请根据上述分析编写程序。

2. continue 语句

在循环结构的实际运用过程中，有时候需要跳过某次循环继续执行下一次循环，这种情况下，引入了 continue 语句。与 break 语句不同的是，continue 语句只是结束某个判断条件成立时所对应的那次循环，但不终止循环，而是提前进入下一次循环。

示例 3.15　请编写程序打印 1、2、3、4、6、7、8、9、10 这 9 个数。

分析：在这个示例中很容易实现打印 1 到 10 之间 10 个数，但是怎么使 5 这个数据不被打印出来呢？在学习了 continue 语句的基本知识之后，可知 continue 语句的作用就是结束本次循环，但是又能够继续下一次循环，这正好可以实现本例中的需求。利用循环来打印 1 到 10 之间的数，当遇到 5 时，调用 continue 语句来转入下一次循环，这样，就可以打印出除 5 外的其他数了。其代码如下：

```
01    package com.chapter03.demo15;
02    /**
03     * 演示 continue 语句的用法
04     */
05    public class TestContinue {
06        public static void main(String[] args) {
07            for (int number = 1; number <= 10; number++) {
08                if (number == 5) { //如果该数等于 5，就不打印
09                    continue;        //跳出循环，继续下一次循环
10                }
11                System.out.println("The nNumber is " + number);
12            }
13        }
14    }
```

运行结果如图 3.2.9 所示。

```
The nNumber is 1
The nNumber is 2
The nNumber is 3
The nNumber is 4
The nNumber is 6
The nNumber is 7
The nNumber is 8
The nNumber is 9
The nNumber is 10
```

图 3.2.9　运行结果图

通过学习 break 语句与 continue 语句的基本用法，来比较一下它们的区别，如下面代码所示。break 语句可以在满足某个条件时，退出循环，也就是结束循环运算；而 continue 语句则可以跳过不想执行的循环体中的某个部分，继续执行循环的其他部分，这样一来，就能很好地结合 break 和 continue 语句来利用循环结构解决一系列问题。

```
while(i < 8)                        while(i < 8)
{                                   {
    do something                        do something
    if(nCount >88)                      if(nCount>88)
        break; //循环终止                   continue; //结束本次循环，进入下一次循环
    else                                else
        do something                        do something
}                                   }
```

> **！注意**
>
> break 只能用于 switch 语句和循环语句中，continue 只能用于循环语句中。break 和 continue 之后不能有其他的语句。

3. return 语句

return 语句的基本语法格式如下：

```
return   表达式;
```

return 语句用来使程序流程从方法调用中返回，也就是终止该程序的执行将返回到调用方法，return 语句后面所带的表达式的值就是调用方法的返回值。如果方法没有返回值，则 return 语句中的表达式可以省略。

练习 3.13　请说出下面程序中，while 语句的执行次数。

```
01    package com.chapter03.practice13;
02    public class TestContinue {
03        public static void main(String[] args) {
04            int i = 0;
05            while (i < 10) {
06                if (i < 1) {
07                    continue;
08                }
09                if (i == 5) {
10                    break;
11                }
12                i++;
13            }
14        }
15    }
```

A. 1　　　　　　　　　　　　　B. 10
C. 6　　　　　　　　　　　　　D. 死循环，不能确定次数

▌任务实施▐

在有家超市销售管理系统的销售功能中，用户输入待购买的商品编号和数量，进行商品的购买，并输出购买清单。

需要设计有家超市销售管理系统的商品显示界面，完成商品的销售功能。用户输入该商品的编号，并输入待购买的数量，系统判断商品编号是否输入错误，购买数量是否超过库存数量，如果符合购买条件，则购买成功并打印销售清单，否则提示用户输入有误并重新购买。

分析： 由于数据集合的存储在后续章节才介绍，故此任务中假定超市目前只显示一类商品。有家超市销售管理系统的商品显示界面如图 3.2.10 所示，显示了商品的编号、名称、价格和库存。用户输入待购买的商品编号，如果输入有误，则提示用户重新输入直到正确。再提示用户输入待购买的商品数量，系统判断数量是否超过商品库存数量，如果超过，则提醒用户重新购买，否则购买成功。

```
有家超市销售管理系统 -> 销售管理
= = = = = = = = = = = = = = = = = = = = = = = = = = = = =
商品编号        商品名称        商品价格        商品库存
1000           运动水壶        25.0            100
```

图 3.2.10　有家超市商品显示界面

程序代码如下：

```
01    package com.chapter03.task02;
02    import java.util.Scanner;
03    /**
04     *  商品销售
05     */
06    public class Sale {
07        public static void main(String[] args) {
08            //定义商品数据
09            int productId = 1000;//商品编号
10            String productName = "运动水壶";//商品名称
11            double productPrice = 25.0;//商品价格
12            int productNum = 100;//商品库存
13            double total = 0; //购物总金额
14            String goodsList = ""; //购物清单
15            int remainder = productNum;//商品剩余数量
16            //显示销售管理页面
17            System.out.println("有家超市销售管理系统 -> 销售管理");
18            System.out.println("= = = = = = = = = = = = = = = = = = = = = = = = = = = = =");
19            System.out.println("商品编号\t\t 商品名称\t\t 商品价格\t\t 商品库存");
20            System.out.println(productId + "\t\t" + productName + "\t\t" + productPrice + "\t\t" +
productNum);
21            String choose = "y";//是否继续购买的标志，默认为 y，表示继续购买
22            Scanner in = new Scanner(System.in);
```

```
23              //开始购买
24              do {
25                      System.out.print("请输入您要购买的商品编号(整数)：");
26                      int pNo = in.nextInt();
27                      /* 查找要购买的商品对象 */
28                      if (pNo != productId) {
29                              System.out.println("您要购买的商品不存在！请重新输入！");
30                              continue;
31                      }
32                      System.out.print("请输入您要购买的数量：");
33                      int pNum = in.nextInt();
34                      /* 扣除商品库存 */
35                      if (remainder < pNum) {
36                              System.out.println("您购买的商品数量为" + remainder + "，库存不够，请重新
购买！");
37                              continue;
38                      }
39                      remainder = remainder - pNum;//商品剩余数量等于之前的库存减去已购买的数量
40                      //计算总价
41                      total = total + productPrice * pNum;
42                      //连接购物清单
43                      goodsList = goodsList + "\n" + productName + "\t\t" + "￥" + productPrice + "\t\t" +
pNum + "\t\t" + "￥"
44                              + (productPrice * pNum) + "\t";
45                      System.out.print("是否继续（y/n）");
46                      choose = in.next();
47              } while (choose.equals("y"));
48              //打印消费清单
49              System.out.println("\n");
50              System.out.println("- - - - - - - - - - - - - - -消费清单- - - - - - - - - - - - - - -");
51              System.out.print("商品\t\t" + "单价\t\t" + "数量\t\t" + "金额\t");
52              System.out.print(goodsList);
53              System.out.println("\n 金额总计:\t" + "￥" + total);
54          }
55      }
```

说明：

① 第 9～第 12 行定义超市的商品信息，包括商品的编号、名称、价格和库存。由于数据集合的存储在后续章节才涉及，故此处假定超市只有"运动水壶"一类商品。

② 第 13 行定义用户的购买总金额，初始化为 0，表示还未购买。第 14 行用字符串存储用户的购买清单，包括购买的每一项商品的名称、价格、数量和金额。第 15 行定义商品的剩余数量，在用户未购买之前，剩余数量就是库存数量。

③ 第 17～第 20 行显示超市的销售界面，包括商品的信息。

④ 第 21 行定义字符串变量 choose，用来存储用户是否继续购买（控制购买循环操作）

的标记，默认为 y，表示继续购买。第 24～第 47 行用 do-while 循环控制用户是否继续购买，由于购买操作可以重复，所以符合循环条件。用户购买后，系统再提醒是否继续购买，如果用户输入"y"，则继续购买。这属于先执行再判断，所以采用 do-while 循环。

⑤ 第 26 行接收用户要购买的商品编号。第 28 行判断用户要购买的商品编号是否与系统库存的商品编号相同，如果不同，则在第 29 行提示用户有误。第 30 行 continue 语句控制结束当前循环，而执行下一次循环，即重新购买。

⑥ 第 33 行接收用户要购买的商品数量。第 35 行判断购买数量是否大于剩余商品数量，如果大于，则在第 36 行提示用户有误，并在第 37 行结束当前循环，回到第 24 行执行下一次循环重新购买。

⑦ 第 39 行用商品剩余数量减去购买数量，并重新赋值给商品剩余数量。

⑧ 第 41 行计算用户购买的总价，等于之前的总价加上此次循环购买的商品价格。

⑨ 第 43 行将此次循环中的购买清单信息附加在之前的购买清单字符串后面。

⑩ 第 45 和第 46 行询问用户是否继续购买，并接收用户的选择。在第 47 行根据用户的输入值判断是否继续循环。

▌任务小结▐

本任务介绍了程序三大流程结构中的循环结构，以及控制循环执行流程的 break、continue 和 return 语句，并结合有家超市销售管理系统中的销售功能的实现，详细介绍了 while 循环、do-while 循环和 for 循环结构的应用。

▌任务拓展▐

在有家超市销售管理系统的登录功能中，允许用户有三次登录的机会，如果连续三次登录失败，则如图 3.2.11 所示提醒用户登录错误次数超过三次，已没有权限进入系统。只要登录成功，则进入图 3.2.12 所示主界面，等待并接收用户的输入，且能根据用户的选择进入不同的子功能界面。假如输入数字 1，则进入会员信息管理界面，如图 3.2.13 所示。其余子功能界面参见任务 3.1 的任务拓展。

```
        欢迎光临有家超市销售管理系统
- - - - - - - - - - - - - - - - - - - -
              1. 登 录 系 统
              2. 退 出 系 统
- - - - - - - - - - - - - - - - - - - -
请选择以上菜单，输入1-2以内的数字：1
请输入用户名：Jack
请输入密码：1234

登录失败，请重试。
请输入用户名：Tom
请输入密码：123456

登录失败，请重试。
请输入用户名：John
请输入密码：111

登录失败，请重试。

登录失败，您已没有权限进入系统！谢谢！
```

```
        欢迎光临有家超市销售管理系统
- - - - - - - - - - - - - - - - - - - -
              1. 登 录 系 统
              2. 退 出 系 统
- - - - - - - - - - - - - - - - - - - -
请选择以上菜单，输入1-2以内的数字：1
请输入用户名：admin
请输入密码：123456

        欢迎光临有家超市销售管理系统
- - - - - - - - - - - - - - - - - - - -
              1. 会 员 管 理

              2. 商 品 管 理

              3. 销 售 管 理

              4. 活 动 中 心

              5. 注 销 系 统
- - - - - - - - - - - - - - - - - - - -
```

图 3.2.11　连续三次登录失败界面　　　　　　图 3.2.12　主界面

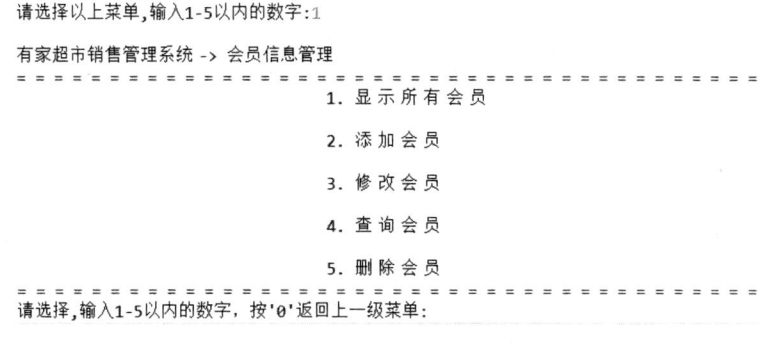

图 3.2.13 会员信息管理界面

素养提升

在当今蓬勃发展的科技领域，循环结构宛如一位默默耕耘的拓荒者，发挥着至关重要的作用。以智能交通系统中的车辆识别技术为例，循环结构不知疲倦地对摄像头捕捉到的每一帧图像进行分析处理，一遍又一遍地重复着图像读取、特征提取、模式匹配等操作，确保准确识别每一辆过往车辆，为交通管理和安全保障提供坚实的数据支持。

这就如同我们在追求知识和实现梦想的道路上所经历的过程。学习新知识可能需要反复研读教材、理解概念、做练习题。这一次次的迭代虽看似重复，却会让我们在每次的坚持中有细微的进步和积累。每一次对教材的研读都是一次知识的汲取，每一次对概念的思考都是一次思维的深化，每做一次练习题都是一次能力的提升。我们只有持之以恒地坚持，才能实现从量变到质变的飞跃，才能以更加自信和从容的姿态去拥抱无限可能的广阔未来。

模块小结

通过本模块，我们主要学习了以下内容。

（1）算法是指如何用科学的方法完成某项事务的执行过程，计算机算法是指计算机的解题步骤。

（2）结构化程序设计规定：任何简单或复杂的算法都可以由顺序结构、分支结构和循环结构这三种基本结构组合而成。这三种结构就被称为程序设计的三种基本结构，也是结构化程序设计必须采用的结构。

（3）顺序结构是指整个算法从开始依次执行直到结束为止，都是按顺序执行的线性结构。这是算法描述中最简单和最基本的结构。

（4）分支结构也称为选择结构，它对某个给定条件进行判断，条件为真或假时分别执行不同分支的内容。

（5）循环结构用来描述现实生活中重复执行某种动作的情况，可以分为三种类型：while循环、do…while循环、for循环。

模块训练

一、选择题

1. 下列关于条件语句的描述中，错误的是（   ）。

A. if 语句可以有多个 else 子句和 else if 子句

B. if 语句中可以没有 else 子句和 else if 子句

C. if 语句中的〈条件〉是条件表达式

D. if 语句的 if 体、else 体内可以有循环语句

2. 以下关键字用于终止循环语句的为（   ）。

A. break   B. exit   C. end   D. terminate

3. 下列关于 switch 语句的描述中，正确的是（   ）。

A. switch 语句中，default 子句可以省略

B. switch 语句中，case 子句的〈语句序列〉中一定含有 break 语句

C. switch 语句中，case 子句和 default 子句都可以有多个

D. 退出 switch 语句的唯一条件是执行 break 语句

4. 下列循环语句中，循环体被执行的次数为（   ）。

```
for (int i=0,j=0;(j!=18)||(i<4);i++){}
```

A. 3   B. 4   C. 不确定   D. 无限

5. 下列循环语句至少执行一次的为（   ）。

A. while   B. do…while   C. for   D. for…each

6. 下列循环语句的循环次数是（   ）。

```
int i=5;
do{
    System.out.println(i--);
    i--;
}while(i!=0);。
```

A. 0   B. 1   C. 5   D. 无限

7. 下列代码输出的结果是（   ）。

```
int x = 3;
int result = 1;
while(x>1){
    result = result * x;
    x--;
}
System.out.println(result);
```

A. 0   B. 1   C. 3   D. 6

8. 给定如下 Java 代码片段：

```
int i=0，j=-1;
switch(i){
    case 0:
    case 1:j=1;
    case 2:j=2;
}
System.out.print("j="+j);
```

编译运行后，正确的是（　　）。

A．程序编译出错　　　B．j=1　　　　　　　C．j=2　　　　　　　D．j=0

9．下列循环语句至少执行一次的为（　　）。

A．while　　　　　　B．do…while　　　　C．for　　　　　　　D．for…each

10．以下不是死循环的语句是（　　）。

A．for (int y=9, x=1;x>y;x++) {sum=x ; }　　　　B．for (; ; x=i) ;

C．while (1) { x++ ; }　　　　　　　　　　　　　D．for (int i=10 ; ; i--)　{sum+=i ; }

二、判断题

1．在 while 循环中允许使用嵌套循环，但只能嵌套 while 循环。　　　　　　　　（　　　）

2．在实际编程中，do-while 循环完全可以用 for 循环替换。　　　　　　　　　　（　　　）

3．continue 语句只能用于三种循环语句中。　　　　　　　　　　　　　　　　　（　　　）

4．for 循环的三个表达式可以任意省略，while、do-while 也是如此。　　　　　　（　　　）

5．在 do-while 循环中，根据情况可以省略 while。　　　　　　　　　　　　　　（　　　）

6．do-while 循环的 while 后的分号可以省略。　　　　　　　　　　　　　　　　（　　　）

三、编程题

1．请分别用 while 和 do…while 循环实现 1～1000 之间能被 3 和 7 同时整除的整数之和。

2．计算算式 1+21+22+23+…+2n 的值。要求：n 由键盘输入，且 2≤n≤10。

3．使用循环语句打印出如下图案。

```
*******
*****
***
*
```

要求：使用循环结构语句实现。

4．输入一行字符串，分别统计出其中英文字母、空格、数字和其他字符的个数。例如输入"Et2f5F2 18?**56"，输出结果为：英文字母共 4 个，空格共 1 个，数字共 7 个，其他字符共 3 个。（提示：英文字母的 ASCII 值区间为 65～90、97～122；空格的 ASCII 值是32；数字的 ASCII 值区间为 48～57。）

要求：综合使用分支、循环结构语句实现。

5．学校有近千名学生，在操场上排队，5 人一行余 2 人，7 人一行余 3 人，3 人一行余 1 人，编写一个程序求该校的学生人数。

要求：使用分支、循环结构语句实现，直接输出结果不计分。

模块实践

在任务 3.2 的任务拓展中，已经实现了有家超市销售管理系统的主界面到会员管理、商品管理、销售管理和活动中心管理四个子界面的跳转，但是当进入到相应子界面之后却无法重新回到主界面，例如，在主界面中用户输入"1"，进入会员管理子界面，此时程序结束，无法回到主界面。请实现主界面和每个子界面之间的相互跳转功能。

模块单词

algorithm	[ˈælɡərɪðəm]	算法
structure	[ˈstrʌktʃə(r)]	结构
sequential	[sɪˈkwenʃl]	顺序结构
branch	[brɑːntʃ]	分支结构
loop	[luːp]	循环
nesting	[ˈnestɪŋ]	嵌套
true	[truː]	真
false	[fɔːls]	假
break	[breɪk]	中断
continue	[kənˈtɪnjuː]	继续
return	[rɪˈtɜːn]	返回

模块 四 数据处理

模块介绍

本模块介绍 Java 编程基础中的数组和方法，重点讲述 Java 中数组的定义与使用，方法的定义、调用、参数传递。

本模块结合有家超市销售管理系统项目，完成相关数据处理任务。

知识图谱

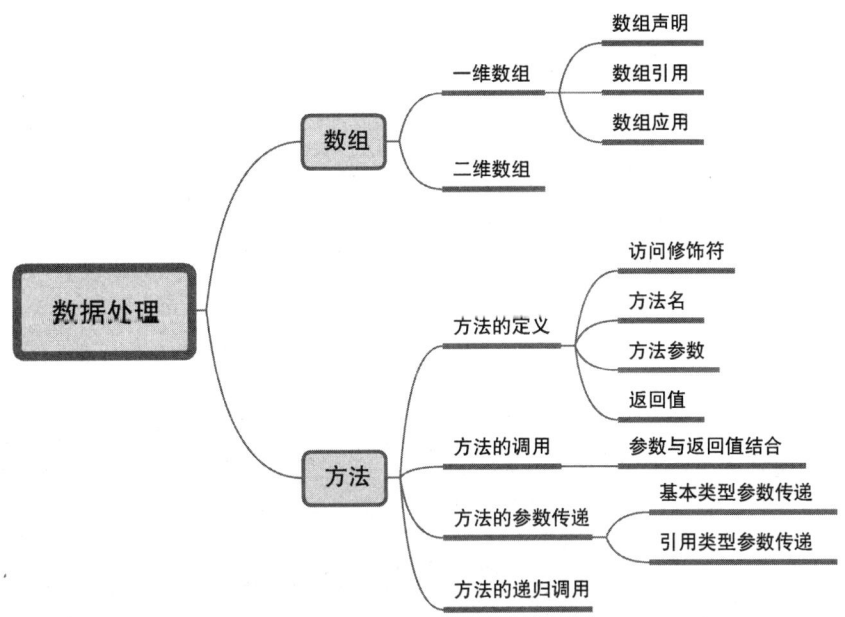

模块目标

【知识目标】
- 掌握数组的定义与使用
- 掌握方法的定义、调用、参数传递，以及递归调用

【能力目标】
- 能使用数组存储和处理同类数据
- 能使用方法实现代码重用与优化

【素质目标】

- 具有代码规范意识和良好的编程习惯
- 具有代码复用、测试集成的工程意识
- 具有精益求精的工匠精神
- 具有创新思维与性能优化意识

任务 4.1 存储会员信息

任务目标

数组是有序数据的集合，使用数组存储和处理同类数据是日常编程中最常见的任务。本任务的目标是利用数组完成有家超市销售管理系统会员信息管理模块中的会员信息显示与修改功能。

任务描述

有家超市销售管理系统中会员信息管理需要显示会员信息并对其进行修改，如图 4.1.1 至图 4.1.3 所示。

```
有家超市销售管理系统 -> 会员信息管理 -> 显示会员信息

会员号码        会员姓名        会员生日        会员积分
10000           张华            08/05           2000
10001           李甜            07/13           6800
10002           王辉            06/26           3600
10003           赵旭            04/08           4800
请输入待修改的会员号码(000退出):
```

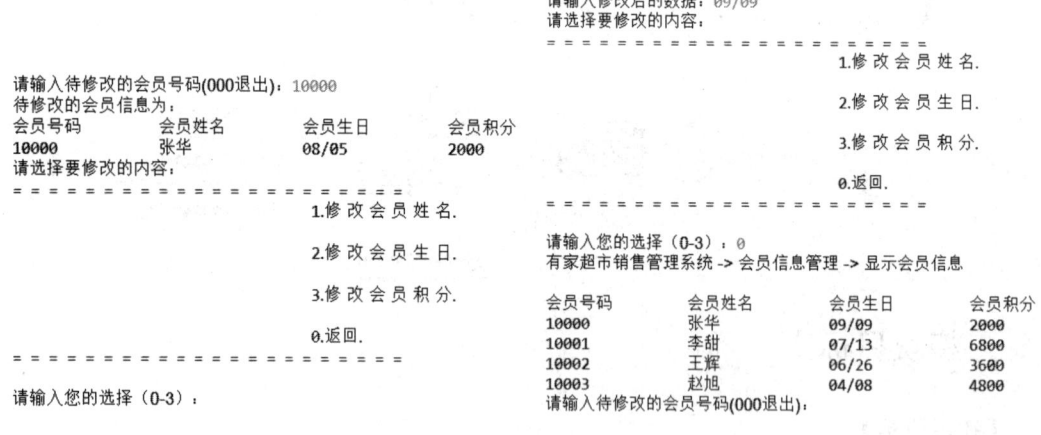

图 4.1.1 有家超市会员信息管理界面

```
请输入待修改的会员号码(000退出)：10000
待修改的会员信息为：
会员号码        会员姓名        会员生日        会员积分
10000           张华            08/05           2000
请选择要修改的内容：
= = = = = = = = = = = = = = = = = = = = = = =
                                1.修 改 会 员 姓 名.

                                2.修 改 会 员 生 日.

                                3.修 改 会 员 积 分.

                                0.返回.
= = = = = = = = = = = = = = = = = = = = = = =

请输入您的选择（0-3）：
```

图 4.1.2 选择需修改的会员

```
请输入您的选择（0-3）：2
请输入修改后的数据：09/09
请选择要修改的内容：
= = = = = = = = = = = = = = = = = = = = = = =
                                1.修 改 会 员 姓 名.

                                2.修 改 会 员 生 日.

                                3.修 改 会 员 积 分.

                                0.返回.
= = = = = = = = = = = = = = = = = = = = = = =

请输入您的选择（0-3）：0
有家超市销售管理系统 -> 会员信息管理 -> 显示会员信息

会员号码        会员姓名        会员生日        会员积分
10000           张华            09/09           2000
10001           李甜            07/13           6800
10002           王辉            06/26           3600
10003           赵旭            04/08           4800
请输入待修改的会员号码(000退出):
```

图 4.1.3 修改会员信息并返回显示

任务准备

微课：4.1.1

数组简介

4.1.1 数组简介

在编程语言中，可以使用变量来存储数据，例如有 100 个互不关联的

数据就可以分别把它们存放到 100 个变量中。但是如果这些数据是有内在联系的,具有相同的属性(如 100 本图书的价格),那么可以把这批数据看成是一个有机的整体,用一个统一的名字代表这批数据,用序号或下标来区分各个数据,则这批数据就构成了一个数组(Array)。例如,用 price 表示图书价格的一批数据,price 是数组名,用 $price_1$、$price_2$、$price_3$ 分别表示书 1 的价格、书 2 的价格、书 3 的价格,price 右下角的数字 1、2、3 用来表示该数据在数组中的序号,称为下标(index)。数组中的数据称为数组元素。

概括地说,数组是有序数据的集合。要定位一个数组中某一个元素,必须给出两个要素,即数组名和下标。数组名和下标能唯一标识出一个数组中的一个元素。

由于在代码中无法用下角表示下标,因此在计算机高级语言中都用括号来表示下标:在 BASIC、Pascal 等语言中使用圆括号来表示下标,如 price(1)、price(2);而在 C++和 Java 中使用方括号来表示下标,如 price[1]、price[2]。不过,要注意在 C++和 Java 中,**数组的元素是从 0 开始编号,而不是从 1 开始的,最后一个元素的下标是数组的长度减 1**。

数组是有类型属性的,例如,可以定义 a 是整型数组,b 是字符型数组等。在 Java 中,数组根据其类型属性的不同可以分为基本类型数组和引用类型数组(引用类型数组也可称为对象数组)。基本类型数组指的是数组元素的数据类型是 int、char、double 等基本数据类型。对于基本类型数组而言,数组中各元素的数据类型必须一致,如一个数组不能由 9 个整型数据和 1 个字符型数据组成。引用类型数组指的是数组元素的数据类型是引用类型。对于引用类型数组而言,数组中各元素的数据类型应该是相似类型,如 o 是 Object 类型数组,则 o 中的数组元素的数据类型就应该是 Object 类型,或者是 Object 类型派生的子类。

引入数组就不需要在程序中定义大量的变量,大大减少程序中变量的数量,使程序精炼,而且数据含义清楚,使用方便,能明确反映数据间的联系。许多好的算法都与数组有关。熟练地利用数组可以大大提高编程的效率,加强程序的可读性。

与 C++或其他高级语言不同,在 Java 中要特别注意的是,**数组本身也是一类对象**,是 Objcct 类的派生类,因此数组本身也具有 Object 类的属性与方法。而且由于数组是作为数组类的实例来处理的,因此也必须使用 new 运算符来创建一个数组。

微课: 4.1.2

数组根据其维数的不同可以分为一维数组和多维数组两种,本节先介绍一维数组的使用,再以二维数组为例介绍多维数组的使用。

一维数组

4.1.2　一维数组

一维数组是最简单的数组,由于在 Java 中,数组是作为数组类的一个实例来处理的,因此可以使用 new 运算符来创建。同时对于对象数组而言,数组中的每个元素都作为一个单独的对象来考虑,因而必须逐一建立,所以定义数组时,必须显式或隐式地指明数组中对象的数目。下面从定义、初始化、引用和应用四部分来介绍数组的使用。

1. 定义一维数组

数组变量在使用之前要事先声明,这样系统才会为所声明的数组分配存储空间。声明数组变量有两种方法,分别如下:

> 类型标识符　数组名[];

或

> 类型标识符　[]　数组名;

可以看出，符号"[]"表明定义的是数组类型的变量，而且它可以出现在数组名称的后面，也可以出现在数据类型的后面，例如：

```
double price[];
double[] price;
```

两种格式的含义是一样的，前一种格式符合 C 或 C++程序员的习惯。不过后一种格式可能更合理，因为它表明是"一个 double 类型数组"，这更符合面向对象的思维习惯，本书将使用这种格式来定义数组。

与 C 或 C++不同，Java 中定义数组时没有指明数组的长度，这是因为在 Java 中定义数组变量时，并没有给其分配空间，只是创建了一个引用而已，因此编译器也就不允许指定数组的大小，如下列代码就是错误的：

```
double[100] price;        //非法定义
```

通常会给刚定义的数组变量赋一个"null"值，表明暂时还不需要使用数组来存储数据，例如：

```
double[] price = null;
```

2. 初始化一维数组

为了给数组创建相应的存储空间，必须写初始化表达式。给数组元素分配存储空间并为数组元素赋初值的过程称为数组初始化。初始化可以分为静态初始化和动态初始化。

（1）静态初始化。当数组元素的初始化值直接由括在大括号"{}"内的数据给出时，就称为静态初始化。静态初始化往往和数组定义结合在一起使用，其格式如下：

类型标识符 [] 数组名={元素 1 [, 元素 2…]}；

例如：

```
double[] price={10.2 ,20.5, 36.8};
```

在这种方法中，数组的存储空间的分配是由编译器来帮助完成的，因为编译器可以根据大括号中的元素个数来确定所占用的存储空间的大小。

（2）动态初始化。与静态初始化不同，动态初始化先用 new 操作符为数组分配存储空间，然后才为每个元素赋初值，其一般格式为：

数组名= new 类型标识符[常量表达式]；

说明：

① 用方括号括起来的常量表达式表示下标值，如假定已定义数组变量：

```
double[] price;
```

则下面的写法是合法的：

```
price = new double[100];
price = new double[10*10];
price = new double [n*2];              //假定 n 是一个已知值的常量
```

② 常量表达式的数据类型应是 int 型或是可以与 int 类型进行自动类型转换的类型，如

short、byte、char 类型，但下标不能是 long 类型的常量，例如：

```
long l = 100;
int i = 100;
double price[] = new double [l];        //非法的数组初始化
int a[] = new int[i];                   //合法的初始化
```

③ 常量表达式中可以包括变量，但变量的值应该是确定的，如不确定则无法为数组分配空间，因此下列初始化代码是错误的：

```
int i;
double price[] = new double [i];        //非法的数组初始化
```

如果在定义 i 时指明其值，则下列初始化代码是正确的：

```
int i = 100;
double price[] = new double [i];        //合法的数组初始化
```

从上面两种方法可以看出，无论是静态初始化还是动态初始化，其核心都是为数组分配存储空间，而分配存储空间的关键则是确定所占用空间的大小。通过初始化操作，分配存储空间后，就可以使用数组来存储数据了。如果不分配存储空间，则试图使用数组元素时会出现空指针异常。还要注意的一点是：**数组是长度固定的实体**，即数组创建之后长度不可变。

3. 一维数组元素的引用

当有了数组的定义和初始化后，就可以在程序中引用数组的元素了。数组元素的引用是通过数组名和下标值来进行的，其一般格式为：

```
数组名[下标];
```

例如，price[1]，数组的下标是一个 int 类型的正整数，在 Java 语言中，数组下标从 0 开始，到数组的长度减 1 结束。如果超出这个边界，在 C 或 C++中，程序并不会对此进行检查，从而导致错误的出现。而 Java 程序则能保护程序员免受这一问题的困扰，一旦访问下标越界，就会出现运行时错误（即"异常"）。

所有数组都有一个固定的成员属性"length"，可以通过它获知数组中的元素个数，通常称为数组的长度。length 是一个只读属性，不能更改。

下面以一个完整的例子来说明一维数组的使用。

示例 4.1 使用数组保存随机产生的 10 个整数，并输出。

```
01    package com.chapter04.dem01;
02    import java.util.Random;
03
04    public class ArrayDemo01 {
05        static Random rand = new Random();          //创建随机数产生器
06        public static void main(String[] args) {
07            int[] prices= null;                      //定义数组变量
08            prices = new int[10];                    //初始化数组变量
09            //给数组赋值
```

```
10              for (int i = 0; i < prices.length; i++) {        //随机生成 100 以内的一个整数
11                  prices[i] = rand.nextInt() % 100;
12              }
13              //输出数据
14              for (int i = 0; i < prices.length; i++) {
15                  System.out.print(prices[i]+"   ");
16              }
17          }
18      }
```

说明：

① 第 2 行导入要使用的随机数类 Random，import 关键字主要用于导入在不同包下的类。

② 第 5 行创建了一个随机数生成器。

③ 第 7 行定义了一维数组变量 prices，并赋初值为 null，这时还没有为数组分配存储空间。

④ 第 8 行对一维数组变量 prices 进行初始化，其大小为 10，这时每个数组元素均为 0。Java 编译器会根据变量的数据类型自动对变量进行一些初始化工作，详见表 4.1.1。

表 4.1.1   Java 数据类型初始化值表

数 据 类 型	初 始 化 值
int、char、byte、short、long、float、double	0
Boolean	false
对象类型	null

⑤ 第 10～第 12 行对一维数组变量 prices 进行赋值，其值是随机生成的 100 以内的整数。这里使用 price.length 来获取数组的长度，通过 for 循环来遍历整个数组。prices.length 的使用，可以保证对数组的访问不会越界。rand.nextInt()将产生一个随机整数，而对 100 执行取模操作，则可以保证产生的数在 100 之内。

⑥ 第 14～第 16 行遍历一维数组变量 prices，输出其中的值。

运行结果如图 4.1.4 所示，因为是随机产生数字，每次运行的数字都不一定相同。

```
-10  -89  57  21  96  36  59  -28  -23  32
```

图 4.1.4   生成随机数数组

4. 一维数组元素的应用

数据排序（即将数据按照某种特定的顺序排列，如升序或降序）是日常计算中最常见的应用之一。例如，学校在每次考试结束后都需要根据考试成绩排列成绩单；电话公司需要根据用户姓名对用户列表进行排序，以便查找电话号码；游戏结束后的积分排序计算等。而且在许多情况下，排序数据量是很大的。数据排序是计算机领域中一个经典的计算问题，其研究的历史已有多年。这里介绍一种最简单的排序方法：冒泡排序（Bubble Sort）。

冒泡排序的原理是使数组中的较小的值逐渐向数组的顶部（即朝第一个元素）冒，就像水中的气泡上升一样，而同时较大的值逐渐下沉到数组的底部。这种方法使用嵌套的循环对整个数组进行多次遍历，每次遍历都要比较数组中相邻的一对元素，如果这对元素是以升序（或者值相等）的顺序排列，就保持它们原来的位置不变，否则就交换它们在数组中的值。假定有 5 个数（8,9,5,4,2），要进行升序排序，第 1 次比较第 1 个数和第 2 个数（8 和 9）的大小，由于第 1 个数小于第 2 个数，无须交换；第 2 次比较第 2 个数和第 3 个数（9 和 5），这里需要将 9 和 5 进行交换……，如此共进行 4 次比较，得到 8,5,4,2,9 的顺序，见图 4.1.5（a）。可以看到：最大的数 9 已沉底，成为最下面的一个数，而最小的数 2 已向上浮起一个位置。经第 1 轮比较（共 4 次）后，已得到最大的数（在最下面）。

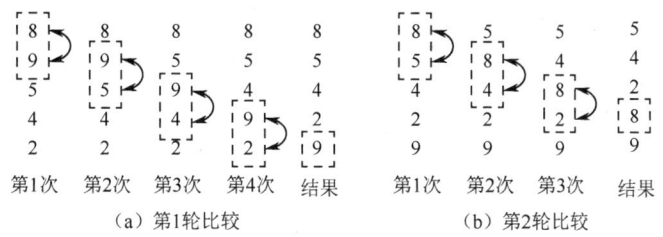

(a) 第1轮比较　　　　　　　(b) 第2轮比较

图 4.1.5　冒泡排序处理数字比较图

然后进行第 2 轮比较，对前面 4 个数按上述方法进行比较，如图 4.1.5（b）所示。经过 4 次比较，得到次大的数 8（在 4 个数中最大的数）。再进行第 3 轮比较，对前面 3 个数进行比较……不难看出，对 5 个数要比较（和交换）4 轮，才能使 5 个数按从小到大的顺序排列好。而在第 1 轮比较中，要执行 4 次比较，在第 2 轮中为 3 次，在第 3 轮中为 2 次，在第 4 轮中为 1 次。

可以推知，如果有 n 个数，则要进行 n-1 轮比较和交换，在第 1 轮比较中要进行 n-1 次比较和交换，在第 j 轮比较中要进行 n-j 次比较和交换。

示例 4-2　使用数组保存随机产生的 10 个整数，并将其按升序输出。

其代码如下：

```
01 package com.chapter04.demo02;
02 import java.util.Random;
03 public class BubbleSort {
04      static Random rand = new Random();        //创建随机数产生器
05      public static void main(String[] args) {
06          int[] prices = null;                  //定义数组变量
07          prices = new int[10];                 //初始化数组变量
08          //给数组赋值
09          for (int i = 0; i < prices.length; i++) {
10              //随机生成 100 以内的一个整数
11              prices[i] = rand.nextInt() % 100;
12          }
13          System.out.println("数据的原始顺序：");
14          for (int i = 0; i < prices.length; i++) {
15              System.out.print(prices[i] + " ");
16          }
```

```
17          bubbleSort(prices);                                    //执行排序
18          System.out.println("\n 按升序排序的数据: ");
19          //输出排序后的数组数据
20          for (int i = 0; i < prices.length; i++) {
21              System.out.print(prices[i] + " ");
22          }
23          System.out.println("");
24      }
25      /**
26       * 使用冒泡算法给数组排序
27       *
28       * @param arr
29       *            待排序的数组
30       */
31      public static void bubbleSort(int[] arr) {
32          int tmp = 0;//用于交换数据的临时变量
33          int arrLength = arr.length;                            //获取数组的长度
34          for (int j = 0; j < arrLength - 1; j++) {              //共执行 n-1 轮比较
35              for (int i = 0; i < arrLength - 1 - j; i++) {      //每轮执行 n-1-j 次比较
36                  if (arr[i] > arr[i + 1]) {                     //如果前面的数大于后面的数
37                      tmp = arr[i];                              //则交换两数的值
38                      arr[i] = arr[i + 1];
39                      arr[i + 1] = tmp;
40                  }
41              }
42          }
43      }
44 }
```

说明:

① 第 9～第 16 行随机生成 prices 数组的值,并显示其原始数据。

② 第 17 行调用冒泡排序方法 bubbleSort()。

③ 第 20～第 22 行输出 prices 数组的值,显示其排序后的数据。

④ 第 31～第 43 行定义了冒泡排序方法 bubbleSort(),其接收一个一维数组 arr 作为参数,通过双重循环,在每一轮循环中通过两两比较,实现元素位置的逐步移动,其过程可参考图 4.1.5。

图 4.1.6 给出程序某一次运行的结果。

示例 4.3 程小白抢红包游戏结束时需要显示历史用户高分榜,其中需要存储和按积分由高至低的顺序显示排名前 6 的积分,效果如图 4.1.7 所示。

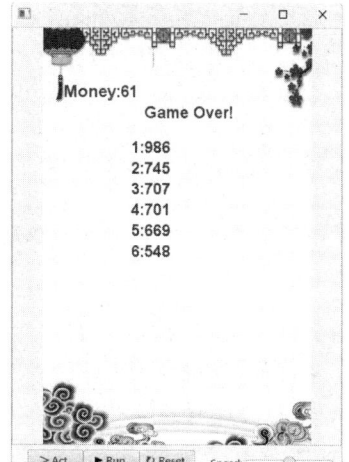

数据的原始顺序:
-30 0 -32 0 -88 10 -1 -94 9 98
按升序排序的数据:
-94 -88 -32 -30 -1 0 0 9 10 98

图 4.1.6　冒泡排序运行结果　　　　　　　　图 4.1.7　抢红包游戏积分榜效果图

　　分析：本例需要使用数组存储用户积分，在游戏结束时，遍历积分数组，依次比较当前排名积分与用户得分，如果用户得分高于当前排名积分，则移动位置并插入积分。其代码如下：

```
01    package com.chapter04.demo03;
02    import greenfoot.*;
03    import java.util.Random;
04    public class ScoreBoard extends Actor{
05        //构造函数中初始化积分排行榜
06        public ScoreBoard() {
07            int[] boards = { 0, 0, 0, 0, 0, 0 };          //积分榜
08            Random random = new Random();                 //创建随机数生成器
09            for (int i = 0; i < 10; i++) {                //模拟 10 次游戏
10                int score = random.nextInt(1000);         //获取本次游戏成绩，1000 以内的随机整数
11                System.out.print(score + " ");
12                //使用插入排序，插入积分
13                for (int j = 0; j < boards.length; j++) {
14                    if (score > boards[j]) {              //如果本次得分高于排行榜中当前排名积分
15                        for (int k = (boards.length - 1 - 1); k >= j; k--) {//移动位置，插入积分
16                            boards[k + 1] = boards[k];
17                        }
18                        boards[j] = score;                //插入本次积分
19                        break;
20                    }
21                }
22            }
23            GreenfootImage img_field = new GreenfootImage(400, 600);//绘制区域 400*600
24            Font font1 = new Font("Helvetica", true, false, 24);
25            img_field.setFont(font1);
26            img_field.setColor(Color.RED);
27            img_field.drawString("Money:61", 130, 300);
```

```
28        img_field.drawString("Game Over!",250, 330);
29        for (int i = 0; i < boards.length; i++) {
30            img_field.drawString((i+1)+":"+boards[i],230, 350+(i+1)*30);
31        }
32        setImage(img_field);
33    }
34 }
```

说明：

① 第 7 行定义和初始化一维数组变量 boards，用于保存排名前 6 的积分。

② 第 9 行使用 for 循环模拟 10 次游戏，生成 10 次游戏积分，并生成对应积分榜。

③ 第 10 行使用随机数生成器生成一次游戏积分 score。

④ 第 13～第 22 行使用插入排序实现积分榜的生成，其过程为遍历积分榜，比较 score 与榜中的每个数据，如 score 大于榜中的数据，则记录其下标 j，将榜中数据从倒数第 2 个开始依次后移，直到移至第 j 个为止，最后将 score 放入 j 所在位置。

⑤ 第 23～第 28 行设置一个图片对象，在 Greenfoot 系统中，可在屏幕上显示的图片都以 GreenfootImage 的形式存在。GreenfootImage 可以载入已有的图片文件，也可以利用多种绘图方法来绘制。这里是设置了图片的字体、颜色及绘制的文字。

⑥ 第 29～第 31 行在 img_field 图片对象上循环绘制了排行榜积分数字，纵坐标依次增加 30 像素。

对应 RedPacketWar 程序代码如下：

```
01 package com.chapter04.demo03;
02 import greenfoot.World;
03 public class RedPacketWar extends World{
04     public RedPacketWar() {
05         super(400, 600, 1);
06         setBackground("images/background.jpg");
07         ScoreBoard scoreBoard   = new ScoreBoard();   //创建排行榜对象
08         this.addObject(scoreBoard, 100, 100);         //将创建的排行榜对象加入场景中
09     }
10 }
```

练习 4.1 假设有一个班级的学生成绩存储在整数数组中，计算这个班级成绩的最高分、最低分和平均分。

练习 4.2 给定一个整数数组，将其元素逆序排列。

微课：4.1.3

分析：可以创建一个与原始数组长度相同的新数组，然后通过循环将原始数组中的元素逆序复制到新数组中。

二维数组

4.1.3 二维数组

通常用带有两个下标的多维数组来表示一张二维表，表中的信息按行和列的形式排列。要标识一个二维表，必须指定两个索引值。按惯例，第一个索引指明元素所在的行，第二个索引指明元素所在的列。图 4.1.8 说明了一个二维数组 a，它包括 3 行 4 列（即 3*4 的数组）。一般而言，一个有 *m* 行 *n* 列的数组称为 *m**n 的数组。在图 4.1.8 中，数组 a 通过一个

形如 a[row][column]的表达式来确定，其中，a 是数组引用名，row 和 column 为索引，通过 row 序号和 column 序号可以唯一地确定数组 a 中的每一个元素。例如，第一行中所有元素的第一个索引都为 0，而第四列中所有元素的第二个索引都为 3。

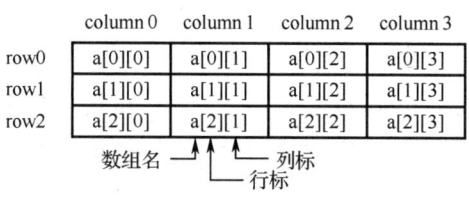

图 4.1.8　二维数组变量示意图

Java 语言并不直接支持多维数组，但它确实允许程序员定义一维数组的一维数组，即把一维数组的每个数组元素都看成是一个一维数组，从而构成 Java 语言中的二维数组。和一维数组的使用方法相似，二维数组的使用可以分为：定义数组变量、为数组变量分配存储空间和使用数组元素三步。

1. 二维数组的定义

二维数组定义的一般格式如下：

类型标识符　数组名[][];

或

类型标识符　[][] 数组名;

还可以写成：

类型标识符　[] 数组名[];

例如，定义一个二维的整型数组，可以写成 int a[][];或 int[][] a;或 int[] a[];。应理解为定义了一个数据类型为 int[]（即一维数组类型）、标识符为 a 的一维数组。同一维数组一样，定义二维数组变量只是创建了一个变量而已，这时还没有分配存储空间，因此在定义变量时也不能够指明数组的大小。

2. 二维数组的初始化

对数组进行初始化，其本质就是为数组变量分配存储空间，并赋初值。因此必须要指明每一维的数组元素个数，根据是否显式调用 new 操作符，也可以分为静态初始化和动态初始化。

（1）静态初始化。数组元素的初始化值直接由括在大括号内"{}"之间的数据给出时，就称为静态初始化，其存储空间的分配工作将由编译器来帮助完成，不显式调用 new 操作符。静态初始化往往和数组定义结合在一起使用，其格式如下：

类型标识符　[][] 数组名={ {元素 1 [，元素 2…]}　[，{元素 1 [，元素 2…]}]} ;

例如：

int[][] a = { {1,2,3},{4,5,6}};

这时编译器通过计算数组初始化值中嵌套的数组个数（由包围在外层大括号内的大括号的个数）来确定行数，通过计算行中的数据个数来确定列数。可知数组 a 的行数为 2，列数为 3，此时数组 a 的内存状态如图 4.1.9 所示。

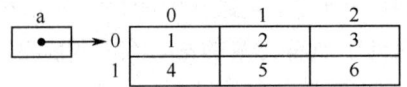

图 4.1.9 二维数组元素 a 静态初始化状态图

（2）动态初始化。与静态初始化不同，动态初始化的存储空间分配工作，通过显式调用 new 操作符完成，然后才为每个元素赋初值，其一般格式为：

数组名= new 类型标识符[常量表达式] [常量表达式];

例如：

int[][] a= new int[3][4];

这里数组 a 仅仅完成了存储空间分配工作，数组中各元素保持其缺省值，整数的缺省值为 0，此时数组 a 的内存状态如图 4.1.10 所示。

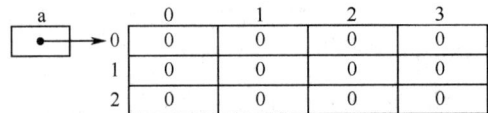

图 4.1.10 二维数组元素 a 动态初始化状态图

然后通过对数组元素逐个赋值，完成对数组的初始化工作。要说明的是，这对二维数组的存储空间分配工作，还可以分步进行，即首先完成一维数组的存储空间分配，再逐个完成一维数组中每个元素的存储空间分配，如：

int[][] a = new int[3][4];

可以分成下列语句来完成。

```
int[][] a = new int[3][];        //创建一个维度为 3，元素类型为一维数组的一维数组
a[0] = new int[4];               //为一维数组中的第一个元素分配存储空间
a[1] = new int[4];               //为一维数组中的第二个元素分配存储空间
a[2] = new int[4];               //为一维数组中的第三个元素分配存储空间
```

还等价于

```
int[][] a = new int[3][];
for(int i = 0; i < 3; i++){
    a[i] = new int[4];
}
```

3. 二维数组元素的引用

二维数组元素的引用也与一维数组元素的引用类似，都是通过使用数组名和下标来完成的，其一般形式为：

数组名 [行标] [列标]

对如图 4.1.10 所示的数组 a 而言，

a[0][0]	//表示数组 a 中的第一行、第一列的元素，这里其数据类型是 int 型
a[0]	//表示数组 a 中的第一行，这里其数据类型是 int[]（即一维数组类型）

同样，在对数组元素进行引用时，要注意下标从 0 开始，直到数组长度减 1 为止。

要注意的是，表达式"a.length"引用的是数组 a 本身的长度，这里 a 是维度为 3 的一维数组，因此 a.length 的长度为 3。而表达式"a[0].length"引用的是数组 a 中第一行数组的长度，从图 4.1.10 中看出 a[0].length 的长度为 4。

4．不规则的二维数组

由于 Java 语言的二维数组是由一维数组定义的，所以，可以把二维数组中的每个一维数组定义为不同的元素个数，这样就可以构成不规则的二维数组。

不规则的二维数组的具体实现是：先定义一个二维数组变量，并指定第一维数组的元素个数，然后再分别为第二维数组（即第一维数组的每个数组元素）分配不同的存储空间。由于此时是分别为第二维数组分配存储空间，且所分配的存储空间可以大小不一，就构成了不规则的二维数组。

例如下列代码定义了一个不规则的二维数组：

int[][] b=new int[3][];	//创建一个维度为 3、元素类型为一维数组的一维数组
b[0]= new int[1];	//为一维数组中的第一个元素分配存储空间
b[1]= new int[2];	//为一维数组中的第二个元素分配存储空间
b[2]= new int[3];	//为一维数组中的第三个元素分配存储空间

数组 b 占用的内存状态示意图如图 4.1.11 所示。

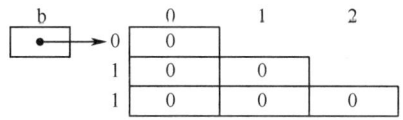

图 4.1.11　不规则二维数组内存状态示意图

示例 4.4　计算并保存九九乘法表，要求重复的部分只保存一份。

分析：九九乘法表需要一个二维数组来保存，因为要求重复的部分（如 1*2 和 2*1）只保存一份，因此需要将二维数组定义为不规则的二维数组，其代码如下：

```
01 package com.chapter04.demo04;
02 public class MultiplicationTable {
03     public static void main(String[] args) {
04         int dimension = 9;                    //指定乘法表的维数
05         int[][] result = new int[dimension][];  //创建一个二维数组变量
06         //逐个初始化数组元素
07         for (int i = 0; i < result.length; i++) {
08             result[i] = new int[i + 1];       //长度从 1 开始
09         }
10         //保存乘法表
11         for (int i = 0; i < result.length; i++) {
12           for (int j = 0; j <= i; j++) {
13               result[i][j] = (i + 1) * (j + 1);
14           }
```

```
15          }
16          //打印乘法表
17          for (int i = 0; i < result.length; i++) {
18            for (int j = 0; j <= i; j++) {
19              System.out.print((j + 1) + "*" + (i + 1) + "=" + result[i][j] + " ");
20            }
21            System.out.println();//换行
22          }
23        }
24 }
```

说明：

① 第 4 行定义维数变量 dimension，并设置其值为 9。

② 第 5 行创建一个二维数组变量 result，其一维长度为 9。

③ 第 7～第 9 行逐个初始化二维数组变量中的一维数组变量，每个一维数组变量的长度为当前循环控制变量加 1，从而完成不规则二维数组的初始化。

④ 第 11～第 15 行将乘法表的值保存到 result 数组中，因为 i 和 j 均从 0 开始，所以在计算时，要分别将 i 和 j 加 1 后相乘，以得到计算结果。

⑤ 第 17～第 22 行遍历 result 数组，输出乘法表。

程序运行结果如图 4.1.12 所示。

```
1*1=1
1*2=2 2*2=4
1*3=3 2*3=6 3*3=9
1*4=4 2*4=8 3*4=12 4*4=16
1*5=5 2*5=10 3*5=15 4*5=20 5*5=25
1*6=6 2*6=12 3*6=18 4*6=24 5*6=30 6*6=36
1*7=7 2*7=14 3*7=21 4*7=28 5*7=35 6*7=42 7*7=49
1*8=8 2*8=16 3*8=24 4*8=32 5*8=40 6*8=48 7*8=56 8*8=64
1*9=9 2*9=18 3*9=27 4*9=36 5*9=45 6*9=54 7*9=63 8*9=72 9*9=81
```

图 4.1.12　九九乘法表运行结果

练习 4.3　给定一个二维整数数组表示一个矩阵，对其进行转置操作。

分析：转置是指将矩阵的行和列进行交换，即原来的第 i 行变为新矩阵的第 i 列，原来的第 j 列变为新矩阵的第 j 行。

练习 4.4　给定一个二维整数数组和一个目标整数，判断该目标整数是否存在于该二维数组中。

分析：可以定义一个布尔变量 found，初始值为 false，用于标记是否找到目标整数。外层循环遍历二维数组的每一行，内层循环遍历当前行的每一个元素，判断整数是否与当前元素相等。

▌**任务实施**▐

有家超市销售管理系统中会员信息管理需要显示会员信息并对其进行修改，运行效果如图 4.1.1 至图 4.1.3 所示。

分析：本任务需要使用二维数组存储会员信息，利用循环显示全部会员信息，并根据用户输入的会员号码，修改对应会员的信息，其代码如下：

```
01 package com.chapter04.task01;
02 import java.util.Scanner;
03 public class MemberService {
04     public static void main(String[] args) {
05         String[][] members= {                        //初始化会员数据
06                 { "10000", "张华", "08/05", "2000" },
07                 { "10001", "李甜", "07/13", "6800" },
08                 { "10002", "王辉", "06/26", "3600" },
09                 { "10003", "赵旭", "04/08", "4800" },
10             };
11         Scanner in = new Scanner(System.in);        //数据输入流 in，负责接收键盘输入
12         while (true) {
13             System.out.println("有家超市销售管理系统 -> 会员信息管理 -> 显示会员信息\n");
14             System.out.println("会员号码\t\t 会员姓名\t\t 会员生日\t\t 会员积分");
15             for (int i = 0; i < members.length; i++) {
16                 System.out.println(members[i][0] + "\t\t" + members[i][1] + "\t\t"
17                         + members[i][2] + "\t\t" + members[i][3]);
18             }
19             System.out.print("请输入待修改的会员号码(000 退出)：");
20             String num = in.next();                   //获取待修改会员的会员号码
21             if(num.equals("000")) {
22                 break;                                //退出系统
23             }
24             //确定修改会员位置，并显示原始信息
25             int index = -1;
26             for (int i = 0; i < members.length; i++) {
27                 if (members[i][0].equals(num)) {
28                     index = i;
29                     System.out.println("待修改的会员信息为：");
30                     System.out.println("会员号码\t\t 会员姓名\t\t 会员生日\t\t 会员积分");
31                     System.out.println(members[i][0] + "\t\t" + members[i][1] + "\t\t"
32                             + members[i][2] + "\t\t" + members[i][3]);
33                     break;
34                 }
35             }
36             if(index==-1) {//未找到会员
37                 System.out.println("您输入的会员号码有误，请重新输入！");
38                 continue;
39             }
40             while (true) {
41                 System.out.println("请选择要修改的内容：");
42                 System.out.println("======================");
43                 System.out.println("\t\t\t 1.修 改 会 员 姓 名.\n");
44                 System.out.println("\t\t\t 2.修 改 会 员 生 日.\n");
```

```
45          System.out.println("\t\t\t\t 3.修 改 会 员 积 分.\n");
46          System.out.println("\t\t\t\t 0.返回.");
47          System.out.println("= = = = = = = = = = = = = = = = = = =\n");
48          System.out.print("请输入您的选择（0-3）: ");
49          int choice = in.nextInt();
50          if(choice==0) break;
51          if(choice>3 || choice<1) {
52              continue;
53          }
54          System.out.println("请输入修改后的数据: ");
55          String data=in.next();
56          members[index][choice]=data;//修改指定字段信息
57       }
58     }
59   }
60 }
```

说明：

① 第 5～第 10 行定义并初始化二维数组变量 members，其中共 4 条会员数据，每条数据包含会员号码、会员姓名、会员生日和会员积分。

② 第 11 行定义数据输入流，负责从键盘接收输入。

③ 第 12 行使用 while 循环不停地显示会员数据，直到退出为止。

④ 第 13～第 19 行使用循环遍历 members 数组，显示全部会员数据，members.length 表示其一维长度，也就是会员数量，members[i][0]表示访问会员数据的第 1 个字段，即会员号码。

⑤ 第 20 行接收用户输入的会员号码。

⑥ 第 21～第 23 行是如果用户输入的是"000"，则退出循环，结束程序。

⑦ 第 26～第 35 行遍历 members 数组，依次比较输入的会员号码是否等于会员信息中的会员号码，如果相等，则将其下标保存到 index 中，并显示找到的会员信息。

⑧ 第 36～第 39 行是如果用户输入的会员号码未找到，则提示输入错误，结束本次循环，重新显示会员信息，提示用户输入会员号码。

⑨ 第 40～第 57 行提示用户输入需要修改的会员信息，如选择正确，则接收用户输入，并将其保存到会员信息数组中，完成会员信息修改。

▌任务小结▐

本任务介绍了数组的基本概念，详细描述了一维数组、二维数组和不规则数组的使用，并实现有家超市销售管理系统中的会员信息管理功能。

▌任务拓展▐

有家超市销售管理系统中，除了对会员信息进行管理，还需要对商品信息进行管理，实现商品信息的显示、修改、添加和删除，请编码实现对商品信息的管理，运行效果如图 4.1.13 至图 4.1.16 所示。商品信息包括商品编号、商品名称、商品价格和商品库存。

```
            欢迎光临有家超市销售管理系统            有家超市销售管理系统 -> 商品信息管理
========================================    ========================================

            1. 会 员 管 理                              1. 显 示 所 有 商 品

            2. 商 品 管 理                              2. 添 加 商 品

            3. 销 售 管 理                              3. 修 改 商 品

            4. 活 动 中 心                              4. 查 询 商 品

            5. 注 销 系 统                              5. 删 除 商 品
========================================    ========================================
请选择以上菜单,输入1-5以内的数字:2             请选择,输入1-5以内的数字,按'0'返回上一级页面:
```

图 4.1.13　进入系统主界面　　　　　　图 4.1.14　进入商品管理界面

```
请选择,输入1-5以内的数字, 按'0'返回上一级页面:3     有家超市销售管理系统 -> 商品信息管理
有家超市销售管理系统 -> 商品信息管理 > 修改商品信息  ========================================

请输入商品编号: 1000                              1. 显 示 所 有 商 品
待修改的商品信息为:
商品编号    商品名称      商品价格    商品库存        2. 添 加 商 品
1000       运动水壶      632.5      100
请选择要修改的内容:                               3. 修 改 商 品
========================================
                                                4. 查 询 商 品
            1.修 改 商 品 名 称.
                                                5. 删 除 商 品
            2.修 改 商 品 价 格.            ========================================
                                         请选择,输入1-5以内的数字,按'0'返回上一级页面:4
            3.修 改 商 品 库 存.            有家超市销售管理系统 -> 商品信息管理 -> 查询商品信息
========================================
请输入您的选择(1-3): 3                           请输入商品编号: 1000
请输入修改后的商品库存: 200                         商品编号    商品名称    商品价格    商品库存
商品库存修改成功!                                  1000       运动水壶    632.5      200
是否修改其他属性(y/n):
n
```

图 4.1.15　修改商品信息　　　　　　图 4.1.16　修改后查看修改的商品信息

素养提升

数组以一种有序的方式存储着大量的数据元素。就如同一个排列整齐的士兵方阵,每个士兵都有自己特定的位置和职责,共同组成一个有组织、有结构的整体。在生物基因测序研究中,科学家们通过二维数组等数据结构来存储和分析基因序列信息,以揭示生命的奥秘,体现了数组在现代科技中的重要性和科学性。

数组的合理运用使得海量信息能够快速存储和检索,为用户提供个性化的服务推荐和精准的营销活动提供了数据支持。学习数组知识,培养了我们数据组织和管理的能力,使我们能够根据实际需求选择合适的数组结构存储信息,提高数据存储的效率和准确性。在数字化时代,数据记录着我们生活的点点滴滴,深刻地影响着社会的方方面面,成为这个时代不可或缺的关键要素,我们要以严谨的态度和科学的方法对其进行管理和运用,通过不断优化数据存储和管理方式,为科技应用提供坚实的数据支撑,推动科技与其他领域的深度融合发展。

任务 4.2　重构会员信息管理

任务目标

方法是能完成特定数据处理功能的程序模块。通过定义和调用方法,可以实现复杂任务的分解,实现代码的复用。本任务的目标是利用方法重构有家超市会员信息管理模块中会员信息的显示与修改功能。

▌任务描述 ▐

有家超市销售管理系统中会员信息管理需要显示会员信息并对其进行修改，其示意图如图 4.2.1 至图 4.2.3 所示。

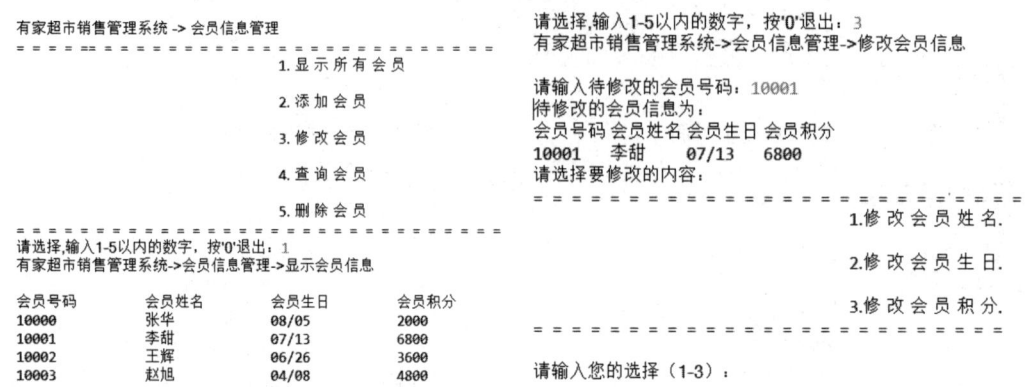

图 4.2.1　有家超市销售管理系统会员信息管理界面　　　　图 4.2.2　选择需修改的会员信息

图 4.2.3　修改会员信息成功

▌任务准备 ▐

4.2.1　方法的定义

微课：4.2.1

方法的定义

在程小白抢红包游戏的运行过程中，要不断地掉落各种物品。物品的移动需要使用一段数十行的程序代码。如果在每种物品移动的代码中都重复加入这一大段代码，程序将变得非常臃肿，可读性也会非常差。假如要修改物品移动的代码，则需要修改每处复制的地方，很可能发生遗漏。所有的编程语言都有可能遇到这样的问题，因此各种编程语言都将这类实现单独功能的代码从原来的主程序中抽取出来，做成一个子程序，并为这个子程序安排一个名称，在主程序中需要使用到子程序功能的每个地方，只要写上子程序的名称就可以了，计算机便会去执行子程序中的程序代码，当子程序代码执行完后，计算机又会回到主程序中接着往下执行。在 Java 语言中，这种子程序叫**方法**（**method**）。

方法是解决一类特定问题的步骤的有序组合，它是构成 Java 程序的基本单元，包含在类或对象中。方法被创建后，可在其他地方被调用。通过使用方法可以使代码变得更简短而清晰，有利于代码维护，提高代码开发效率，提高代码的重用性。

示例 4.5　在窗口上打印出三个由*组成的矩形。

```
01 package com.chapter04.demo05;
02 public class PrintShapeHelper01 {
03     public static void main(String[] args) {
04         //打印出第一个矩形
05         for (int i = 0; i < 3; i++) {
06             for (int j = 0; j < 5; j++) {
07                 System.out.print("*");
08             }
09             System.out.println(); //换行
10         }
11         System.out.println();
12         //打印出第二个矩形
13         for (int i = 0; i < 2; i++) {
14             for (int j = 0; j < 4; j++) {
15                 System.out.print("*");
16             }
17             System.out.println();
18         }
19         System.out.println();
20         //打印出第二个矩形
21         for (int i = 0; i < 6; i++) {
22             for (int j = 0; j < 10; j++) {
23                 System.out.print("*");
24             }
25             System.out.println();
26         }
27         System.out.println();
28     }
```

说明：

① 第 5～第 11 行使用循环语句打印出一个 3 行 5 列的矩形。

② 第 13～第 19 行使用循环语句打印出一个 2 行 4 列的矩形。

③ 第 21～第 27 行使用循环语句打印出一个 6 行 10 列的矩形。

运行结果如图 4.2.4 所示。

分析上面的代码，不难看出，每一段打印出矩形的代

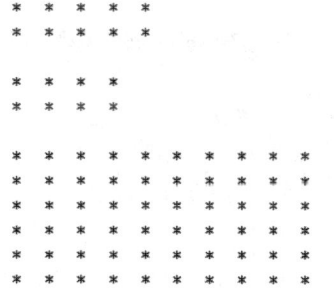

图 4.2.4　打印三个由*组成的矩形

码，除了宽度和高度不一样，其他地方都一样。因此，可以把打印出矩形的代码作为子程序单独从程序中提取出来，并用一个名称来标记这段代码，以后再碰到要打印矩形时，直接调用这个名称就可以了。这样，程序中打印矩形的代码块只写了一遍，而不用重复书写那么多次了。使用方法的代码如下：

```
01 package com.chapter04.demo05;
02 public class PrintShapeHelper02 {
03     public static void main(String[] args) {
04         //调用方法输出第一个矩形
05         drawRectangle(3, 5);
06         //调用方法输出第二个矩形
07         drawRectangle(2, 4);
08         //调用方法输出第三个矩形
09         drawRectangle(6, 10);
10     }
11     public static void drawRectangle(int row, int col) {//定义绘制矩形方法
12         for (int i = 0; i < row; i++) {
13             for (int j = 0; j < col; j++) {
14                 System.out.print("*");
15             }
16             System.out.println();
17         }
18         System.out.println();
19     }
20 }
```

以上代码中，提取出来的这段代码就是方法体，用来标记这段代码的名称（drawRectangle），就是方法名，方法名和方法体共同组成了方法。这个方法需要接受两个整数类型的参数，一个代表矩形的宽度，另一个代表矩形的高度。有时，方法还需要返回一个结果，例如要编写一个求解矩形面积的方法，该方法就要返回一个代表面积的结果，且方法的返回结果都是有类型的。

想要正确使用方法，则需解决三个方面的问题：

（1）方法能完成什么操作；

（2）方法能对什么数据进行操作；

（3）方法操作完毕能获得什么结果。

这就是方法的三要素：**功能、参数和返回值**。

所以一个方法的定义必须由三部分组成，一般格式如下：

访问修饰符 返回值类型 方法名（参数类型 形式参数1，参数类型 形式参数2，…）

{

　　程序代码

　　return 返回值；

}

其中：

- 访问修饰符：定义方法的访问类型，告诉编译器如何调用该方法，可选。
- 返回值类型：定义方法返回值的数据类型。对于没有返回值的方法，其类型为 void。

- 方法名：定义方法的名称。方法名应符合 Java 标识符的命名规则，但其第一个单词应是小写字母组成，后面的单词则用大写字母开头，不使用连接符。
- 参数：定义方法的参数列表。方法可以带参数，也可以不带参数，但是不管是否有参数，方法都必须有圆括号。如果方法需要参数，则需要在参数列表中按以下格式定义：

参数类型 形式参名1，参数类型 形式参名2，……

- ✓ 参数类型：表示该形式参数的数据类型。
- ✓ 形式参数名：表示该形式参数的名称。所谓形式参数是指在方法定义时的参数名称，其可在方法体中作为变量使用。相对形参的概念，在方法中还存在实参，指在实际调用方法时，传递给形参的值，该值被称为实参。
- 方法体：方法的实现部分，由语句的集合组成。
- 返回值：在 Java 语言中，使用 return 来返回指定数据类型的值。如果一个方法不需要返回值，则可以省略最后的 return 语句，但在编译时系统会自动在方法的最后添加一个"return;"。

一个典型的方法示例如图 4.2.5 所示。

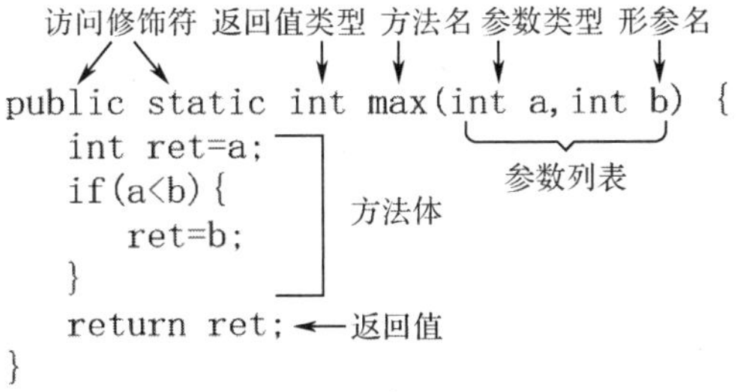

图 4.2.5 典型方法示例

示例 4.6 试编写一个判断闰年的方法。

```
01 package com.chapter04.demo06;
02 import java.util.Scanner;
03 public class LeapYear {
04     public static void main(String[] args) {
05         Scanner in=new Scanner(System.in);              //定义输入流对象
06         System.out.print("请输入年份：");
07         int year=in.nextInt();                          //接收年份数据
08         if(isLeapYear(year)) {                          //调用 isLeapYear()方法判断是否是闰年
09             System.out.println(year+"年是闰年！");
10         }else {
11             System.out.println(year+"年不是闰年！");
12         }
13     }
14     public static boolean isLeapYear(int year) {        //定义闰年判断方法
15         if((year%4==0 && year%100!=0)||(year%400==0)) { //如果满足闰年条件返回 true
16             return true;
```

131

```
17          }
18          return false;                                    //不满足闰年条件，返回 false
19      }
20 }
```

说明：

① 第 8 行调用自定义方法 isLeapYear()，用于判断指定的年份 year 是否是闰年。

请输入年份：2024
2024年是闰年！

图 4.2.6　判断是否是闰年

② 第 14～第 19 行自定义方法 isLeapYear()，返回值类型是 boolean。参数 year 的类型是 int，其作用是判断给定的参数 year 是否是闰年，是则返回 true，否则返回 false。

程序的运行结果如图 4.2.6 所示。

4.2.2　方法的调用

方法在正确定义之后，就可以通过调用使用方法功能。要正确调用方法，首先要了解方法的调用原理和过程。图 4.2.7 所示为方法调用原理和过程示意图，其中的 t 表示时间。当主程序执行方法调用时，执行控制权被转到被调用方法，方法开始执行，直到被调用方法返回，执行控制权回到主程序，主程序才继续执行下去。

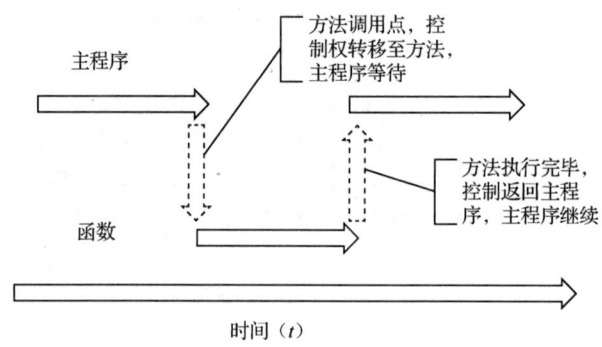

图 4.2.7　方法调用示意图

调用其他方法的代码部分称为"主程序"，也可以将两者分别称为"主调方法"和"被调方法"。由此可见，主程序和被调方法的关系是相对的，因为一个方法里还可能调用另一个方法，使调用形成一种层次性。读者应理解在方法调用过程中程序执行的控制转移关系。

1. 方法调用一般形式

上述分析阐述了方法调用的原理和过程，但具体到 Java 程序中方法调用的实现，则需要解决两方面的问题：一是正确传递参数，使实参表与形参表匹配；二是正确接收返回值，从而获得方法的运算结果。故在 Java 程序中方法调用的一般格式为：

<方法名>(<实参表>);

如果调用无参方法，则"实参表"可以没有，但括号不能省略。如果"实参表"包含多个实参，则各参数间用逗号隔开。实参与形参的个数应相等，类型也应匹配。实参与形参按顺序对应，一对一地传递数据。

2. 方法调用的方式

按方法在语句中的作用来分，可以有三种方法调用方式。

（1）方法语句。把方法调用单独作为一条语句，并不要求方法带回一个值，只是要求方法完成一定的操作。

```
System.out.println();          //输出空行
```

（2）方法表达式。方法出现在一个表达式中，要求方法带回一个确定的值以参加表达式的运算。

```
int n=Math.max(3,5);          //求两个整数的最大值
```

（3）方法参数。方法调用作为一个方法的实参。

```
//sum(x,y)是方法调用，其值作为外层 sum()方法调用的一个实参
int summary=sum(z,sum(x,y));
```

练习 4.5　输入一个自然数 *n*，求小于等于 *n* 的素数之和。只能被 1 和自己整除的整数称为素数，如 2,3,5…要求：

① 定义一个方法 isPrime()，其参数为自然数 data，判别其是否为素数，如是素数返回 true，否则返回 false。

② 编写主方法对其进行调用。

4.2.3　方法的参数传递

在方法定义时，方法可以是无参的，但大多数情况下，方法是带参数的。如果在方法定义时带了参数，那么在调用方法时，就必须带参数。主调方法和被调方法之间主要通过参数和返回值来传递数据。

将方法定义时填入的参数称为**形式参数（formal parameter）**，简称**形参**，它们同方法内部定义的变量具有相同的作用。形参的定义是在方法名之后和方法开始的花括号之前，它代表被操作的抽象数据。形参是变量，在方法被调用时，系统给形参变量分配内存。而将方法在被主调方法调用时填入的参数称为**实际参数（actual parameter）**，简称**实参**。在 Java 程序中，**实参采用传值的方式传给形参**，其规则是：

- 按定义的形参列表，将实参的值一一对应进行传递；
- 对于基本数据类型，传递的是变量的值；
- 对于引用数据类型，传递的是变量的地址。

示例 4.7　基本数据类型参数传递示例。

```
01 package com.chapter04.demo07;
02 public class SwapDemo01 {
03     public static void main(String[] args) {
04         int a=3,b=5;//定义变量
05         System.out.println("主方法，调用前：a="+a+",b="+b);
06         swap(a, b);//执行方法
07         System.out.println("主方法，调用后：a="+a+",b="+b);
08     }
09     public static void swap(int a,int b) {//a,b 为基本数据类型 int 型数据
10         System.out.println("子方法，执行前：a="+a+",b="+b);
```

```
11              int tmp=a;
12              a=b;
13              b=tmp;
14              System.out.println("子方法，执行后：a="+a+",b="+b);
15      }
16 }
```

关键代码释义如下：

① 第 4 行定义局部变量 a=3,b=5。

② 第 5 行输出局部变量 a,b，其值分别为 3,5。

③ 第 6 行调用自定义方法 swap()交换两个变量的值，分别将局部变量的值传递给形参 a,b。

④ 第 7 行输出局部变量 a,b，其值仍分别为 3,5。

⑤ 第 9～第 15 行定义 swap()方法，其参数分别为 a,b，在交换前，先输出 a,b 的值，在交换后再次输出 a,b 的值，其内存示意图如图 4.2.8 所示。可以看到，因为 Java 中基本数据类型采用传值的方式，将实参的值复制到形参中，因此无论在方法体中如何操作形参，均不改变实参的值。

运行结果如图 4.2.9 所示。

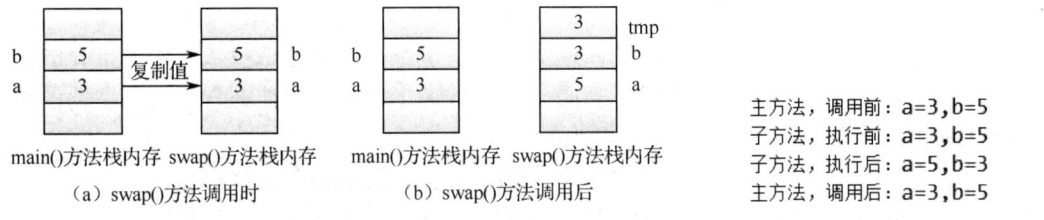

图 4.2.8　基本数据类型调用内存示意图　　图 4.2.9　基本数据类型参数传递运行结果

示例 4.8　引用数据类型参数传递示例。

```
01 package com.chapter04.demo08;
02 public class SwapDemo02 {
03     public static void main(String[] args) {
04         int[] data= {3,5};                      //定义变量
05         System.out.println("主方法，调用前：data:"+data[0]+","+data[1]);
06         swap(data);                             //执行方法
07         System.out.println("主方法，调用后：data:"+data[0]+","+data[1]);
08     }
09     public static void swap(int[] data) {       //data 为引用数据类型 int[]型变量
10         System.out.println("子方法，执行前：data:"+data[0]+","+data[1]);
11         int tmp=data[0];
12         data[0]=data[1];
13         data[1]=tmp;
14         System.out.println("子方法，执行后：data:"+data[0]+","+data[1]);
15     }
16 }
```

关键代码释义如下：

① 第 4 行定义整型数组 data，其元素值分别为 3,5。

② 第 5 行输出整型数组 data，其元素值分别为 3,5。

③ 第 6 行调用自定义方法 swap()交换整型数组的元素值，将数组变量 data 传递给形参 data。

④ 第 7 行输出整型数组 data，其元素值分别为 5,3。

⑤ 第 9～第 15 行，定义 swap()方法，其参数为 int[] data。在交换前，先输出整型数组 data 的元素值 3,5，在交换后再次输出整型数组 data 的元素值，此时已变更为 5,3，其内存示意图如图 4.2.10 所示。可以看到因为 Java 中引用数据类型采用传值的方式时，其传递的是引用数据类型的地址 1000，将地址值 1000 复制到形参中，因此在方法体中对引用数据类型的操作将直接改变实参的值。

程序运行结果如图 4.2.11 所示。

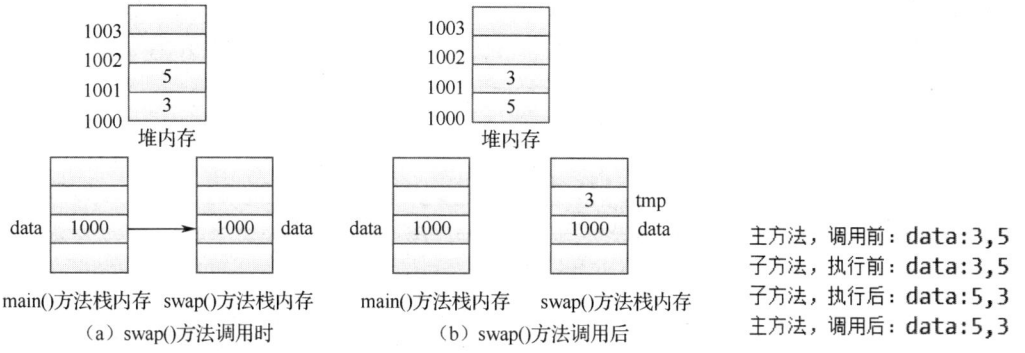

图 4.2.10　引用数据类型调用内存示意图　　图 4.2.11　引用数据类型参数传递运行结果

4.2.4　方法的递归调用

通常的方法不会出现自己调用自身的情况，但是，在以下两种情况下也可能会存在。

第一种情况为问题的定义是递推的，在数学中有许多概念就是递推定义的，如阶乘函数的常见定义：

$$n! = \begin{cases} 1 & \text{当}n=0\text{时} \\ n \times (n-1) \times \cdots \times 1 & \text{当}n>0\text{时} \end{cases}$$

显然，这是一个循环过程，一旦 n 给定，就可由这个循环过程得出 $n!$。例如 $n=4$，则有 $4! = 4 \times 3 \times 2 \times 1$。但是，阶乘函数也可递推定义如下：

$$n! = \begin{cases} 1 & \text{当}n=0\text{时} \\ n \times (n-1)! & \text{当}n>0\text{时} \end{cases}$$

这样的递推定义写成函数形式则为：

$$f(n) = \begin{cases} 1 & \text{当}n=0\text{时} \\ n \times f(n-1) & \text{当}n>0\text{时} \end{cases}$$

因此，阶乘函数 $f(n)$ 的定义用到了 $f(n-1)$ 自身。类似的函数还有常见的 Fibonacci 数列（斐波纳契数列）：

$$Fib(n) = \begin{cases} 0 & 若 n=0 \\ 1 & 若 n=1,2 \\ Fib(n-1)+Fib(n-2) & 其他情形 \end{cases}$$

第二种情况为问题的解法存在自我调用。一个典型的例子是在有序数组中查找一个数据元素是否存在的折半查找算法。

在有序数组 a 中查找一个数据元素 x 是否存在，运用的折半查找算法的思想是：设有序数组 a 中的数据元素按从小到大的次序排列，其下界下标为 low，上界下标为 high，首先计算出数组 a 的中间位置下标 mid，有 mid = (low + high) / 2（注：整数除以整数时，商只取整数部分，如 7 / 2 = 3）。然后比较 x 和 a[mid]，若 x = a[mid]，则查找成功；若 x < a[mid]，则随后调用算法自身，在下界下标为 low，上界下标为 mid-1 的区间继续查找；若 x > a[mid]，则随后调用算法自身，在下界下标为 mid+1，上界下标为 high 的区间继续查找。

图 4.2.12 所示为折半查找算法过程。其中，有序数组 a 中的数据元素为 {1,4,9,12,17, 20,32,35}，初始下界下标 low = 0，初始上界下标 high = 7，要查找的数据元素 x = 17。

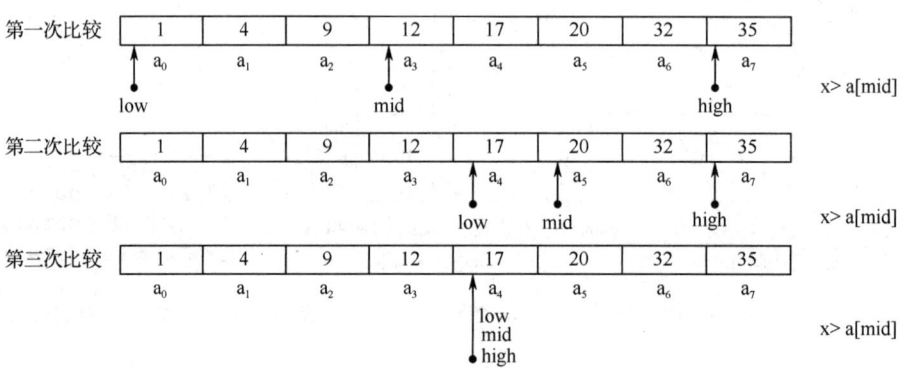

图 4.2.12　折半查找算法过程

上述两种情况的问题解法如果定义成方法，都存在方法调用自身的情况。因此，**若一个算法直接地或间接地调用自身，则称这个方法的调用是递归调用。**方法递归调用的实质是通过把复杂问题分解为形式更加简单的子问题的方法来求解问题。递归算法的思想是一种有效的分析问题的方法，也是一种有效的算法设计方法，是解决许多复杂应用问题的重要方法。递归算法设计包括"递推"和"回归"两部分。

1. 递推

递推指为得到问题的解，将它推到比原问题简单的问题的求解。例如，$n! = f(n)$，为计算 $f(n)$，将它推到 $f(n-1)$，即 $f(n)= n * f(n-1)$，而计算 $f(n-1)$ 比计算 $f(n)$ 简单，因为 $f(n-1)$ 比 $f(n)$ 更接近于已知解 $0! = 1$。

使用递推应注意：

（1）递推应有终止之时，例如，计算 $n!$，当 $n = 0$ 时，$0! = 1$ 就是递推的终止条件。所谓终止条件，就是在此条件下问题的解是明确的，缺少终止条件便会使算法失败。

（2）简单问题表示离递推终止条件更为接近的问题。简单问题与原问题求解的算法是一致的，其差别主要反映在问题的规模上，例如，$f(n-1)$ 与 $f(n)$ 的问题的规模差 1。问题规模的变化使得问题能够递推到有明确解的问题。

2．回归

回归指当简单问题得到解后，回归到原问题的解上来。例如，当计算完(n-1)!后，回归计算 $n *((n-1)!)$，即得到 $n!$ 的值。

使用回归时应注意：

（1）回归到原问题的解时，算法中所涉及的处理对象应是关于当前问题的，即递归算法所涉及的参数与局部处理对象是有层次的。在解决问题时，有它的一套参数与局部处理对象。当递推进入一个简单问题时，这套参数与局部处理对象便隐蔽起来，在解简单问题时，又有它自己的一套参数与局部处理对象。但当回归时，原问题的一套参数与局部处理对象又活跃起来。

（2）有时回归到原问题已得到问题解，回归并不引起其他的处理动作。

示例 4.9　使用递归算法计算阶乘，并给出 n=3 时递归算法的执行过程。

```
01 package com.chapter04.demo09;
02 public class RecursionDemo {
03     public static void main(String[] args) {
04         System.out.println("3!="+fact(3));
05     }
06     public static long fact(int n) { //使用递归算法求 n!
07         if(n==0) return 1; //基本解  0!=1
08         return fact(n-1)*n;//递推  n!=n*(n-1)!
09     }
10 }
```

关键代码释义如下：

① 第 4 行，调用自定义阶乘计算方法 fact(3)。

② 第 6～第 9 行，定义 fact()方法，其参数为 int n。该方法使用递归算法求解阶乘，第 7 行是算法的终止条件，即 0! =1，当算法计算到此处时，不再继续递推。第 8 行是算法的递推部分，即求解简单问题，计算的是(n-1)!，要注意的是，此类算法利用了系统的调用堆栈来实现回归，其计算规模受限，对于 n 较大的情况难以求解。

示例 4.9 的运行过程如下：主函数用实参 n=3 调用了递归函数 fact(3)，要计算 fact(3) 的值首先要计算 fact(2)的值，而计算 fact(2)的值则要计算 fact(1)的值，而 fact(1)则需要调用 fact(0)来得出计算结果。fact(3)的递归调用过程如图 4.2.13 所示，其中，实线箭头表示方法调用，虚线箭头表示方法返回。方法在返回时将带回返回值。

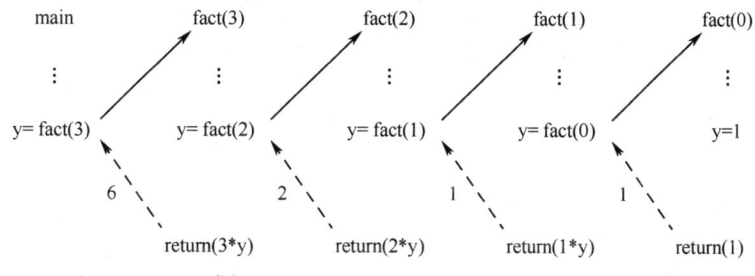

图 2.4.13　fact(3)的递归调用过程

┃任务实施┃

有家超市销售管理系统中会员信息管理需要显示会员信息并对其进行修改，运行效果如图 4.2.1 至图 4.2.3 所示。

分析：本任务需要使用二维数组存储会员信息，利用循环显示全部会员信息，并根据用户输入的会员号码，修改对应会员的信息。相比任务 4.1 的实现，本例要求使用方法进行重构，便于系统的扩展和维护，其实现代码如下。

```java
001    package com.chapter04.task02;
002    import java.util.Scanner;
003    public class MemberService {
004        static String[][] members= {//初始化会员数据
005            { "10000", "张华", "08/05", "2000" }, { "10001", "李甜", "07/13", "6800" },
006            { "10002", "王辉", "06/26", "3600" }, { "10003", "赵旭", "04/08", "4800" },
007        };
008        static Scanner in = new Scanner(System.in);
009        public static void main(String[] args) {
010            boolean flag = true; //标志位，处理菜单输入错误的情况
011            do {
012                showMemberMenu();//显示菜单
013                String choice = in.next();
014                switch (choice) {
015                case "1":
016                    showAllMembers();//显示全部会员数据
017                    break;
018                case "2":
019                    break;
020                case "3":
021                    updateMember();//修改会员信息
022                    break;
023                case "4":
024                    break;
025                case "5":
026                    break;
027                case "0":
028                    System.exit(0);;
029                default:
030                    System.out.println("输入错误，请重新输入，按'0'退出：");
031                    flag = false;
032                }
033            } while (flag);
034        }
035        /**
036         * 会员管理页面
037         */
038        public static void showMemberMenu() {
039            System.out.println("\n 有家超市销售管理系统 -> 会员信息管理");
040            System.out.println("=============================");
041            System.out.println("\t\t\t 1. 显 示 所 有 会 员\n");
```

```
042            System.out.println("\t\t\t 2. 添 加 会 员\n");
043            System.out.println("\t\t\t 3. 修 改 会 员\n");
044            System.out.println("\t\t\t 4. 查 询 会 员\n");
045            System.out.println("\t\t\t 5. 删 除 会 员");
046            System.out.println("=========================");
047            System.out.print("请选择,输入 1-5 以内的数字，按'0'退出:");
048
049        }
050    private static void showAllMembers() {
051            System.out.println("有家超市销售管理系统->会员信息管理->显示会员信息\n");
052            System.out.println("会员号码\t 会员姓名\t 会员生日\t 会员积分");
053            for (int i = 0; i < members.length; i++) {
054                System.out.println(members[i][0] + "\t\t" + members[i][1] + "\t\t"
055                        + members[i][2] + "\t\t" + members[i][3]);
056            }
057    }
058    /**
059     * 修改会员信息
060     */
061    public static void updateMember() {
062        Scanner in = new Scanner(System.in);
063        System.out.println("有家超市销售管理系统->会员信息管理->修改会员信息\n");
064        System.out.print("请输入待修改的会员号码： ");
065        String num = in.next();//获取待修改会员号码
066        int index = -1;//确定修改会员位置，并显示原始信息
067        for (int i = 0; i < members.length; i++) {
068            if (members[i][0].equals(num)) {
069                index = i;
070                System.out.println("待修改的会员信息为： ");
071                System.out.println("会员号码\t 会员姓名\t 会员生日\t 会员积分");
072                System.out.println(members[i][0] + "\t" + members[i][1] + "\t"+ members[i][2] + "\t" + members[i][3]);
073                break;
074            }
075        }
076        if (index != -1) {
077            while (true) {
078                System.out.println("请选择要修改的内容： ");
079                System.out.println("=====================");
080                System.out.println("\t\t\t 1.修 改 会 员 姓 名.\n");
081                System.out.println("\t\t\t 2.修 改 会 员 生 日.\n");
082                System.out.println("\t\t\t 3.修 改 会 员 积 分");
083                System.out.println("====================\n");
084                System.out.print("请输入您的选择（1-3）： ");
085                int choice = in.nextInt();
086                switch (choice) {
```

```
087                    case 1:
088                        System.out.print("请输入修改后的会员姓名：");
089                        members[index][1]=in.next();
090                        System.out.println("会员姓名信息修改成功！");
091                        break;
092                    case 2:
093                        System.out.print("请输入修改后的会员生日：");
094                        members[index][2]=in.next();
095                        System.out.println("会员生日信息修改成功！");
096                        break;
097                    case 3:
098                        System.out.print("请输入修改后的会员积分：");
099                        members[index][3]=in.next();
100                        System.out.println("会员积分修改成功！");
101                        break;
102                    }
103                    System.out.print("是否修改其他属性(y/n):");
104                    String flag = in.next();
105                    if ("n".equalsIgnoreCase(flag))
106                        break;
107                }
108            } else {
109                System.out.println("您要修改的会员不存在！");
110            }
111        }
112    }
```

关键代码释义如下：

① 第 5 和第 6 行定义并初始化二维数组变量 members，其中共 4 条会员数据，每条数据包含会员号码、会员姓名、会员生日和会员积分。

② 第 12 行调用 showMemberMenu()方法显示系统管理菜单，该方法在循环中会不断被调用。

③ 第 14～第 32 行根据用户的输入调用不同方法实现管理功能。本例中仅实现了会员信息显示方法 showAllMembers()和会员信息修改方法 updateMember()。

④ 第 38～第 49 行定义 showMemberMenu 方法，用于显示会员管理系统菜单。

⑤ 第 61～第 112 行定义了修改会员信息方法 updateMember()。

▌任务小结▐

本任务介绍了方法的基本概念，详细描述了方法的定义、调用、参数传递和递归，并用方法重构了有家超市销售管理系统中的会员信息管理功能。

▌任务拓展▐

请使用方法重构任务 4.1 中任务拓展部分的商品信息管理功能，实现对商品的添加、修改、删除及查询。

┃素养提升┃

方法的精确定义与高效复用在软件项目中占据着举足轻重的地位，它们各司其职，处理着不同的业务逻辑，犹如一座大型工厂内紧密相连的各个生产环节，共同协作以圆满完成整个生产任务，而相同的任务则可以直接复用。在当今科技飞速发展的时代，方法应用无疑成为推动科技进步和新技术发展的关键力量之一。在人工智能和机器学习领域，卷积神经网络（CNN）在图像识别任务中取得了巨大成功，其基本的架构和算法可以被复用于不同的图像识别应用，如人脸识别、物体检测等。研究人员只需根据具体的任务和数据集对模型进行微调，就可以快速实现一个高效的图像识别系统。在生物技术领域，PCR（聚合酶链式反应）技术也是一种应用广泛的分子生物学技术，可用于基因扩增、DNA 测序、疾病诊断等多个方面。该技术的基本原理和操作方法相对固定，科学家们可以在不同的研究项目中复用 PCR 技术，快速获取所需的基因信息。

同样，在学习和生活中，我们应善于总结并复用成功经验与方法，以提升学习和工作效率。但方法的可复用绝非简单的复制粘贴，而是需要在复用的基础上再创新与改进。我们既要借鉴既有方法经验，又要勇于提出新想法、新方案。正如软件开发，虽能复用框架和类库，但想打造有竞争力的产品，必须持续创新，融入自身特色优势。在技术选型上也不能墨守成规，要积极引入新技术提升性能。总之，我们要灵活运用方法，在复用中创新，以更好地适应各种情境，实现自身发展与进步。

模块小结

通过本模块，我们主要学习了以下内容。

（1）数组是有序数据的集合，使用数组名和下标可以唯一标识一个数组中的一个元素。

（2）在 Java 中数组本身也是一类对象，是 Object 类的派生类，因此数组本身也具有 Object 类的属性与方法。数组根据其类型属性的不同可以分为基本类型数组和引用类型数组，根据其维数不同可以分为一维数组和多维数组。

（3）在 Java 中二维数组可以理解为一维数组的一维数组。当二维数组中的每个一维数组的元素个数不同时，就构成了不规则的二维数组。

（4）方法是解决一类特定问题的步骤的有序组合，它是构成 Java 程序的基本单元，包含于类或对象中。方法的定义应包括修饰符、返回值类型、方法名、参数列表和方法体五部分。

（5）当主程序执行方法调用时，执行控制权转到被调方法，使该方法开始执行，要准确进行方法必须准确传递方法参数和接收方法的返回值。

（6）主调方法和被调方法之间主要通过参数和返回值来传递数据，在 Java 中，方法调用时实参采用传值的方式传给形参变量，其将按定义的形参列表，将实参的值一一对应进行传递。对于基本数据类型，传递的是变量的值；对于引用数据类型，传递的是变量的地址。

（7）若一个方法直接或间接地调用自身，则称这个方法的调用是递归调用。方法递归调用的实质是通过把复杂问题分解为形式更加简单的子问题来求解，在算法设计时应包括"递推"和"回归"两部分。

模块训练

一、选择题

1. 以下有关二维数组的定义错误的是（　　）。

A. 类型标识符　数组名[][]　　　　　　B. 类型标识符[][]　数组名

C. 类型标识符[]　数组名[]　　　　　　D. 类型标识符　数组名[]

2. 对于二维数组 int a[][]=new int[3][4]，以下说法错误的是（　　）。

A. a[0][0]表示数组 a 中的第一行、第一列的元素，这里其数据类型是 int 型

B. a.length 表示数组 a 的长度，也表示二维表格中数据的行数

C. a[0].length 表示第一行数组 a 的长度，也表示二维表格中数据的列数

D. 以上说法都不正确

3. 如下所示声明一个字符串类型的一维数组后：

```
String data[]={"we","are","hello","123","who? "};
```

data[2]的值为（　　）。

A. data[2]= "we";　　　　　　　　　　B. data[2]= "are";

C. data[2]="hello";　　　　　　　　　　D. data[2]="123";

4. 对数字序列{ 38, 5, 19, 26, 49, 97, 1, 66 }使用冒泡法进行升序排序，第一趟排序后的结果是（　　）。

A. { 38, 5, 19, 26, 49, 1, 66, 97 }　　　　B. { 5, 19, 26, 38, 49, 1, 66, 97 }

C. { 38, 5, 19, 26, 49, 97, 1, 66 }　　　　D. { 5, 19, 26, 38, 49, 66, 1, 97 }

5. 以下代码的输出结果是（　　）。

```
public class Demo{
    public int pow2(int x) { return   x*x  }
    public static void main(String[] args){
        int x=10;
        System.out.pirntln(pow2(x));
    }
}
```

A. 10　　　　　　　　　　　　　　　　B. 100

C. 编译错误　　　　　　　　　　　　　D. 以上说法都不对

6. 以下关于数组的说法错误的是（　　）。

A. 数组是相同数据类型元素的集合　　　B. 数组一旦创建，长度不可改变

C. 数组可以存储不同数据类型的元素　　D. 可以通过索引访问数组中的元素

7. 以下代码中，创建一个长度为 5 的整数数组的正确方式是（　　）。

A. int [] array = new int [5]　　　　　　B. int array [] = new int (5)

C. int array = {1, 2, 3, 4, 5}　　　　　　D. int [] array = new int []{1, 2, 3, 4, 5}

二、判断题

1. 数组在声明时必须指定其大小。　　　　　　　　　　　　　　　　　　　（　　）

2．对于 char[] data=new char[10]，系统指定的默认值是空字符。　　　　（　　）

3．Java 中的方法可以没有返回值，但必须指明其返回值类型是 void。　　（　　）

4．可以将一个数组赋值给另一个不同长度的数组。　　　　　　　　　　（　　）

5．数组的索引从 1 开始。　　　　　　　　　　　　　　　　　　　　　（　　）

三、简答题

1．什么是数组？数组的定义与初始化有几种方式？请用代码分别举例说明。

2．请举例说明基本数据参数和引用数据类型参数传递的区别？

3．什么是递归？递归算法设计应包含哪几部分？

四、编程题

1．现有两个数组：int[] data1={1,3,5,7,9,2,6,8}; int[] data2={6,4,13,15,10};
请编写程序合并以上两个数组，要求合并后的数组按升序排列。

2．请使用递归方法设计对有序数组的二分查找算法，其方法定义如下：

```
/**
* data 数组 start 查找开始位置 end 查找结束位置 key 待比较的值
*/
public int binarySearch(int[] data,int start,int end,int key);
```

3．某百货商场当日消费积分最高的 8 名顾客，他们的积分分别是 18、25、7、36、13、2、89、63。编写程序找出最低的积分及其在数组中的原始位置（下标）。

模块实践

之前的任务中定义的会员信息管理模块中只有会员信息的展示和修改功能，在有家超市销售管理系统需要对会员信息进行完整的管理，如增加会员、删除会员、根据会员号码查找会员信息等。请完成以上操作，实现对会员信息的管理。

模块单词

Array　[əˈreɪ]　数组	
Array index　[əˈreɪ] [ˈɪndeks]　数组下标	
Data　[ˈdeɪtə]　数据	
Initialization　[ɪˌnɪʃələˈzeɪʃn]　初始化	
Multidimensional Arrays　[mʌltidɪˈmenʃənəl] [əˈreɪz]　多维数组	
One-Dimensional Arrays　[wʌn daɪˈmenʃənl] [əˈreɪz]　一维数组	

模块 五 面向对象中类的设计与实现

模块介绍

　　本模块介绍面向对象的基本概念：类与对象；讲述 Java 中的类、对象、属性、方法的定义与使用；讲述类的封装与信息隐藏；讲述构造函数的使用；讲述类中 this、static 关键字的使用。

　　本模块结合有家超市销售管理系统项目，完成相关类的设计。

知识图谱

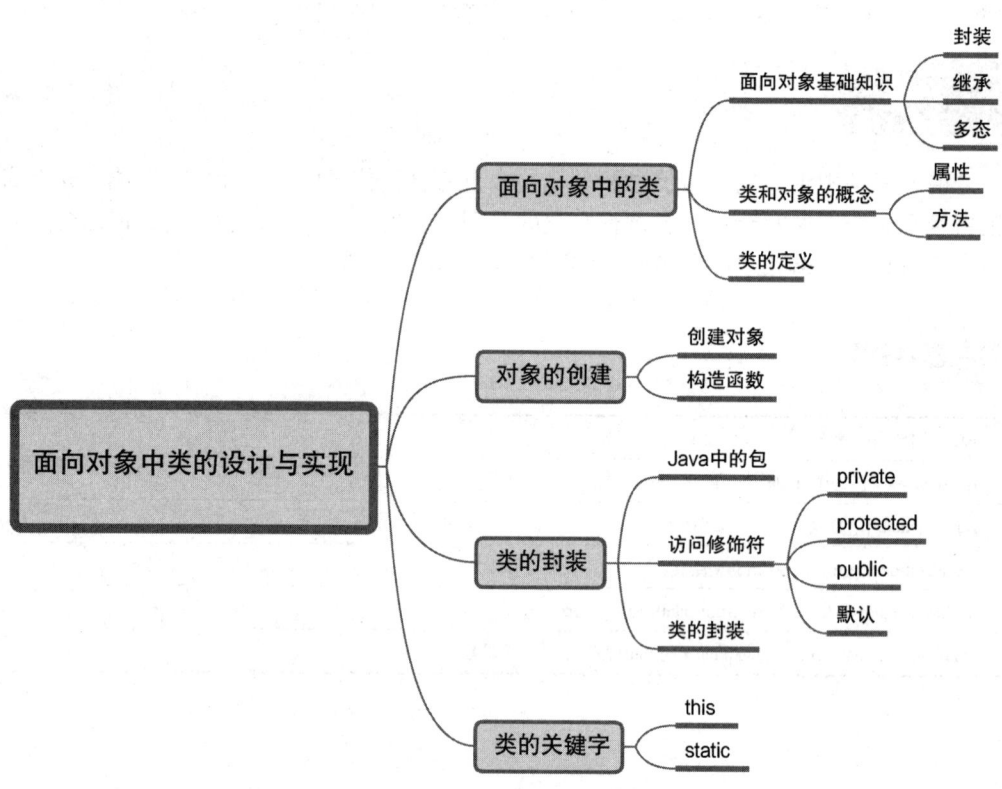

💲 **模块目标**

【知识目标】

- 了解面向对象的基本思想
- 掌握通过类的定义
- 掌握通过访问修饰符实现类的封装
- 掌握通过构造函数实现对象的创建
- 掌握类的关键字 this、static

【能力目标】

- 能使用类图描述项目的相关类
- 能定义项目的相关类
- 能使用合适的访问修饰符定义类
- 能正确使用类的关键字
- 能创建对象

【素质目标】

- 具有规范的编程素养
- 具有良好的代码组织和管理习惯
- 具有抽象思维
- 具有较强的进取精神
- 具有精益求精的工匠精神

任务 5.1　设计商品信息类

▌**任务目标** ▌

　　面向对象是 Java 程序设计的基础，类和对象是面向对象的核心，掌握类的定义是面向对象的关键。本任务的目标是完成有家超市销售管理系统的商品信息类的设计。

▌**任务描述** ▌

　　有家超市销售管理系统包含商品管理模块，可以实现查看商品列表、增加商品、修改商品、删除商品、查询商品等功能，要完成这些功能，首先需要设计出商品信息类。

▌**任务准备** ▌

微课：5.1.1

5.1.1　面向对象基础知识

1. 面向对象概述

面向对象知识

　　面向对象（Object-oriented）是指面向客观事物之间的关系，人类日常的思维方式都是面向对象的，事物之间的关系就是对象与对象之间的关系。软件设计的本质就是对现实世界的业务问题做抽象。面向对象思想就是在计算机程序设计过程中，参照现实中的事物，将事物的属性特征、行为特征抽象出来，描述成计算机事件的设计思想。

Java 是 20 世纪 90 年代出现的面向对象的编程语言，在面向对象思想的指引下，可以使用 Java 语言去设计和开发计算机程序。这里的对象泛指现实中一切事物，每种事物都具备自己的属性和行为。它区别于面向过程思想，强调的是通过调用对象的行为来实现功能，而不是自己一步一步地去操作来实现。

面向对象程序设计的基本思想是使用对象、类、继承、封装、消息等基本概念来进行程序设计，面向对象的程序设计方法的出现和广泛应用是计算机软件技术发展中的一个重大变革和飞跃。相对于之前的程序设计方法，面向对象程序设计能够更好地适应当今软件开发在规模、复杂性、可靠性和质量、效率上的种种需求，是目前公认的主流程序设计方法。

2. 面向对象程序设计的基本特征

面向对象程序设计具有封装、继承、多态三大特点。

（1）封装。封装是指将类内部的实现隐藏起来，只暴露必要的方法让外部调用。封装是面向对象编程的第一步，将属性和方法封装到一个类中，外界使用类创建对象，然后让对象调用方法，对象方法的细节都被封装在类的内部。例如，汽车在路上行驶时，我们不需要知道发动机的内部细节，只需要发动汽车以一定速度行驶即可。

（2）继承。继承是软件重用的一种形式，即子类拥有父类的所有属性和方法，以实现代码的重用，使得相同的代码不需要重复定义，然后子类还可以定义自己独有的属性和方法。例如，交通工具有颜色、轮胎数量属性，所以可以定义交通工具类作为父类，包含颜色、轮胎数量两个属性，然后再定义卡车和公交车作为子类继承交通工具类，它们在继承了交通工具类的颜色和轮胎数量属性外，卡车增加了载重量属性，公交车则增加了载人数属性。

（3）多态。多态是在封装和继承的基础上，不同的子类继承相同的父类，这些子类对象调用相同的父类方法，产生不同的执行结果，表示多种形态。例如，动物的叫声，猫和狗的叫声不同，这就是多态；又如，在汽车类中，手动档汽车与自动档汽车的开车方式不一样，这也是多态。

3. 面向对象程序设计的优点

与传统的方法相比，面向对象的问题求解具有更好的可重用性和可扩展性。

（1）可重用性。可重用性是面向对象软件开发的一个核心特征。首先，它提高了开发效率，缩短了开发周期，降低了开发成本；其次，由于采用了已经被证明为正确、有效的模块，程序的质量能够得到保证，维护工作量也相应减少；最后，采用可重用模块来构建程序，能提高程序的标准化程度，符合现代大规模软件开发的需求。

（2）可扩展性。面向对象的程序设计方法具有良好的可扩展性。因为面向对象程序的基本和主要组成部分——类，就是抽象出实体的主要特征而形成的。在开发过程的初期，类里面可以仅包含一些最基本的属性和操作，只完成一些最基本的功能；随着开发的深入，再逐步向类里面加入复杂的属性，并派生子类，定义更复杂的关系，直至系统开发完成。

5.1.2 类与对象的概念

1. 类和对象

在日常生活中，随处可见的都是对象，从读者面前的书本，到遥不可及的星球，所有的东西都是对象，对象跟我们的日常生活息息相关，甚至连我们自己本身都是个对象。通常可以以对象分类的名称来称呼这些对象，如路上有许多汽车、天空有许多鸟、我要去看电视、屋顶上有猫等，这里的汽车、鸟、电视、猫仅仅是一些相同对象的分类，这些分类就称为"类"。

　　对象就是符合某种类定义所产生出来的实例（instance）。 虽然是用类的名称来称呼这些对象，但是实际上指的还是对象本身，而不是一个类，比如说买一本书，这里的"书"只是个类名称，最后买回来的是一本真正的书，即书的实例，而不是"书"这个类。又例如某人的手机坏了，这里的手机也只是个类名称，真正坏掉的是一部手机的实例。所以类和对象的区分就是：类只是个抽象的称呼，而对象是个看得到、摸得到、听得到的实例。学术化一点的描述就是：**类是抽象的，而对象是具体的。**

　　2. 类的成员

　　类的成员分为属性和方法。

　　有时候并不用类的名称来称呼一个对象，而是直接用对象的名称。比如说有只狗，它的名字叫小白，这里的狗是类名称，而小白是对象的名称。类似于毛发的颜色、狗的类别等这些用来描述这只狗的静态特征称为**"属性"（attribute）。** 因为有了这些属性，世界上每个对象都不相同。

　　每个对象也有它们自己的行为或者使用它们的方法，比如说一只狗会跑、会叫，训练过的狗会坐、会握手等，一般把这些行为称为**"方法"（method）。** 属性描述对象静态的一面，用来形容对象的一些特性；而方法描述对象动态的一面，可以使用这些方法来实现一个对象能完成的行为。

　　例如，汽车店有很多汽车，汽车有不同颜色，黑色、银色、红色等，有不同品牌，如大众、宝马、奔驰等，这些都是属性的部分，而每台汽车还应具有发动、停车、行驶、加速等操作这台汽车的方法。

　　属性和方法，称为类的"成员"，它们是构成一个对象的主要部分。 没有了属性和方法，则该对象没有任何意义。哪怕是一粒石头，或许它没有什么操作的方法，但也有描述它的属性。

5.1.3　类的定义

　　在面向对象的编程语言中，类是一个独立的程序单位，它应该有一个类名并包括属性说明和行为说明两个主要部分。在程序中，类实际上就是一种复合的数据类型。为了模拟真实世界，更好地解决问题，往往需要创建解决问题所必需的数据类型。面向对象编程则提供了这样的解决方案。

　　示例 5.1　定义红包类。

　　分析：在程小白抢红包游戏中，游戏界面上显示各种红包提供给程小白来抢，如普通红包、元宝红包、金币红包、炸弹红包，如图 5.1.1 所示。

　　要显示红包，则需要定义红包类，首先要确定红包类的名字：RedPacket。类在面向对象建模中可以用一个矩形框图来描述，矩形框分三行，第一行表示类名，第二行表示类的属性，第二行表示类的方法，如图 5.1.2 所示。RedPacket 类在这里没有设置任何属性和方法。

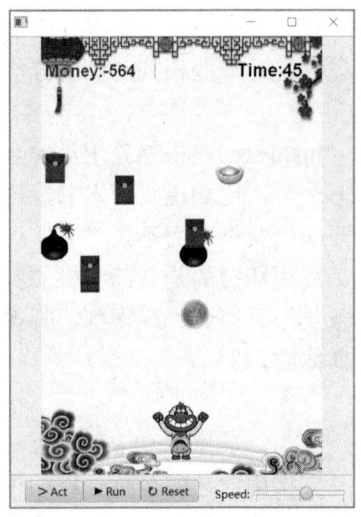

图 5.1.1　程小白抢红包界面

图 5.1.2　RedPacket 类图

在 Java 中定义一个类非常简单，仅需两行代码：

```
public class RedPacket{
}
```

RedPacket 类中虽然没有任何一个成员，但也是一个完整的类定义。

类封装了一类对象的状态和方法，是这一类对象的原型。一个类的实现包括两个部分：类声明（括号外的部分）和类体（括号内的部分）。

类声明的一般格式如下：

```
[public | abstract | final] class 类名 [extends 父类名]  [implements 接口列表]{
//成员变量
访问修饰符 变量类型 变量名;

//成员方法
访问修饰符 返回类型 方法名([参数列表]){
        实现代码
    }
}
```

说明："[]"表示可选项，即一个类的定义可以没有修饰符，没有继承，没有接口实现。其中，修饰符 public、abstract、final 作用如下。

（1）public：表示所定义的类是一个公共类，可被其他类所引用。一个代码文件中可以存在多个类的定义，但同时仅能有一个类被 public 所修饰，且该代码文件的文件名需与被 public 修饰的类名一致。

（2）abstract：表示所定义的类是一个抽象类。如果定义的类代表了一个抽象的概念，就不能用它来实例化一个对象。例如，现实世界中食品这个概念，是一些诸如饼干、苹果、巧克力等具体对象，食品代表着一个抽象概念：能吃的东西。饼干、苹果、巧克力等是食品的子类，更加具体一些，它们才可以产生对象，如某某牌子的饼干，但是你不会见到某某牌子的食品。abstract 类会在后续章节做详细讲解。

（3）final：表示所定义的类是最终类。一个最终类不可能有子类，也就是说它不能被继承。设计出最终类是出于安全的考虑，因为根据面向对象编程的规则，父类是可以被子类所替换的，当你不希望所设计的类存在被替换的可能时，就可以将它声明为最终类。final类会在后续章节做详细讲解。

（4）类名需要遵守命名规则（与变量的命名规则类似，不再赘述），且每个单词的第一个字母需大写，如 Car、Goods 等。

（5）extends 表示继承关系，需要指定父类的名字，Java 中只允许从单根继承。继承会在后续章节做详细讲解。

（6）implements 表示实现关系，需要指定接口的名字。要实现一个接口，则需要实现接口中的全部方法。Java 中允许同时实现多个接口。实现会在后续章节做详细讲解。

（7）成员访问修饰符有 public、private、protected。public 为公有成员，既能被本类内的成员函数所引用，也可以被类的作用域内的其他函数引用。private 为私有成员，不能被外部访问，用 protected 声明的成员称为受保护的成员，它不能被类外访问，但可以被子类的成员函数访问。访问修饰符会在后续章节做详细讲解。

示例 5.2　定义红包类的成员属性与方法。

分析：程小白抢红包游戏规则是红包从顶上掉落，程小白来抢红包。因为在游戏中设置了四种红包类型，包括有普通、元宝、金币、炸弹红包，区分不同的红包使用了一个整型变量 type，当 type=0 时表示普通红包，type=1 表示元宝红包，type=2 表示金币红包，type=3 表示炸弹红包；不同类型的红包里有不同的金额（money），money 使用整型来定义；红包掉落有一定的速度（rate），rate 使用整型来定义；每掉落完一批红包等待第二批红包掉落将有一定的间隔时间（delay），delay 使用整型来定义。

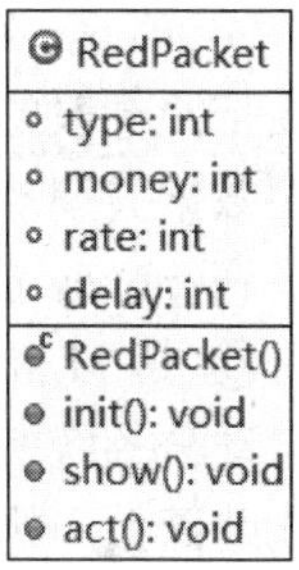

从上面的分析可以看到，为了描述红包，叫以将红包拥有的成员属性和行为抽象出来，对应类图如图 5.1.3 所示。

将以上成员添加到 RedPacket 类中，其代码如下：

图 5.1.3　红包类图

```
01    package com.chapter05.demo02;
02    import greenfoot.Actor;
03    import greenfoot.Greenfoot;
04    public class RedPacket extends Actor{
05        //成员属性
06        public int type;          //红包类型
07        public int money;         //红包金额
08        public int rate;          //红包掉落速度
09        public int delay;         //每批红包掉落之间的间隔时间
10        //构造函数
11        public RedPacket() {
12        }
13        //成员方法
14        public void init() {
15            System.out.println("初始化不同类型红包");
```

```
16        }
17        public void show() {
18            System.out.println("显示红包，红包类型："+this.type+"，红包金额："+this.money+"，掉落
速度："+this.rate+"，延迟时间："+this.delay);
19        }
20        //覆盖父类方法
21        @Override
22        public void act() {
23            super.act();
24            System.out.println("重写父类的 act 方法");
25        }
26    }
```

说明：

① 第 1 行是类的包名，表明程序所在的包空间，如果没有，则使用默认包空间。

② 第 2 和第 3 行导入要定义的红包类中所需的其他已经写好的类，import 关键字用于导入在不同包下的类。

③ 第 4 行是类的名称、访问修饰符及继承的父类。

④ 第 6～第 9 行是红包类定义的成员属性，属性定义在 Java 中使用变量来实现，所以只要依照一般的变量声明的格式，把它写到类当中即可。要使用一个变量前，一定要事先声明数据类型及访问修饰符，如这里的变量 money 表示红包里面的金额，所以声明为整型 int，在 money 前面加上 public 属性，表明其他所有类都可以使用它。

⑤ 第 11 和第 12 行定义了红包类 RedPacket 的构造函数。构造函数在对象实例化时，将自动被系统所调用，执行类的初始化工作。如果没有定义构造函数，则系统将使用默认的构造函数。构造函数会在后续章节做详细讲解。

⑥ 第 14～第 19 行定义类的成员方法，init()方法将实现各种类型红包的定义，show()方法展示红包属性数据，成员方法定义与普通方法定义完全一致。

⑦ 第 20～第 25 行重写了父类 Actor 的 act()方法，每个继承自 Actor 类的子类都会重写此方法。这个方法会在 Greenfoot 界面中的"Act"按钮被按下，或者"Run"按钮被激活的情况下，被 Greenfoot 框架自动调用。Actor 类本身的 act()方法是留空的，各个子类通常会通过重写此方法来定义自己的行动方式。

练习 5.1 定义程小白类。

分析： 程小白抢红包游戏中，除了有红包类，还有抢红包的程小白。要在游戏界面上显示程小白，需要先定义程小白这个游戏人物类。此游戏人物类无属性，只有默认的构造函数、重写方法 act()及自定义的方法 show()。

请根据图 5.1.4 所示类图定义程小白类。

练习 5.2 定义机动车类。

分析： 路上有很多机动车，每辆车都有颜色 color、品牌 brand、速度 speed、轮胎数量 tyres，这些都是成员属性的部分，而每辆机动车会有行驶 run()、显示 show()等操作机动车的成员方法。

从上面的分析可以看到，为了描述机动车，可以将机动车所拥有的属性和行为抽象出来，对应类图如图 5.1.5 所示。

任务实施

有家超市销售管理系统中需要对商品进行管理，管理员可以添加商品、修改商品、删除商品、查询商品列表、查询单个商品等，要完成这些功能，需要设计描述商品信息所对应的类。商品类的成员属性有商品编号、商品名称、商品价格、商品库存等，成员方法有显示商品信息。商品类图如图 5.1.6 所示。

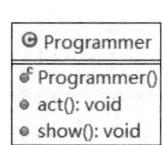

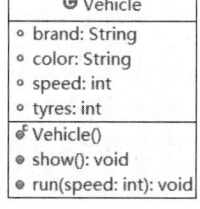

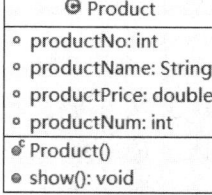

图 5.1.4　程小白类图　　　　　图 5.1.5　机动车类图　　　　　图 5.1.6　商品类图

```
01    package com.chapter05.task01;
02    /**
03     *  商品类
04     *
05     */
06    public class Product {
07        public int productNo;              //商品编号
08        public String productName;         //商品名称
09        public double productPrice;        //商品价格
10        public int productNum;             //商品库存
11        /**
12         *  无参构造函数
13         */
14        public Product() {
15            super();
16        }
17        /**
18         *  显示商品信息
19         */
20        public void show() {
21            System.out.println("商品编号：" + this.productNo + "，商品名称：" + this.productName
+ "，商品价格：" + this.productPrice + "，商品库存：" + this.productNum);
23        }
24    }
```

任务小结

本任务介绍了类和对象的基本概念，定义了有家超市销售管理系统中的商品类。

任务拓展

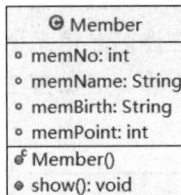

图 5.1.7　会员类图

在有家超市销售管理系统中，除了对商品信息进行管理，还可以对会员信息进行管理，实现会员信息的添加、修改、删除等，请根据图 5.1.7 所示类图设计出对应的会员信息类，实现对会员信息的描述。

素养提升

面向对象编程理念构成了现代编程领域的核心支柱。具体而言，类与对象的概念巧妙地将现实世界的实体抽象为程序世界中的模型架构。以国内进行制造业数字化转型的汽车制造业为例，汽车的设计蓝图恰如其分地映射为编程中的"类"，而每一辆依据蓝图制造出的汽车则生动对应着一个个具体的"对象"。

在平时学习和生活中，我们也要学会抽象和具体相结合的思维方式。当面对复杂的知识体系时，要善于将其抽象为类似"类"的结构，如同汽车设计蓝图一样，把握其核心概念和规律。而在实践应用中，我们又要像依据蓝图制造出一辆辆实际的汽车一样，把这些抽象的知识转化为具体的行动和成果。这种理念促使我们更加敏锐地观察和理解现实世界，并培养了将现实问题巧妙地转化为高效技术解决方案的能力，体现了理论与实践的深度融合。

任务 5.2　创建商品信息对象

任务目标

万物皆对象，日常生活中都是使用对象来进行事物之间的联系的，类仅仅是一个抽象的模板。本任务的目标是完成有家超市销售管理系统的商品信息对象的创建。

任务描述

有家超市今日进货了乐事薯片、旺仔 QQ 糖葡萄味、伊利纯牛奶等食品，现在需要在系统中录入这些商品并且显示这些商品的信息。

微课：5.2.1

任务准备

5.2.1　创建对象

创建对象

面向对象的基本组成单位是类，类可以看成是对对象的抽象，将属性及行为相同或相似的对象归为一类，代表了此类对象所具有的共有属性和行为。

在面向对象的程序设计中，每一个对象都属于某个特定的类程序，在运行时由类生成对象。对象是面向对象程序的核心，对象之间通过发送消息（即调用方法）进行通信，互相协作完成相应功能。

例如，红包类只是一个抽象模板，要使用红包、显示红包则要有真正的红包对象；我们不能去驾驶汽车类，我们能驾驶的是真正的汽车，所以需要创建具体的对象。Java 面向对象的开发过程，其实就是定义类，然后不断地创建对象、使用对象、指挥对象做事情。

一个对象的生命周期包括三个阶段：创建、使用和清除。

1. 对象的创建

创建对象包括声明、实例化，其一般格式为：

类名 对象名=new 类名(参数列表)

在这里，类名指用户所定义的类名，对象名指用户所定义的对象名，命名规则与 Java 变量的命名规则一致。使用 new 关键字来实现对象的创建，参数列表指创建对象时调用相应构造函数所需的参数列表，如：

```
RedPacket redPacket=new RedPacket();
RedPacket goldcoin=new RedPacket(1);
```

这里创建了两个红包对象，第一个对象不带任何参数，第二个对象带有一个参数，参数的个数由对应的构造函数决定。

（1）声明。声明对象通常是以下格式：

类名 对象名;

以 RedPacket 类为例：

```
RedPacket redPacket;      //声明对象
```

声明完对象之后，就像一般的变量一样，计算机会在内存中分配一个空间来存放这个类对象，如图 5.2.1（a）所示。但和一般变量不一样的是，对象的声明只是在内存中产生一个对象的引用（reference），它所存放的并不是一个真正的对象实例，因为对象实例还根本没有产生出来，所以当一个对象被声明出来后，在内存中这个对象引用的初始值会是"null"，如图 5.2.1（b）所示。这就是为什么大部分的初学者在写程序时，会出现"Null Pointer Exception"（空指针异常），因为通常初学者会以为声明完之后，就可以像一般的变量一样使用它，可是此时对象的引用还没有指到真正的对象，所以就触发了空指针异常。

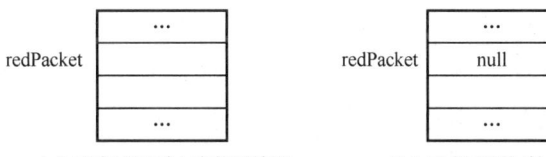

（a）对象声明时内存使用情况　　（b）对象引用初始值设置

图 5.2.1　对象声明时内存结构图

（2）实例化。对象的实例化由 new 操作符实现，实例化就是为对象分配内存。对象的初始化工作由类的构造方法完成，构造方法一方面提供了类名，由 new 操作符根据类名决定为新建对象分配多大的内存，另一方面，构造方法可以将新建对象初始化。

new 操作符返回一个引用，并将它赋给对象名。对象引用实际上是一个指针，指向对象所在的内存地址，这个指针（即对象名）是无法更改的。

> **！ 注 意**
>
> 出于安全性和健壮性的考虑，Java 取消了指针操作。

```
new RedPacket ();      //实例化对象
```

此时计算机才真正地产生对象的实例，它在内存中的情况如图 5.2.2（a）所示。一个对象会占用内存中的一个区域，同时在这个区域里存储了该对象的属性。但是此时对象的引用和对象实例还没有关联到一起，两者还是分开的，所以在前面声明的对象引用还是null，新产生对象的实例也没有被引用到，所以两者还是不能使用的，如图 5.2.2（b）所示。

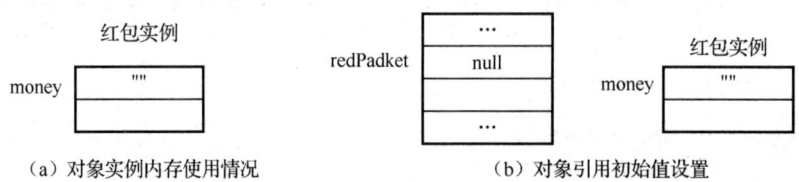

（a）对象实例内存使用情况　　　　　　（b）对象引用初始值设置

图 5.2.2　对象实例化时内存结构图

如果要让两者产生关联，就必须使用赋值语句，将对象的实例指定给对象的引用。

redPacket =new RedPacket();//实例化对象

这样就可以通过对象的引用来使用这个对象了，其内存结构如图 5.2.3 所示。

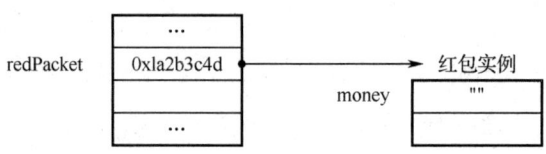

图 5.2.3　对象实例指定给对象引用

此时 redPacket 对象的引用所存放的是对象实例在内存中的真正地址，每个对象引用占用 4 个字节的内存空间。通常习惯把对象的声明和引用写在同一个语句中：

RedPacket redPacket =new RedPacket();//实例化对象

2. 对象的使用

对象被实例化后即可使用，可以直接存取对象的属性，也可以调用它的方法。由于创建对象时，一个对象的所有属性被加载到专为它开辟的内存区域中，为了让解释器知道代码的内存地址，使用对象的任何成员时都要加上引用，即在变量和方法前面加上对象名，并用运算符"."分隔。

因此使用运算符"."可以实现对对象属性和方法的访问。可以通过设定访问权限来限制其他外部对象对属性和方法的访问。

（1）访问对象的属性。

对象名.属性名

对象名是一个已生成的对象，也可以是能生成对象的表达式，例如：

redPacket.money=100;
int num=new RedPacket().money;

因为没有声明确切的对象名，所以将 new RedPacket()返回的引用称为匿名对象。代码执行结束后，这个新创建的对象将被垃圾收集器自动收回。

（2）调用对象的方法。

> **对象名.方法名(参数列表)**

例如：

```
redPacket.show();                //实例对象 redPacket 调用方法
new RedPacket().show();          //匿名对象调用方法
```

3. 对象的清除

Java 引入了独特的内存管理机制——垃圾回收机制，由 Java 虚拟机担当**垃圾收集器**（**Garbage Collector,GC**）的工作，负责回收空闲对象所占用的存储空间。因此可以任意地创建对象，而不用担心如何清除它们，垃圾收集器会自动清除它们。

使用 new 操作符创建对象后，Java 虚拟机自动为该对象分配存储空间并保持跟踪，Java 虚拟机能判断出对象是否还被引用，对不再被引用的对象释放其占用的存储空间，这种定期寻找不再使用的对象并自动释放对象占用存储空间的过程称为垃圾收集。

如果要明确地清除一个对象，你可以自行清除它，只需把一个空值赋给对象引用即可，例如：

```
RedPacket redPacket = new RedPacket();;//实例化对象
…//使用对象
redPacket=null;
```

当不存在对一个对象的引用时，该对象成为一个无用对象。Java 的垃圾收集器自动扫描对象的动态内存区，把没有引用的对象作为垃圾收集起来并释放。Java 的垃圾收集器会在适当的时间自动运行，即使你手动调用 System.gc()方法也不一定会使 GC 立刻运行，因此无法预知 GC 的准确运行时间。

示例 5.3　创建红包类的一个对象 redPacket，类型为普通红包，用整数值 0 表示，存放金额为 100，速度为 20，延迟时间为 4。

```
01   package com.chapter05.demo03;
02
03   import com.chapter05.demo02.RedPacket;
04   import greenfoot.World;
05
06   public class RedPacketWar extends World{
07       public RedPacketWar() {
08           super(400, 600, 1);
09           setBackground("images/background.jpg");
10           RedPacket redPacket=new RedPacket();
11           redPacket.type=0;
12           redPacket.money=100;
13           redPacket.rate=20;
14           redPacket.delay=4;
15           redPacket.setImage("images/redpacket40.png");
16           redPacket.show();
```

17	this.addObject(redPacket, 200, 300);
18	}
19	}

说明：

① 第 3 行导入示例 5.2 定义的红包类 RedPacket。

② 第 7 行是 RedPacketWar 类的构造函数，所有的场景中的 Actor 对象都与某个 World 对象相关联并可访问该 World，在构造函数中创建红包对象关联到 World 场景中。

③ 第 8 行设置了游戏场景的大小。World 对象的坐标格尺寸可以在构造它的时候定义，并且该值一旦被定义，便会以常量的形式存在，无法再次改变。这里调用了父类 World 的带 3 个参数的构造函数，构造的游戏场景宽为 400，高为 600，坐标单元格大小为 1*1 像素。

④ 第 10 行创建了红包类 RedPacket 的对象 redPacket，调用了不带参数的构造函数。

⑤ 第 11～第 14 行给红包对象 redPacket 的各属性赋值。

⑥ 第 15 行红包对象 redPacket 调用了父类 Actor 的 setImage()方法。该方法用于设置红包游戏对象的外观，也就是图标，即显示的图片。

⑦ 第 16 行调用了红包对象 redPacket 的成员方法 show()，显示了在第 8～第 11 行设置的成员属性值，并在控制台打印，控制台结果如图 5.2.4 所示。

运行 RedPacketWar，运行界面如图 5.2.5 所示。

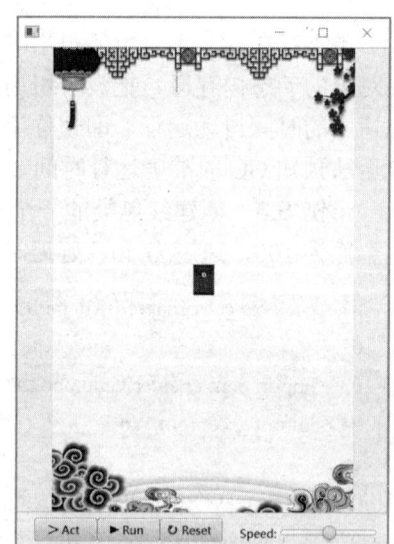

显示红包，红包类型：0，红包金额：100，掉落速度：20，延迟时间：4

图 5.2.4　红包类调用成员方法　　　　　　　　图 5.2.5　红包类创建对象

练习 5.3　根据练习 5.1 定义的程小白类创建一个小白对象 programmer，使程小白位于游戏场景下方正中间，如图 5.2.6 所示。

练习 5.4　根据练习 5.2 定义的机动车类创建一个机动车对象 benz，品牌名称为奔驰，颜色为白色，速度为 100，轮胎数量为 4，并且调用对应的成员方法显示对象属性。

156

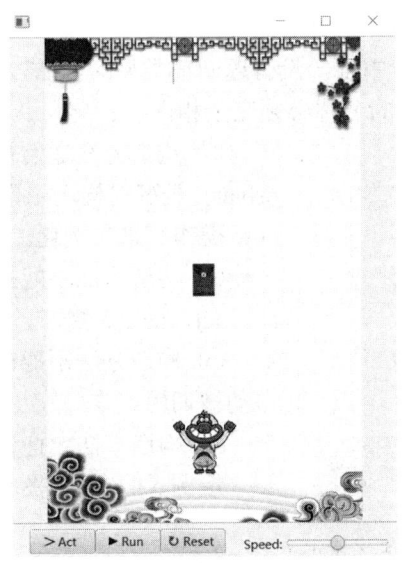

图 5.2.6　创建游戏角色对象程小白

5.2.2　构造函数

微课：5.2.2

构造函数

从抽象的类模板到实际的对象，对象的产生必定要带有其自身的特征，比如在大街上看到的汽车，都属于汽车类，但是指向一辆汽车，我们会描述该辆汽车的品牌、颜色、动力等。所以初始化对象时就给对象的属性赋值，让对象一产生就具有属性特征，这个可以使用构造函数来实现。

构造函数也称为构造方法，构造方法对于类来说是非常重要的。构造方法是特殊方法，方法名与类名相同，作用是对成员属性赋值，初始化对象特征。

Java 中的每个类都有构造方法，用米初始化该类的一个新的对象，没有定义构造方法的类，系统会自动提供默认的构造方法，默认的构造方法没有参数，用 public 修饰，而且方法体为空。一般格式如下：

> public 类名(){}

创建对象格式为：

> 类名　对象名=new 类名();

如果类中显式定义了一个或多个构造方法，那么将失去默认构造方法；如果显式定义的构造方法带有参数，则定义对象不能用上面那种格式，代码会报错。显式定义的带参数的构造方法格式如下：

> public 类名(参数列表){}

创建对象格式为：

> 类名　对象名=new 类名(参数列表);

new 后面带的参数要与构造函数保持完全一致，包括数据类型及参数顺序。

构造方法是类中最特殊的方法，不能由程序员直接调用，只能由 new 操作符调用。它有以下几个主要特征。

① 构造方法是 Java 语言中唯一没有返回值类型的方法，连 void 都不需要。

② 构造方法的名称与类的名称必须完全相同。

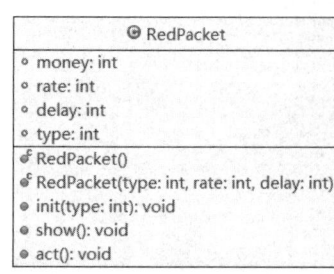

图 5.2.7　带自定义构造函数的红包类

③ 构造方法通常被声明为 public 类型。声明为 private 类型的构造函数将导致类方法以外无法通过 new 操作符来实例化。

④ 构造方法不能被 static、final、synchronized、abstract、native 修饰。

⑤ 构造方法不能被显性调用，在对象实例化时自动被调用。

⑥ 构造方法允许进行重载。

示例 5.4　根据图 5.2.7 定义红包类的构造函数。

```
01    package com.chapter05.demo04;
02    import greenfoot.Actor;
03    import greenfoot.Greenfoot;
04    public class RedPacket extends Actor{
05        //成员属性
06        public int money = 0;
07        public int rate = 0;
08        public int delay = 0;
09        public int type = 0;
10        //构造函数
11        public RedPacket() {
12            this.type=0;
13            this.money=100;
14            this.rate=20;
15            this.delay=4;
16            setImage("images/redpacket40.png");
17        }
18        public RedPacket(int type,int rate,int delay) {
19            this.type=type;
20            this.rate=rate;
21            this.delay=delay;
22            init(type);
23        }
24        //成员方法
25        public void init(int type) {
26            switch(type) {
27              case 0:
28                  setImage("images/redpacket40.png");
29                  money = Greenfoot.getRandomNumber(20); //给红包封装现金
30                  break;
31              case 1:
32                  setImage("images/goldcoin.png");
```

```
33                money = 100;
34                break;
35            case 2:
36                setImage("images/treasure.png");
37                money = 200;
38                break;
39            case 3:
40                setImage("images/bomb.png");
41                money = -300;
42                break;
43        }
44    }
45    public void show() {
46        String typeName="";
47        switch(this.type) {
48        case 0:
49            typeName="普通红包";
50            break;
51        case 1:
52            typeName="金币红包";
53            break;
54        case 2:
55            typeName="元宝红包";
56            break;
57        case 3:
58            typeName="炸弹红包";
59            break;
60        }
61        System.out.println("显示红包，红包类型："+typeName+"，红包金额："+this.money+"，
掉落速度："+this.rate+"，延迟时间："+this.delay);
62    }
63    //覆盖父类方法
64    @Override
65    public void act() {
66        super.act();
67        System.out.println("显示红包");
68
69    }
70 }
```

说明：

① 第 11～第 17 行创建了默认的构造函数，不带任何参数，设置了成员属性的初始值，显示的红包类型为 type=0，即普通红包，并且设置了普通红包的图片。如果在一个类里没有创建任何构造函数，则默认的构造函数也不需要写。

② 第 18～第 23 行创建了带有三个参数的构造函数，这个构造函数设置了类的 type、rate、delay 属性的值，并且调用了成员方法 init()，用于初始化红包的设置。

③ 第 25～第 44 行定义了成员方法 init(),该方法带一个参数 type,通过传入不同的 type 值来确定当前的红包类型,并且为每种红包设置不同的金额,其中普通红包的金额是[0-20) 的一个随机数。

④ 第 45～第 62 行定义了成员方法 show(),首先根据 type 类型值将红包类型数字转换成对应的红包类型名称,然后显示相应的属性值。

类 RedPacket 创建了两个构造函数,这是两个重载的方法,根据方法参数的不同可以定义不同的对象,这些对象分别有不同的对象属性初始值,显示成不同的红包对象。

示例 5.5　根据定义的 RedPacket 类实现多种红包对象的创建。

```
01    package com.chapter05.demo05;
02    import greenfoot.World;
03    public class RedPacketWar extends World{
04        public RedPacketWar() {
05            super(400, 600, 1);
06            setBackground("images/background.jpg");
07            //第一个红包对象——默认红包
08            RedPacket redPacket01=new RedPacket();
09            redPacket01.show();
10            this.addObject(redPacket01, 200, 300);
11            //第二个红包对象——红包
12            RedPacket redPacket02=new RedPacket(0,10,5);
13            redPacket02.show();
14            this.addObject(redPacket02, 100, 200);
15            //第三个红包对象——金币
16            RedPacket redPacket03=new RedPacket(1,20,10);
17            redPacket03.show();
18            this.addObject(redPacket03, 300, 200);
19            //第四个红包对象——元宝
20            RedPacket redPacket04=new RedPacket(2,6,8);
21            redPacket04.show();
22            this.addObject(redPacket04, 100, 400);
23            //第五个红包对象——炸弹
24            RedPacket redPacket05=new RedPacket(3,15,10);
25            redPacket05.show();
26            this.addObject(redPacket05, 300, 400);
27        }
28    }
```

说明:

① 第 7～第 10 行创建了第一个对象,自动调用了第一个不带参数的构造函数,成员属性在构造函数中被赋初始值,显示的是普通红包类型对象。

② 第 11～第 14 行创建了第二个对象,自动调用了第二个带三个参数的构造函数,同时在构造函数里面调用了成员方法 init(),此对象给成员属性 type、rate、delay 赋值,init() 方法通过传入的参数 type 为 0 返回了对应的红包类型是普通红包。

③ 第 15～第 18 行创建了第三个对象,类型是金币红包。

④ 第 19～第 22 行创建了第四个对象，类型是元宝红包。

⑤ 第 23～第 26 行创建了第五个对象，类型是炸弹红包。

运行 RedPacketWar()，其结果如图 5.2.8 所示，五个对象四种不同的红包显示在界面上。控制台显示调用 show()方法的结果，显示了各种红包的属性值，其结果如图 5.2.9 所示。

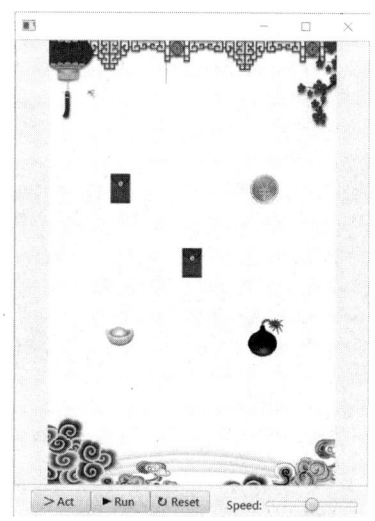

显示红包，红包类型：普通红包，红包金额：100，掉落速度：20，延迟时间：4
显示红包，红包类型：普通红包，红包金额：3，掉落速度：10，延迟时间：5
显示红包，红包类型：金币红包，红包金额：100，掉落速度：20，延迟时间：10
显示红包，红包类型：元宝红包，红包金额：200，掉落速度：6，延迟时间：8
显示红包，红包类型：炸弹红包，红包金额：-300，掉落速度：15，延迟时间：10

图 5.2.8　定义构造函数实例化对象运行结果　　图 5.2.9　定义构造函数实例化对象调用成员方法运行结果

练习 5.5　在练习 5.1 定义的程小白类 Programmer 的基础上定义程小白类的构造函数，根据参数路径设置程小白的显示人物图片，类图如图 5.2.10 所示。

练习 5.6　在练习 5.2 定义的机动车类 Vehicle 的基础上定义机动车类的构造函数，类图如图 5.2.11 所示。根据定义的机动车类定义测试类实现多种机动车对象的创建，调用成员方法显示机动车对象的属性。

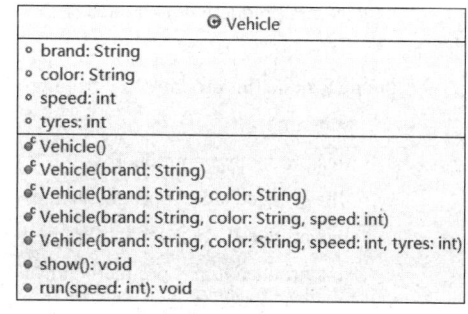

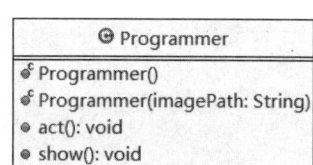

图 5.2.10　带构造函数的程小白类　　　图 5.2.11　带构造函数的机动车类

▌任务实施 ▌

超市今日进货了乐事薯片、旺仔 QQ 糖葡萄味、伊利纯牛奶等食品，现在需要在系统中录入这些商品并且显示这些商品信息。要实现这个功能，可重新定义商品信息类，增加自定义的构造函数，通过构造函数去实现不同商品信息对象的初始化赋值。

定义带有自定义构造函数的商品信息类，类图如图 5.2.12 所示。

```
⊕ Product
○ productNo: int
○ productName: String
○ productPrice: double
○ productNum: int
ℱ Product()
ℱ Product(productNo: int, productName: String, productPrice: double, productNum: int)
● show(): void
```

图 5.2.12　带构造函数的商品信息类

带构造函数的商品类源码定义：

```
01    package com.chapter05.task02;
02    public class Product {
03        public int productNo;//商品编号
04        public String productName;//商品名称
05        public double productPrice;//商品价格
06        public int productNum;//商品库存
07        /**
08         * 无参构造函数
09         */
10        public Product() {
11            super();
12        }
13        /**
14         * 带参构造函数
15         * @param productNo  商品编号
16         * @param productName 商品名称
17         * @param productPrice 商品价格
18         * @param productNum 商品库存
19         */
20        public Product(int productNo, String productName, double productPrice, int productNum) {
21            super();
22            this.productNo = productNo;
23            this.productName = productName;
24            this.productPrice = productPrice;
25            this.productNum = productNum;
26        }
27        /**
28         * 显示商品信息
29         */
30        public void show() {
31            System.out.println("商品编号: " + this.productNo + ", 商品名称: " + this.productName
+ ", 商品价格: " + this.productPrice + ", 商品库存: " + this.productNum);
32        }
33    }
```

说明：

① 第 7～第 12 行定义了默认构造函数，此对象成员属性没有被赋值。

② 第 13～第 26 行创建了带有四个参数的构造函数，这个构造函数设置了商品类的所有成员属性的值。

根据商品类创建对象：

```
01    package com.chapter05.task02;
02    public class ProductTest {
03        public static void main(String[] args) {
04            //第一个对象
05            Product product01 = new Product();
06            product01.show();
07            System.out.println("------------------------");
08            //第二个对象
09            Product product02 = new Product(1001, "乐事薯片", 8.0f, 4);
10            product02.show();
11            System.out.println("------------------------");
12            //第三个对象
13            Product product03 = new Product(1002, "旺仔 QQ 糖葡萄味", 1.0f, 10);
14            product03.show();
15            System.out.println("------------------------");
16            //第四个对象
17            Product product04 = new Product(1003, "伊利纯牛奶", 56.0f, 3);
18            product04.show();
19            System.out.println("------------------------");
20        }
21    }
```

说明：

① 第 4～第 7 行创建了商品类的第一个对象，自动调用了 Product 类不带参数的构造函数，此商品对象的成员属性没有被赋值。

② 第 8～第 19 行分别创建了三个对象，自动调用了 Product 类带四个参数的构造函数，这三个对象初始化时就已经有了对应的属性值，调用对应的成员方法 show()可以显示对象的属性值。

运行 ProductTest，其结果如图 5.2.13 所示。

```
商品编号：0，商品名称：null，商品价格：0.0，商品库存：0
------------------------
商品编号：1001，商品名称：乐事薯片，商品价格：8.0，商品库存：4
------------------------
商品编号：1002，商品名称：旺仔QQ糖葡萄味，商品价格：1.0，商品库存：10
------------------------
商品编号：1003，商品名称：伊利纯牛奶，商品价格：56.0，商品库存：3
------------------------
```

图 5.2.13　实例化商品对象运行结果

┃任务小结┃

本任务介绍了如何创建对象，以及根据不同的构造函数创建不同的对象，方便了对象在初始化时拥有了不同的属性特征。完成了有家超市销售管理系统中的商品类对象的创建和对象信息显示。

┃任务拓展┃

在任务 5.1 任务拓展定义的会员信息类的基础上，加入会员类的构造函数，如图 5.2.14 所示，并实现会员对象的创建。

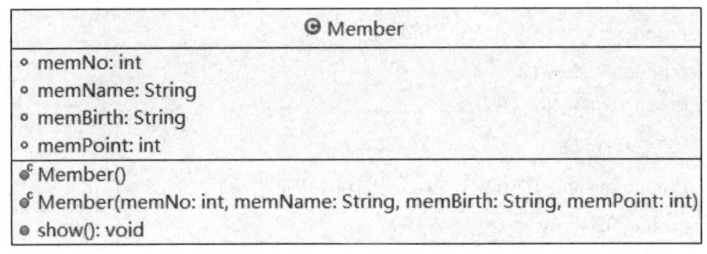

图 5.2.14　带构造函数的会员类

┃素养提升┃

创建对象过程如同在现实世界中创造有价值的实体，是科技创新和实践的具体体现。以国内的创新型科技企业为例，他们不断创建新的产品对象来满足市场需求，每个产品对象都有其独特的属性和功能。比如，小米公司不断推出具有创新性的智能产品，在创建这些产品对象时，精心设计确保产品的初始化正确无误，为用户提供了良好的使用体验。在中国高铁的制造过程中，高铁列车的设计方案可以看作是一个类，每一列生产出来的高铁列车就是这个类的对象，并对列车的各个系统和部件进行高度抽象和模块化设计，实现了高效的生产和运维。在创建对象时，需要我们具备高度的责任心和严谨的工作态度，要对创建的对象负责，使其能够在软件系统中发挥应有的作用，体现了在软件开发中对细节和质量的把控素养，同时也培养了追求卓越品质和用户满意度的精神，以提供更好的产品和服务。

类的构造函数是面向对象编程中创建对象的初始化蓝图，规定了对象初始的属性和行为。这与我们学习新知识、掌握新技能时构建坚实基础框架极为相似。拿学习绘画来说，起初对线条、色彩、构图等基本元素的认知与练习，就是在搭建基础框架。认识不同线条特点（如直线刚硬、曲线柔和）如同为绘画"对象"设定初始属性。掌握观察物体形状、光影及色彩搭配原则，好比赋予其行为能力，让我们懂得如何用画笔描绘表现。有了此基础框架，才能进一步拓展。我们可尝试复杂题材与风格，将基础元素巧妙运用到创作中。如同构造函数创建的对象能在程序中协作完成复杂任务。同时，这个基础框架还能保障学习的稳定性与连贯性，确保我们能更好理解吸收新技巧理念，避免创作失误。

总之，类的构造函数与学习基础框架相似。我们要重视学习初始阶段，精心打造稳固基础，为知识技能提升奠定基石。明白这一关系，能让我们更科学地学习，更好地适应未来，在不同领域发挥潜力，实现个人成长和价值。

任务 5.3　封装商品信息类

┃任务目标┃

封装是面向对象三大特征之一。本任务的目标是完成有家超市销售管理系统的商品信息类的封装，掌握封装的原则。

┃任务描述┃

有家超市销售管理系统中需要对商品进行管理，在前面的任务中已经完成了商品信息类的设计，但是商品信息类的成员变量值能被外部类定义的代码随意改变，导致安全性不高，为了保护这些数据，需要对商品信息类进行封装。

┃任务准备┃

5.3.1　Java 中的包

为了组织、管理类及解决类命名冲突的问题，Java 引入包（package）的概念，利用包可以把常用的类或功能相似的类放在同一个程序包中，使得程序功能清楚、结构分明。在包中可以存放一个或多个相关类。Java 应用程序接口（Application Programming Interface，API）是 Java 提供给应用程序的类库，类库中所有的类分别组织在不同的包中。例如，所有与输入和输出相关的类，如 Java 字节码文件（.class），都放在 java.io 包中，与网络功能有关的类都放在 java.net 包中。

1. 包的组织形式

包采用类似于文件系统目录的层次结构，它通过 "." 来指明目录的层次，如任务 5.1 中 Product 类所在的包名为 com.chapter05.task01，其对应的文件系统的目录结构为..\com\chapter05\task01，类位于包中，即类位于相应的文件夹中。

2. 包中类的使用方式

程序员可以使用 Java API 中提供的类快速搭建应用程序，类的使用（如用类声明变量，通过类创建相应的类对象）有以下两种方式。

① 在应用程序中使用类的全名，即包名+类名。例如，创建 Date 类型的对象，可以在应用程序中使用类的全名 java.util.Date，其中，Date 是类的名字，java.util 是类 Date 所属的包的名字。通过这种方式来唯一地标识一个类名，代码如下：

```
java.util.Date date = new java.util.Date( );
```

② 通过应用**关键字 import** 导入相应的类/包，在应用程序中只使用类名。如果使用第一种方法，每次使用 Date 类时，都必须附加一个长长的包名作为前缀，编程过程中使用起来非常不方便。一个解决方法就是在程序文件的开始部分通过**关键字 import** 将需要使用的整个类加载到当前程序中，这样在程序中需要引用 Date 类的地方就不需要再使用包名作为前缀。

导入指定类： 如导入 java.util 包中的 Date 类。

```
import java.util.Date;
//通过应用关键字 import 导入相应的类，可以在程序中按下面方式使用类 Date
……
Date date = new Date( );
……
```

导入整个包：在上面的方法中，利用 import 语句导入了 java.util 包的 Date 类，此时，程序可以直接使用 Date 类，但不能使用 util 包中其他未导入的类。如果在程序设计过程中，需要 util 包中的其他类，可以一次将整个包中的所有类都导入程序中，即使用通配符"*"表示全部的类。

```
import java.util.*;
//通过应用关键字 import 导入相应的包，可以在程序中按下面方式使用类 Date
Date date = new Date( );
……
```

通过将包中的所有类都导入程序中，这样，在程序中无论使用包中的哪个类，都不需要再使用包名作为前缀。如此时在程序中，就可以使用 util 包中的 Dictionary 类，而无须指定全名。

```
import java.util.*;
//通过应用关键字 import 导入相应的包，可以在程序中按下面语句的方式使用类 Date 与类 Dictionary。
Date date = new Date( );
Dictionary dictionary = new Dictionary();
……
```

无论是系统的类还是自定义包中的类，都必须使用类的全名或通过 import 语句导入，以便通知编译器在编译时找到相应的类文件，但以下两种情况例外。

① 位于同一个包内的类可以相互引用，不必使用 import 语句或类的全名。

② 在源程序中用到了 Java 类库中 java.lang 包中的类，可以直接引用，不必使用 import 语句或类的全名。

如果两个包中含有同样的类名，如 java.util 和 java.sql 这两个包中都有 Date 这个类，程序又同时导入了这两个包中的所有类，如：

```
import java.util.*;
import java.sql.*;
```

这时候就不知道该用哪个包里面的 Date 类，编译器在碰到使用 Date 类的地方就会报错。对于这种情况，就需要在用到这个特殊的类的地方写上完整的包名，如：

```
new java.sql.Date()
```

3. package 语句的作用和应用

类被完整定义后，就可以被其他类所使用，因此有必要根据类的功能，将若干类组织在同一个包中，以便包中的类被复用。通过关键字 package 可以定义一个包，在一个 Java 源文件中，最多只能有一个 package 语句，但 package 语句不是必需的。如果没有提供 package 语句，就表明 Java 类位于默认包中，默认包没有名字。package 语句必须位于 Java 源文件的第一行（在 package 语句之前，除了空白和注释不能有任何语句）。例如，将类 Rectangle

放在包 com.example.shape 中，代码如下：

```
package com. example.shape;
public class Rectangle {

}
```

4. 包的命名规范

包的名字通常采用小写，包名中包含以下信息：

① 类的创建者或拥有者的信息；

② 类所属的软件项目的信息；

③ 类在具体软件项目中所处的位置。

例如假定一个 Common 类的完整类名为 com.seqcc.hrmanager.util.Common，就表示 Common 类由 seqcc 公司所开发，属于 hrmanager 项目，位于 util 包中，可以看到包的命名规范实际上采用了 URL 命名规范的反转形式，例如一个公司的网址为 seqcc.com，那么包名就以 com.seqcc 开头。

以上命名规范并不是包名的强制规范，但遵循该规范有助于养成良好的编程习惯。

5. JDK 中的常用包

Sun 公司在 JDK 中提供了大量的实用类，通常称之为 API，这些类按功能不同分别被放入了不同的包中，供编程使用。下面简要介绍其中常用的五个包。

① java.lang——包含一些 Java 语言的核心类，如 String、Math、Integer、System 和 Thread，提供常用功能。

② java.awt——包含了构成抽象窗口工具集（Abstract Window Toolkits，AWT）的多个类，这些类被用来构建和管理应用程序的图形用户界面（Graphical User Interface，GUI）。

③ java.net——包含执行与网络相关操作的类。

④ java.io——包含能提供多种输入/输出功能的类。

⑤ java.util——包含一些实用工具类，如定义系统特性、使用与日期日历相关的函数。

注：Java1.2 以后的版本中，java.lang 这个包会被自动导入，对于其中的类，不需要使用 import 语句来做导入了，如前面经常使用的 System 类。

5.3.2　访问修饰符

微课：5.3.2

访问修饰符

前面已经讲了类和对象的概念，类是属性和方法的集合，面向对象（OOP）最重要的特点之一是封装，也就是信息隐藏。这意味着类以外的代码不能随便直接使用类的数据，而只能通过方法访问。使用类的目的是隐藏复杂的详细信息，Java 具有隐藏类里面复杂实现细节的机制，即访问修饰符，访问修饰符可以确定如何访问类及类里面的成员。

访问修饰符有如下几种。

① private：私有的，只有当前类可以访问。

② protected：保护的，当前类及其子类的成员可以访问，同一个包中的类也可以访问。

③ public：公有的，当前类或非当前类均可访问。

④ 默认的：指类或者成员没有任何修饰，即无 private、protected、public，相同包中的类可以访问。

表 5.3.1 按访问范围的大小给出了访问修饰符的作用范围。

表 5.3.1　访问修饰符的作用范围

修 饰 符	类	包	子类	所有类和包
public	√	√	√	√
protected	√	√	√	
（default）	√	√		
private	√			

> **注意**
> 默认修饰符可以访问同一个包中的子类成员

示例 5.6　同一个包中类的访问修饰符示例。

```
01    package com.chapter05.demo06;
02    public class Access{
03        private int num1=1;
04        protected int num2=2;
05        public int num3=3;
06        int num4=4;
07        public int getNum1() {
08            return num1;
09        }
10    }
```

说明：

① 第 3 行定义了私有成员变量 num1。

② 第 4 行定义了保护成员变量 num2。

③ 第 5 行定义了公有成员变量 num3。

④ 第 6 行定义了默认成员变量 num4。

⑤ 第 7～第 9 行定义了公有方法 getNum1(),此方法返回当前类私有成员变量 num1 的值。

定义测试类 AccessTest01，实现对不同变量的访问输出。

```
01    package com.chapter05.demo06;
02    public class AccessTest01 {
03        public static void main(String[] args) {
04            Access access=new Access();
05            System.out.println("保护成员："+access.num2);
06            System.out.println("公有成员："+access.num3);
07            System.out.println("默认成员："+access.num4);
08            System.out.println("私有成员，通过公有的成员方法读取："+access.getNum1());
09        }
10    }
```

说明：

① 第 4 行实例化 Access 类，得到对象 access。

② 第 5 行对象 access 调用被 protected 访问修饰符修饰的变量 num2，该变量在同一个包下不同类中，可以被访问。

③ 第 6 行对象 access 调用被 public 访问修饰符修饰的变量 num3，该变量在同一个包下不同类中，可以被访问。

④ 第 7 行对象 access 调用被默认访问修饰符修饰的变量 num4，该变量在同一个包下不同类中，可以被访问。

⑤ 第 8 行对象 access 调用被 public 访问修饰符修饰的方法 getNum1()，此方法在 Access 类中返回私有成员变量 num1 的值，private 修饰的成员变量在 AccessTest 类中无法直接访问，但是可以通过成员方法返回。

运行 AccessTest01，控制台返回结果如图 5.3.1 所示。

```
保护成员：2
公有成员：3
默认成员：4
私有成员，通过公有的成员方法读取：1
```

图 5.3.1　访问修饰符运行结果

示例 5.7　不同包中的类访问修饰符示例。

```
01  package com.chapter05.demo07;
02  import com. chapter05.demo06.Access;
03  public class AccessTest02 {
04      public static void main(String[] args) {
05          Access access=new Access();
06          System.out.println("保护成员："+access.num2);
07          System.out.println("公有成员："+access.num3);
08          System.out.println("默认成员："+access.num4);
09          System.out.println("私有成员，通过公有的成员方法读取："+access.getNum1());
10      }
11  }
```

说明：

① 第 1 行定义 AccessTest02 所在的包 com.chapter05.demo07。

② 第 2 行引入了 com.chapter05.demo06 包下的 Access 类。

③ 第 6 行对象 access 调用被 protected 访问修饰符修饰的变量 num2，该变量在不同包下不同类非子类中，不可以被访问，这里会显示语法错误“The field Access.num2 is not visible”。

④ 第 8 行对象 access 调用被默认访问修饰符修饰的变量 num4，该变量在不同包下不同类非子类中，不可以被访问，这里会显示语法错误“The field Access.num4 is not visible”。

如图 5.3.2 所示，在 Eclipse 中显示语法错误。

```
package com.chapter05.demo07;

import com. chapter05.demo06.Access;
public class AccessTest02 {
    public static void main(String[] args) {
        Access access=new Access();
        System.out.println("保护成员："+access.num2);
        System.out.println("公有成员："+access.num3);
        System.out.println("默认成员："+access.num4);
        System.out.println("私有成员，通过公有的成员方法读取："+access.getNum1());
    }
}
```

图 5.3.2　Eclipse 中显示访问修饰符调用语法错误

示例 5.8　子类访问修饰符示例。

```
01    package com.chapter05.demo08;
02    import com.chapter05.demo06.Access;
03    public class AccessSon extends Access{
04        public static void main(String[] args) {
05            AccessSon son=new AccessSon();
06            System.out.println("保护成员，子类读取："+son.num2);
07            System.out.println("公有成员，子类读取："+son.num3);
08            System.out.println("私有成员，子类通过公有方法读取："+son.getNum1());
09        }
10    }
```

说明：

① 第 3 行定义 AccessSon 类，继承父类 Access。继承会在后面章节做详细讲解。

② 第 5 行实例化子类 AccessSon，得到子类对象 son。

③ 第 6 行对象 son 调用被 protected 访问修饰符修饰的变量 num2。

④ 第7和第8行对象son调用被public访问修饰符修饰的变量num3和成员方法getNum1()。

⑤ 默认访问修饰符修饰的成员属性与方法在不同包中的子类不能被调用。

运行 AccessSon，结果如图 5.3.3 所示。

```
保护成员，子类读取：2
公有成员，子类读取：3
私有成员，子类通过公有方法读取：1
```

微课：5.3.3

类的封装

图 5.3.3　子类实现访问修饰符调用

5.3.3　类的封装

在面向对象程序设计方法中，封装（Encapsulation）是指把过程和数据包裹起来，对数据的访问只能通过已定义的接口，即现实世界可以被描绘成一系列被完全封装的对象，然后通过一个受保护的接口访问这些对象。

封装可以被认为是一个保护屏障，防止该类的代码和数据被外部类定义的代码随意访问。要访问该类的代码和数据，必须通过严格的接口控制。适当的封装可以让程序更容易理解和维护，也加强了程序的安全性。

封装的优点：

- 良好的封装能够减少耦合；
- 类内部的结构可以自由修改；
- 可以对成员变量进行更精确地控制；
- 隐藏信息，实现细节。

例如开车时，遇到红灯要刹车，这时只要踩刹车踏板就可以，不用去了解整个刹车装置的工作原理，这就是封装了刹车的实现细节。如果没有封装的话，那就要详细地去了解刹车的原理再去刹车，那估计时间也来不及了。

封装实际上使用方法将类的属性数据隐藏起来，控制用户对类的修改和访问数据的程度。

实现 Java 封装的步骤如下。

（1）修改属性的可见性来限制对属性的访问（一般限制为 private）。例如，本模块中示例 5.2 中红包类 RedPacket 有四个成员属性，都由 public 修饰，所以在示例 5.3 中可以直接通过类 RedPacketTest 对其进行赋值和访问。现在要封装红包类，使得外部类不能直接访问红包类的属性数据，则要将属性的访问修饰符都改成 private。

（2）对每个值属性提供对外的公共（public）方法访问，也就是创建一对赋取值方法，用于对私有属性的访问，语法结构如下：

```
private 数据类型 成员属性名称;
public 返回值 getXxx() {
    return xxx;
}
public void setXxx(数据类型 变量名) {
    this.成员属性 = 变量名;
}
```

以上结构中的 public 方法是外部类访问该类成员变量的入口。通常情况下，这些方法被称为 getter()和 setter()方法。因此，任何要访问类中私有成员变量的类都要通过这些 getter()和 setter()方法。

示例 5.9　封装红包类，红包类类图如图 5.3.4 所示。

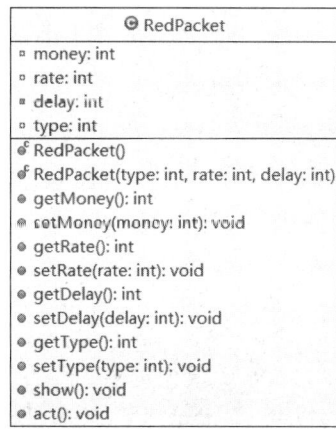

图 5.3.4　被封装好的红包类类图

```
01    package com.chapter05.demo09;
02    import greenfoot.Actor;
03    import greenfoot.Greenfoot;
04    public class RedPacket extends Actor{
05        //成员属性
06        private int money = 0;
07        private int rate = 0;
08        private int delay = 0;
09        private int type = 0;
10        //构造函数
11        public RedPacket() {
12            this.type=0;
```

```
13              this.money=100;
14              this.rate=20;
15              this.delay=4;
16              setImage("images/redpacket40.png");
17          }
18      public RedPacket(int type,int rate,int delay) {
19              this.setType(type);
20              this.rate=rate;
21              this.delay=delay;
22          }
23      //封装成员属性
24      public int getMoney() {
25              return money;
26          }
27      public void setMoney(int money) {
28              this.money = money;
29          }
30      public int getRate() {
31              return rate;
32          }
33      public void setRate(int rate) {
34              this.rate = rate;
35          }
36      public int getDelay() {
37              return delay;
38          }
39      public void setDelay(int delay) {
40              this.delay = delay;
41          }
42      public int getType() {
43              return type;
44          }
45      public void setType(int type) {
46              this.type = type;
47              switch(this.type) {
48                case 0:
49                      setImage("images/redpacket40.png");
50                      money = Greenfoot.getRandomNumber(20); //给红包封装现金
51                      break;
52                case 1:
53                      setImage("images/goldcoin.png");
54                      money = 100;
55                      break;
56                case 2:
57                      setImage("images/treasure.png");
58                      money = 200;
```

```
59                    break;
60                case 3:
61                    setImage("images/bomb.png");
62                    money = -300;
63                    break;
64            }
65        }
66    public void show() {
67        String typeName="";
68        switch(this.type) {
69            case 0:
70                typeName="普通红包";
71                break;
72            case 1:
73                typeName="金币红包";
74                break;
75            case 2:
76                typeName="元宝红包";
77                break;
78            case 3:
79                typeName="炸弹红包";
80                break;
81        }
82
83        System.out.println("显示红包，红包类型："+typeName+"，红包金额："+this. money+"，
    掉落速度："+this.rate+"，延迟时间："+this.delay);
84        }
85    //覆盖父类方法
86    @Override
87    public void act() {
88        super.act();
89        System.out.println("显示红包");
90        }
91    }
```

说明：

① 第 5～第 9 行成员变量一般使用 private 修饰符来修饰，在类外面无法访问。

② 第 10～第 22 行表示红包类的默认构造函数与自定义构造函数。

③ 第 24～第 26 行是 Java 封装属性的 getter()方法，表示返回成员变量的值，必须使用 public 访问修饰符，getter()方法的返回值类型即为封装的成员变量的数据类型，不带有任何参数，方法名为 get 前缀+成员变量名，同时成员变量名首字母大写。

④ 第 27～第 29 行是 Java 封装属性的 setter()方法，表示对成员变量进行赋值，必须使用 public 访问修饰符，setter()方法没有返回值，仅仅对成员变量进行赋值，所以必须带有参数，参数的数据类型即为该成员变量的数据类型，方法名为 set 前缀+成员变量名，同时成员变量名首字母要大写。

方法体中采用 this 关键字是为了解决成员变量（private String name）和 setter()方法参数中的局部变量（setName(String name)中的 name 变量）之间发生的同名冲突。

⑤ 第 45～第 65 行也是 Java 封装的 setter()方法，此方法对成员变量 type 进行赋值，并且根据传递的参数来设置不同的红包图片及金额，并且删除了示例 5.4 中的 init()方法，将 init()方法中的方法体转移到了这个 setType()方法中。

接下来在 RedPacketWar 类中实现对封装的属性进行访问。

```
01    package com.chapter05.demo9;
02    import greenfoot.World;
03    public class RedPacketWar extends World{
04        public RedPacketWar() {
05            super(400, 600, 1);
06            setBackground("images/background.jpg");
07            //第一个对象
08            RedPacket redPacket01=new RedPacket();
09            redPacket01.show();
10            this.addObject(redPacket01, 200, 300);
11            //第二个对象
12            RedPacket redPacket02=new RedPacket();
13            redPacket02.setMoney(200);
14            System.out.println("第二个红包对象的金额是："+redPacket02.getMoney());
15            redPacket02.setDelay(10);
16            redPacket02.setRate(10);
17            redPacket02.setType(1);
18            redPacket02.show();
19            this.addObject(redPacket02, 200, 400);
20            //第三个对象
21            RedPacket redPacket03=new RedPacket(2,20,10);
22            redPacket03.show();
23            this.addObject(redPacket03, 300, 200);
24        }
25    }
```

说明：

① 第 7～第 10 行通过默认构造函数定义了第一个红包对象，是普通红包，显示在游戏场景的 200*300 的位置。

② 第 12～第 19 行定义了第二个红包对象，并且通过 setter()方法对红包类的属性进行赋值，此红包是金币红包，显示在游戏场景的 200*400 的位置。

③ 第 21～第 23 行定义了第三个红包对象，通过带三个参数的构造函数创建，此红包为元宝红包，显示在游戏场景的 300*200 的位置。

运行 RedPacketWar 类，界面运行效果如图 5.3.5 所示，控制台运行结果如图 5.3.6 所示。

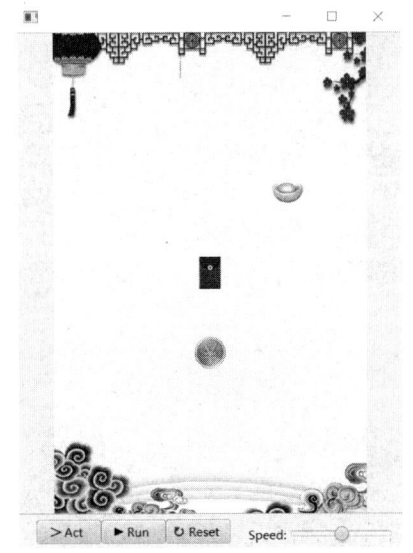

显示红包，红包类型：普通红包，红包金额：100，掉落速度：20，延迟时间：4
第二个红包对象的金额是：200
显示红包，红包类型：金币红包，红包金额：100，掉落速度：10，延迟时间：10
显示红包，红包类型：元宝红包，红包金额：200，掉落速度：20，延迟时间：10

图 5.3.5　调用封装的属性方法运行效果　　　　图 5.3.6　控制台运行结果

可以看到在第 13 行通过 setMoney()设置了第二个金币红包的金额为 200，然后在第 14 行通过 getMoney()打印出来的金币红包的金额是 200。但是在第 18 行调用了 show()之后打印出来的红包金额却是 100，这是因为在第 17 行通过 setType()也设置了红包金额，在这里 setType()通过传入的参数 type 值将红包设置为金币红包，同时设置金币红包金额为 100，所以之后打印出来的红包金额为 100。

要实现封装，首先要修改属性的可见性来限制对属性的访问，然后为每一个属性创建一对赋值（setter）和取值（getter）方法，实现对这些私有属性的存取。

将成员变量进行数据封装的好处在于可以隐藏数据的细节，过滤掉一些不满足条件的数据，通过在 setter()赋值方法中加入对该成员变量的数据控制来实现过滤。如示例 5.9 中红包类型属性 type，在封装赋值 setter()时就进行了限制。如果传入的类型数字是 0~3，则显示出对应的红包图片；如果传入其他数字，则不会显示红包，同时还设置了不同红包的金额。

练习 5.7　实现机动车类属性的封装并进行测试，机动车类类图如图 5.3.7 所示。

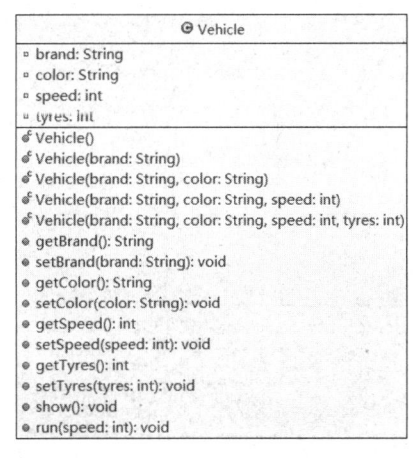

图 5.3.7　封装后的机动车类类图

▎任务实施 ▎

有家超市销售管理系统包含商品管理，可以实现查看商品列表、增加商品、修改商品、删除商品、查询商品等，要完成这些功能，需要设计商品信息类，并对类进行封装。商品类的成员属性有商品编号、商品名称、商品价格、商品库存等，对这些属性进行封装。成员方法有显示商品信息。商品类类图如图 5.3.8 所示。

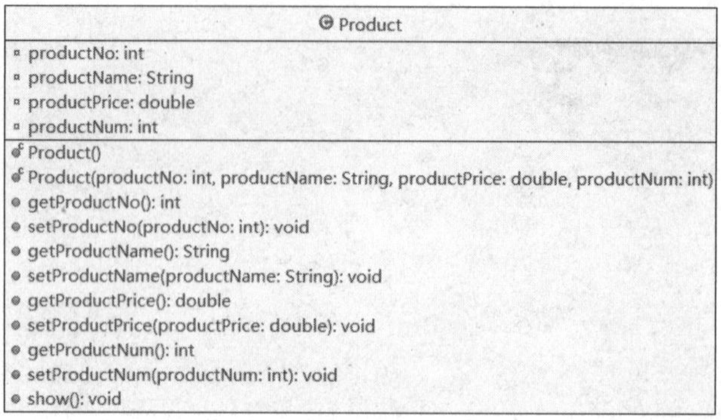

图 5.3.8　商品类类图

```
01    package com.chapter05.task03;
02    public class Product {
03        private int productNo;//商品编号
04        private String productName;//商品名称
05        private double productPrice;//商品价格
06        private int productNum;//商品库存
07        //封装成员属性
08        public int getProductNo() {
09            return productNo;
10        }
11        public void setProductNo(int productNo) {
12            this.productNo = productNo;
13        }
14        public String getProductName() {
15            return productName;
16        }
17        public void setProductName(String productName) {
18            this.productName = productName;
19        }
20        public double getProductPrice() {
21            return productPrice;
22        }
23        public void setProductPrice(double productPrice) {
24            this.productPrice = productPrice;
25        }
26        public int getProductNum() {
27            return productNum;
28        }
29        public void setProductNum(int productNum) {
30            this.productNum = productNum;
31        }
32        /**
33         * 无参构造函数
34         */
```

```
35          public Product() {
36              super();
37          }
38          /**
39           * 带参构造函数
40           */
41          public Product(int productNo, String productName, double productPrice, int productNum) {
42              super();
43              this.productNo = productNo;
44              this.productName = productName;
45              this.productPrice = productPrice;
46              this.productNum = productNum;
47          }
48          /**
49           * 显示商品信息
50           */
51          public void show() {
52              System.out.println("商品编号：" + this.productNo + "，商品名称：" + this.productName
    + "，商品价格：" + this.productPrice + "，商品库存：" + this.productNum);
53          }
54      }
```

根据商品类创建对象：

```
01      package com.chapter05.task03;
02
03      public class ProductTest {
04          public static void main(String[] args) {
05          //第一个对象
06              Product product01 = new Product();
07              product01.setProductName("百事可乐");
08              product01.setProductNo(1000);
09              product01.setProductNum(10);
10              product01.setProductPrice(3.0f);
11              product01.show();
12              System.out.println("------------------------");
13                  //第二个对象
14              Product product02 = new Product(1001, "乐事薯片", 8.0f, 4);
15              product02.show();
16              System.out.println("------------------------");
17
18          }
19      }
```

▌任务小结▐

本任务介绍了 Java 封装的定义，讲解了什么是包、访问修饰符的访问级别及如何实现成员属性的封装，并且对有家超市销售管理系统中的商品类进行了封装。

▌任务拓展▐

有家超市销售管理系统包含会员管理，可以实现显示所有会员信息、添加会员、修改会员、删除会员、查询会员等功能。请根据图 5.3.9 所示设计出会员类，实现会员类的封装并进行测试。

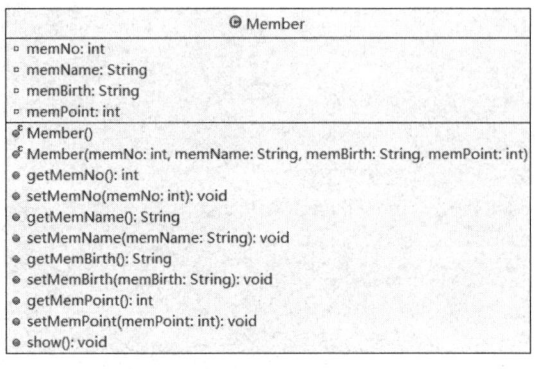

图 5.3.9　封装后的会员类类图

▌素养提升▐

封装是面向对象编程的重要原则之一。我们通过合理封装类，既能保护类的内部状态与数据安全，又能为外部提供清晰接口以便使用。在芯片制造领域，封装同样至关重要。以集成电路芯片为例，其内部包含了众多的晶体管、电阻、电容等元件，这些元件就如同一个复杂系统中的各个"数据"和"方法"。芯片的封装就像是为这些精密元件打造了坚固的"保护壳"。一方面可防止外部杂质、静电等干扰因素对内部元件产生损害，保证芯片内部电路稳定运行，彰显封装保障系统稳定性和数据安全性的重要意义；另一方面，封装提供了标准化接口，让芯片能够便捷地和其他电子设备连接并通信，进而实现各种复杂功能。

在大型项目中，团队合作至关重要，而封装的理念也同样发挥着显著作用。大型项目往往包含不同的团队，每个团队都承担着各自的职责和任务，如研发团队专注创新与功能开发，测试团队负责质量与稳定性，市场团队致力于推广与需求反馈等。每个团队可看作被封装的"单元"，其专业知识、工作流程和资源构成内部状态，应明确自身的边界，合理"封装"以避免外部干扰。同时，应利用标准化管理流程和协调机制，如定期会议、文档共享等，通过明确的"接口"与其他团队交互。

由此可见，封装展现了其独特而不可或缺的价值。我们应当充分理解和把握封装的原理及应用，更好地将其应用到我们的学习和生活中。

任务 5.4　实现系统数据源类

▌任务目标▐

this、static 是面向对象编程时经常用到的关键字。本任务的目标是完成有家超市销售管理系统中保存商品信息的数据源类的设计，学会 this 和 static 关键字的使用。

▌任务描述▌

有家超市销售管理系统包含商品管理，可以实现查看商品列表、增加商品、修改商品、删除商品、查询商品等功能，要完成这些功能，需要设计保存商品信息的数据源类，系统初始化中已经包含 5 件商品。

微课：5.4.1

this 关键字

▌任务准备▌

5.4.1　this 关键字

this 关键字可以理解为当前对象，用来修饰属性、方法和构造方法。在类的方法和构造方法中都可以使用"this.属性"或"this.方法"来调用当前对象的属性或方法。

this 关键字有以下几种用法。

1. 通过构造方法将外部传入的参数赋值给类成员变量

为了增强代码的可读性，一般将构造方法的形参与类的私有成员属性名称保持一致，但是这样就导致在同一个类里面的方法形参与成员属性无法区分，所以就要使用 this 关键字调用成员属性，如任务 5.3 示例 5.9 中声明了红包类 RedPacket，该类带参数的构造方法如下：

```
public RedPacket(int type,int rate,int delay) {
    this.setType(type);
    this.rate=rate;
    this.delay=delay;
}
```

上面代码通过 this.rate 调用了类的成员变量 rate，并且将形参 rate 的值赋给成员变量 rate，这里的 this 就表示当前对象，也便于区分变量。

2. 通过 setter()将外部传入的参数赋值给类成员变量

如红包类中成员变量 money 封装的 setter()与 getter()方法如下：

```
public void setMoney(int money) {
    this.money = money;
}
public int getMoney() {
    return money;
}
```

这里的 setMoney()方法中，money 是形参，所以在方法体中，通过 this 来调用成员变量 money 并且实现赋值。而在 getMoney()方法中，可以直接使用 money 来表示成员变量，因为这里没有冲突，当然，写成 this.money 也不会有错，即也可以这么写：

```
public int getMoney() {
    return this.money;
}
```

3. 在成员方法中调用其他的成员属性或成员方法

在成员方法中，访问同一个类中的成员属性或成员方法时，前面加不加 this 引用，效果都是一样的，这就好像同一个公司的职员彼此在提及和自己公司有关的事时，不必说出公司名一样。当然为了强调，也可以加上"我们公司…"这样的前缀。在程序里同样如此，this 就相当于"我所属于的那个对象"。每个成员方法内部都有一个 this 引用变量，指向调用这个方法的对象。

```java
public class Person{
    private String name;
    private int age;
    public void print() {
        System.out.println("这是人类");
    }
    public void show() {
        this.print();
        System.out.println("姓名是："+this.name+"，年龄是："+this.age);
    }
}
```

这里定义的 Person 类中有两个成员属性、两个成员方法，在成员方法 show()中调用了成员方法 print()。同时在 show()方法中还通过 this 调用了成员属性 name 和 age。

4. 在构造方法中调用其他重载的构造方法

构造方法是在产生对象时被 Java 系统自动调用的，不能在程序中像调用其他方法一样去调用构造方法。但可以在一个构造方法里调用其他重载的构造方法，不是用构造方法名，而是用 this(参数列表)的形式，根据其中的参数列表，选择相应的构造方法。

```java
public class Person{
    private String name;
    private int age;
    public Person() {
    }
    public Person(String name){
        this.name = name;
    }
    public Person(String name,int age){
        this(name);
        this.age = age;
    }
}
```

在类 Person 的第三个构造方法中，通过 this(…)调用，执行第二个构造方法中的代码。要注意的是，构造方法的调用一定要放在第一行。如果需要调用无参的构造方法，则通过 this()调用。

微课：5.4.2

static 关键字

5.4.2　static 关键字

属于对象的属性和方法是动态的，相反属于类的就是静态的。在前面定义的属性和方法都是动态的，如果要调用的话都需要通过实例化对象来实现。如果要定义静态的成员属性与方法，则需要使用 static 关键字来修饰，通过类来调用。

　　static 修饰的成员变量，称为静态变量。静态变量是属于类的变量，可以使用"类名. 变量名"访问。静态变量是类固有的，不属于任何对象，在类加载时系统就为其分配内存空间，而不用等到创建对象时，因此可以直接引用，而其他成员变量只有生成实例对象后才存在，才可以被引用。因此，也把静态变量称为类变量，把非静态变量称为实例变量。静态变量只有一份，可以被全体对象共享。

　　相应地，将使用 static 修饰的成员方法称之为静态方法，也叫作类方法，将非静态方法称为实例方法。静态方法一般使用"类名.方法名"来调用，因为静态方法也是类固有的，不属于任何对象，所以静态方法中不能使用 this 关键字。同时静态方法中只能引用静态成员，不能直接引用非静态的成员，非静态成员必须通过对象去调用。

　　示例 5.10　尝试运行以下代码，注意观察输出。

```
01    package com.chapter05.demo10;
02
03    public class StaticDemo {
04        private int a;
05        private static int b;
06        public StaticDemo() {
07            this.a=10;
08            b=20;
09        }
10        public static void add01() {
11            //System.out.println("静态方法，两数相加的和是："+(a+b));
12        }
13        public void add02() {
14            System.out.println("实例方法，两数相加的和是："+(this.a+b));
15        }
16        public static void add03(int a) {
17            System.out.println("静态方法，两数相加的和是："+(a+b));
18        }
19        public static void main(String[] args) {
20            StaticDemo demo=new StaticDemo();
21            demo.add02();
22            StaticDemo.b=25;
23            StaticDemo.add03(15);
24        }
25    }
```

　　说明：

　　① 第 4 行定义了一个实例成员变量 a。

　　② 第 5 行定义了一个静态成员变量 b。

　　③ 第 6～第 9 行定义了默认构造函数，给实例成员变量赋值为 10，静态成员变量赋值为 20。此时实例成员变量可以使用 this 来调用，而静态成员变量直接调用，不能使用 this，因为静态成员属于类，而不属于单独的某个对象。

④ 第 10～第 12 行定义了第一个成员方法 add01()，使用 static 修饰。此方法是一个静态的成员方法，所以里面不能直接调用实例成员变量 a，第 11 行会报错。

⑤ 第 13～第 15 行定义了第二个成员方法 add02()。此方法是一个实例方法，可以直接调用实例成员和静态成员，打印出成员变量 a 和 b 之和。

⑥ 第 16～第 18 行定义了第三个成员方法 add03()，同样使用 static 修饰，带上一个参数。此方法打印出参数 a 与静态成员变量 b 之和。

⑦ 第 19～第 24 行在 main()方法中实现方法的调用。main()方法也是一个静态方法，是 Java 程序的入口，Java 程序都是以类组织在一起的。当运行某个程序时，Java 虚拟机并不知道这个 main()方法放在哪个类中，也不知道是否要产生一个类的对象。所以，为了解决这个问题，将 main()方法定义为静态的，这样就不需要创建对象，直接即可启动运行。

因为 main()方法是静态方法，所以在这里要调用成员方法 add02()时，必须先实例化得到类 StaticDemo 的对象，通过对象 demo 来调用 add02()，如第 20 行和第 21 行所示。但是由于成员变量 b 和成员方法 add03()都是静态的，所以可以直接通过类 StaticDemo 来调用，如第 22 行和第 23 行所示。

运行 StaticDemo，结果如图 5.4.1 所示。

实例方法，两数相加的和是：30
静态方法，两数相加的和是：40

图 5.4.1　示例 5.10 运行结果

示例 5.11　在程小白抢红包游戏中，已经定义了红包类，定义的红包类型及位置都是固定的，现在可以定义一个工具类 GameUtil，在该类中定义一个方法 createRedPacket()来生成随机红包，给这些随机红包生成随机位置展示。工具类的方法一般都定义成静态的。

```
01    package com.chapter05.demo11;
02    import java.util.List;
03    import com.chapter05.demo09.RedPacket;
04    import greenfoot.Greenfoot;
05    import greenfoot.World;
06
07    public class GameUtil {
08        /**
09         * 随机产生红包
10         * @return RedPacket 对象
11         */
12        public static RedPacket createRedPacket(World world) {
13            int val = Greenfoot.getRandomNumber(100);
14            RedPacket rd = null;
15            int col = Greenfoot.getRandomNumber(7);
16            int row = Greenfoot.getRandomNumber(8);
17            if(val<=60) {//普通红包
18                rd = new RedPacket(0, 20, Greenfoot.getRandomNumber(100));
19            }else if(val<=70) {//金币红包
```

```
20              rd = new RedPacket(1, 20, Greenfoot.getRandomNumber(100));
21          }else if(val<=80){//元宝红包
22              rd = new RedPacket(2, 20, Greenfoot.getRandomNumber(100));
23          }else {//炸弹红包
24              rd = new RedPacket(3, 20, Greenfoot.getRandomNumber(100));
25          }
26          world.addObject(rd, 20 + 50 * col, 20 + 50 * row);
27          return rd;
28      }
29  }
```

说明：

① 第 12 行定义了一个静态方法，方法返回随机创建的红包对象。

② 第 13 行得到一个 100 以内的随机整数。

③ 第 15 行和第 16 行返回两个随机数，这两个随机数将作为红包出现的位置变量。

④ 第 17～第 25 行根据随机数 val 返回对应的红包。

⑤ 第 26 行将产生的随机红包放在游戏背景的随机位置上。

⑥ 第 27 行返回随机创建的红包对象

接下来在 RedPacketWar 类调用工具类的静态方法，随机产生 5 个红包。

```
01  package com.chapter05.demo11;
02  import com.chapter05.demo09.RedPacket;
03
04  import greenfoot.World;
05  public class RedPacketWar extends World{
06      public RedPacketWar() {
07          super(400, 600, 1);
08          setBackground("images/background.jpg");
09          for(int i=0;i<5;i++) {
10              RedPacket packet= GameUtil.createRedPacket(this);
11              packet.show();
12          }
13      }
14  }
```

说明：

① 第 9 行定义了一个循环，循环 5 次，将产生 5 个红包对象。

② 第 10 行调用工具类 GameUtil 的静态方法 createRedPacket()，产生随机的红包对象。

③ 第 11 行调用红包对象的 show()方法，显示当前红包的属性数据。

运行 RedPacketWar 类，随机产生的 5 个红包随机分布在程小白游戏界面上，因为红包会每次随机产生，故此图界面并不唯一，如图 5.4.2 所示。

控制台返回红包的属性数据如图 5.4.3 所示，且每次运行数据都会不同。

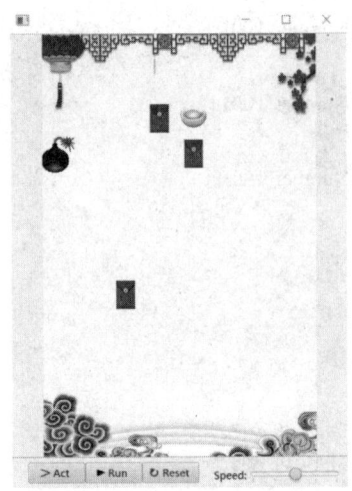

显示红包，红包类型：普通红包，红包金额：13，掉落速度：20，延迟时间：90
显示红包，红包类型：普通红包，红包金额：5，掉落速度：20，延迟时间：2
显示红包，红包类型：元宝红包，红包金额：200，掉落速度：20，延迟时间：8
显示红包，红包类型：炸弹红包，红包金额：-300，掉落速度：20，延迟时间：31
显示红包，红包类型：普通红包，红包金额：0，掉落速度：20，延迟时间：48

图 5.4.2　随机产生的 5 个红包　　　　图 5.4.3　随机产生的 5 个红包的属性数据展示

　　练习 5.8　在练习 5.5 创建的程小白类和示例 5.11 创建的工具类的基础上，增加一个返回程小白对象的静态方法 createProgrammer()。

　　练习 5.9　机动车的轮胎是圆形的，先在原有的机动车类中增加两个成员变量，圆周率 PI（静态变量），以及轮胎半径 r；增加两个成员方法，一个计算机动车所有轮胎面积 area()，一个计算机动车所有轮胎周长 girth()。类图如图 5.4.4 所示。定义测试类进行测试。

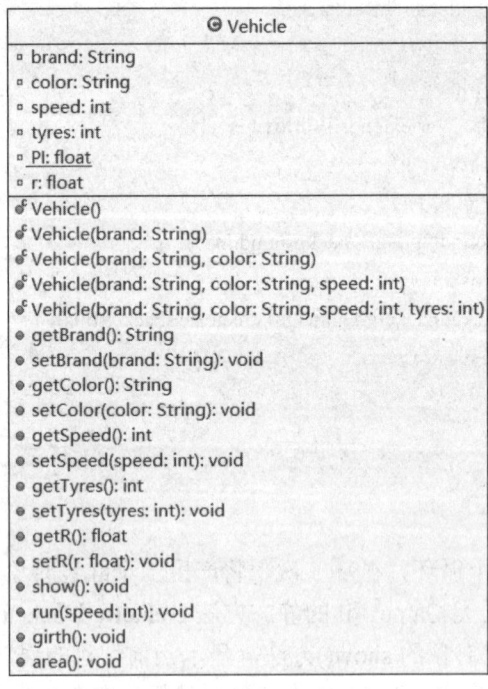

图 5.4.4　机动车类类图

▌任务实施▐

　　有家超市销售管理系统包含商品管理功能，需要设计保存商品信息的数据类，其中可以设计静态方法来保存初始化的 5 件商品。保存商品信息的数据源类（DataSource）类图如 5.4.5 所示。

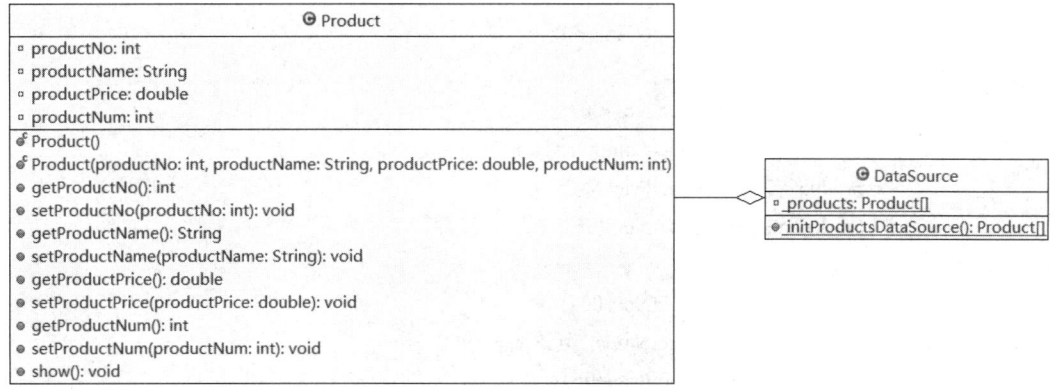

图 5.4.5　初始化商品信息的数据源类类图

```
01    package com.chapter05.task04;
02    import com.chapter05.task03.Product;
03    /**
04     * 初始化数据源
05     */
06    public class DataSource {
07        //商品信息数组
08        private static Product products[] = new Product[5];
09        /**
10         * 初始化商品信息
11         * @return 商品信息数组
12         */
13        public static Product[] initProductsDataSource() {
14            /* 初始化商品信息 */
15            for (int i = 0; i < products.length; i++) {
16                products[i] = new Product();
17            }
18            //商品 1
19            products[0].setProductNo(1000);
20            products[0].setProductName("运动水壶");
21            products[0].setProductPrice(63.25);
22            products[0].setProductNum(100);
23            //商品 2
24            products[1].setProductNo(1001);
25            products[1].setProductName("乒乓球拍");
26            products[1].setProductPrice(25.00);
27            products[1].setProductNum(298);
28            //商品 3
```

```
29          products[2].setProductNo(1002);
30          products[2].setProductName("笔记本");
31          products[2].setProductPrice(12.00);
32          products[2].setProductNum(560);
33          //商品 4
34          products[3].setProductNo(1003);
35          products[3].setProductName("计算器");
36          products[3].setProductPrice(48.50);
37          products[3].setProductNum(66);
38          //商品 5
39          products[4].setProductNo(1004);
40          products[4].setProductName("英语词典");
41          products[4].setProductPrice(95.00);
42          products[4].setProductNum(88);
43          //返回数组
44          return products;
45      }
46  }
47
```

测试展示初始化的商品信息

```
01  package com.chapter05.task04;
02  import com.chapter05.task03.Product;
03  public class ProductTest {
04      public static void main(String[] args) {
05          //调用静态方法，初始化商品信息，返回初始化的商品信息数组
06          Product products[]=DataSource.initProductsDataSource();
07          //遍历输出商品信息
08          for(int i=0;i<products.length;i++) {
09              products[i].show();
10          }
11      }
12  }
```

▌任务小结▐

本任务介绍了 this 和 static 关键字的使用。对有家超市销售管理系统中保存商品信息的数据源类进行了设计。

▌任务拓展▐

有家超市销售管理系统包含会员管理功能，可以实现显示所有会员信息、添加会员、修改会员、删除会员、查询会员等，要完成这些功能，需要修改数据源类 DataSource，增加会员信息，初始化系统中包含 5 个已经申请成功的会员，可以使用静态方法实现，类图如图 5.4.6 所示。

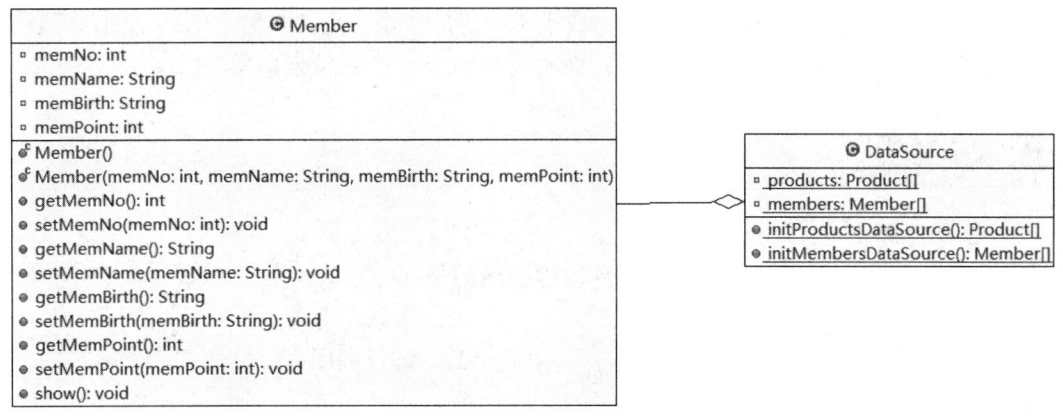

图 5.4.6　初始化会员信息的数据源类类图

▎素养提升▎

在 Java 编程里，类的关键字有着独特意义。this 关键字就像一个精确的定位器，帮助在复杂的对象关系中准确找到自身的资源和方法，提高资源利用效率，体现了精准定位和高效利用资源的理念。这就如同我们在面对众多学科知识时，要准确找到自己的薄弱环节和优势所在，有针对性地进行学习资源的分配和方法的选择，以提高学习效率。

static 关键字则实现了对全局资源的共享和管理，类似企业中的公共资源池，合理调配以实现整体效益最大化，推动建立基于资源全局视角的整合与协同运作能力。就如同国家电网的智能电网调度系统，凭借对资源的精确管理与优化配置，实现电力的高效传输与分配。我们在编程中也应注重资源的合理利用，提高系统的效率和性能，提升软件系统的性能和可维护性，适应复杂系统开发的需求，培养可持续发展的理念，通过合理利用资源实现系统的长期稳定运行。

模块小结

通过本模块，我们主要学习了以下内容。

（1）面向对象的基本思想是从现实世界中客观存在的事物出发来构造软件系统，并在系统的构造中尽可能运用人类的自然思维方式。

（2）对象是计算机语言对问题域中事物的描述，通过"属性"和"方法"来分别对应事物所具有的静态属性和动态行为。

（3）类是描述同一类的对象的一个抽象的概念，其中定义了这一类对象所具有的属性和行为。

（4）构造函数是一种和类同名的特殊方法，用来初始化对象，在生成一个对象时，系统会自动调用该类的构造方法为新生成的对象初始化。

（5）封装是面向对象方法的重要原则，就是把对象的属性和行为结合为一个独立的整体，并尽可能隐藏对象的内部实现细节，利用访问修饰符来实现。

（6）this 关键字是 Java 常用的关键字，可用于任何实例方法内指向当前对象，也可指向对其调用当前方法的对象，或者在需要当前类型对象引用时使用。

（7）被 static 修饰的变量、方法统一属于类的静态资源，是类实例之间共享的，可以通过类名.变量名、类名.方法名直接引用，而不需要 new 一个对象来调用。

模块训练

一、选择题

1．下述概念中不属于面向对象这种编程范畴的是（　　）。

A．对象、消息　　　　　　　　　　B．继承、多态

C．类、封装　　　　　　　　　　　D．过程调用

2．类与对象的关系是（　　）。

A．类是对象的抽象　　　　　　　　B．类是对象的具体实例

C．对象是类的抽象　　　　　　　　D．对象是类的子类

3．以下关于构造函数的描述错误的是（　　）。

A．构造函数的返回类型只能是 void 型。

B．构造函数是类的一种特殊函数，它的函数名必须与类名相同。

C．构造函数的主要作用是完成对类的对象的初始化工作。

D．一般在创建新对象时，系统会自动调用构造函数

4．关于被私有访问控制符 private 修饰的成员变量，以下说法正确的是（　　）。

A．可以被三种类所引用：该类自身、与它在同一个包中的其他类、在其他包中的该类的子类

B．可以被两种类访问和引用：该类本身、该类的所有子类

C．只能被该类自身所访问和修改

D．只能被同一个包中的类访问

5．在某个类 A 中存在一个方法：void method(int x,int y)，以下能作为这个方法的重载的声明的是（　　）。

A．Void method (float x)　　　　　B．int method (int y)

C．double method (int x,int y)　　　D．void method (int x,int y)

6．若在某一个类定义中定义了如下的方法：final void method ( ){}，则该方法属于（　　）。

A．本地方法　　　　　　　　　　　B．静态方法

C．最终方法　　　　　　　　　　　D．抽象方法

7．下面修饰符修饰的变量可由所有同一个类生成的对象共享的是（　　）。

A．public　　　　　　　　　　　　B．private

C．static　　　　　　　　　　　　D．final

8．下面关于 Java 中 this 关键字的说法正确的是（　　）。

A．this 关键字是在对象内部指代自身的引用

B．this 关键字可以在类中的任何位置使用

C．this 关键字和类关联，而不是和特定的对象关联

D．同一个类的不同对象共用一个 this

二、判断题

1．类是对所有具有一定共性的对象的抽象。　　　　　　　　　　　　（　　）

2．创建对象时，必须先声明对象，然后才能使用对象。　　　　　　　（　　）

3．一个类中，只能拥有一个构造器方法。　　　　　　　　　　　　　（　　）

4．即使一个类中未显式定义构造函数，也会有一个缺省的构造函数，缺省的构造函数是无参的，函数体为空。　　　　　　　　　　　　　　　　　　　　　　　（　　）

5．类只能用 public 修饰符来修饰。　　　　　　　　　　　　　　　（　　）

6．private 修饰的范围最狭窄，最常见的是修饰类的成员变量，以实现数据封装。（　　）

7．在实例方法或构造器中，this 用来引用当前对象，通过使用 this 可引用当前对象的任何成员。　　　　　　　　　　　　　　　　　　　　　　　　　　　　（　　）

三、简答题

1．面向对象编程语言的基本特征是什么？

2．什么是对象？什么是类？对象与类的关系是什么？

3．类的定义中包括哪些基本信息？

4．Java 中一共有多少种访问修饰符？各种访问修饰符的范围是什么？

5．类变量与实例变量的区别是什么？类方法与实例方法的区别是什么？

四、编程题

1．创建一个 Rectangle 类，添加两个属性 width、height，有一个默认构造函数和一个带有两个参数的构造函数，在 Rectangle 中添加两个方法计算矩形的周长和面积。

2．编写一个教师（Teacher）类，有成员属性（name、age、major），有成员方法 printInfo() 实现成员属性的打印输出，要求使用正确的访问修饰符修饰此类及类的成员。

模块实践

本模块中定义的商品信息类中只是展示了商品信息，在有家超市销售管理系统中需要对商品信息进行必要的管理，如增加一个商品、修改一个商品信息等，定义一个商品管理类，如图 5.1 所示，实现对商品的管理。

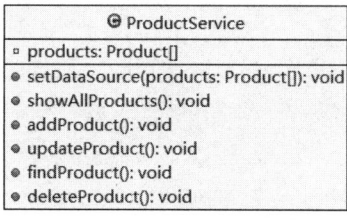

图 5.1　商品管理类类图

模块单词

Object-oriented	[ˈɑːbdʒekt ˈɔːrientid]	面向对象
public	[ˈpʌblɪk]	公共的

续表

class [klæs] 类		
instance [ˈɪnstəns] 实例		
attribute [əˈtrɪbjuːt , ˈætrɪbjuːt] 属性		
Super Class [ˈsuːpər klæs] 基类，父类		
constructor [kənˈstrʌktər] 构造函数		
extends [ɪkˈstendz] 继承		
implements [ˈɪmplɪments] 实现		
abstract [ˈæbstrækt] 抽象		
API（Application Programming Interface）应用程序接口		
GUI（Graphical User Interface） 图形用户界面		
package [ˈpækɪdʒ] 包		
private [ˈpraɪvɪt] 私有的		
protected [prəˈtektɪd] 受保护的		
static [ˈstætɪk] 静态的		

模块 六 面向对象的优化设计

📋 模块介绍

    本模块介绍面向对象的高级特征：继承、多态、抽象类与接口。讲述继承的概念与实现、Object 类及重要方法；super 关键字，构造方法的继承、对象类型的转换；多态的概念与实现、抽象方法、抽象类、接口和面向接口编程。

    本模块结合有家超市销售管理系统项目，完成相关类的设计和优化。

📋 知识图谱

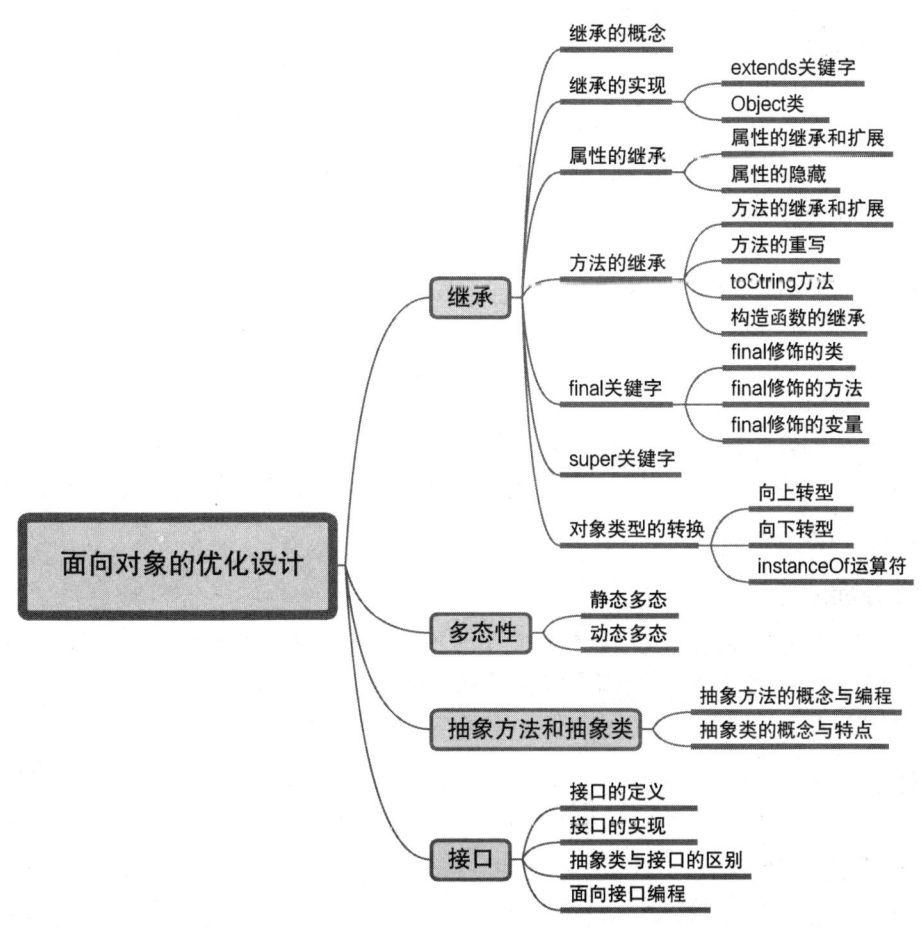

模块目标

【知识目标】

- 掌握 Java 语言中继承的概念与实现
- 掌握 Java 语言中多态的概念与实现
- 掌握 Java 语言中抽象方法和抽象类的基本概念
- 掌握接口的基本概念与应用
- 掌握对象类型的转换
- 了解使用多态与接口结合的技术

【能力目标】

- 掌握使用继承来提高面向对象中的程序扩展性和可维护性
- 会使用继承来解决实际问题
- 理解抽象方法在程序设计中起到的作用
- 会使用多态与接口结合的技术来解决实际问题

【素质目标】

- 具有代码规范意识和良好的编程习惯
- 具有精益求精的工匠精神
- 具有较强的实践能力
- 具有质量意识、信息素养、创新精神
- 具有独立思考、勇于探究的科学态度
- 具有不畏艰苦、持续学习的劳动精神

任务 6.1　设计会员信息类

任务目标

继承是面向对象编程的关键技术之一，继承实现了软件重用，使用继承可以使整个程序的结构变得清晰，维护方便，同时可以减少代码冗余。本任务的目标是完成有家超市销售管理系统的会员信息类的设计。

任务描述

有家超市销售管理系统的用户包含超市管理员和消费者，消费者又分为会员和非会员。会员和非会员有很多重复的属性和方法，例如消费者编号和消费者姓名，显示消费者信息等。为了减少代码的冗余，需要用继承的思想设计会员信息类。

微课：6.1.1

继承的概念

任务准备

6.1.1　继承的概念

继承（inheritance）也称为派生，是指一个新类可以从现有的类中产生，保留现有类的所有成员，包括成员属性和成员方法，并可以根据自身需要对类进行修改，添加新的成员属性和成员方法，这种现象称为类的继承。继承最主要的目的是"扩展"原有类的功能、加强或改进原有类所没有定义的属性及方法。例如，在程小白抢红包的游戏中有红包类，但是红包的种类有很多，有普通红包，金币、元宝和炸弹红包，这些不同类型的红包有一些共同的属性和行为，如都有红包金额、红包下落速度等属性，都有红包移动等行为。除此之外，这些红包还有各自不同的属性和行为，如红包的图片各不相同。各种红包的类图如图 6.1.1 所示。

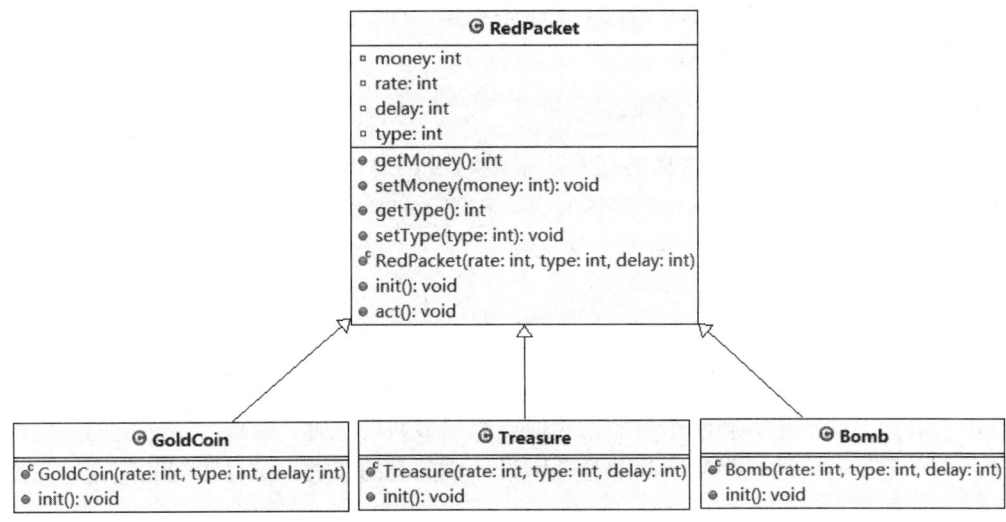

图 6.1.1　普通红包，金币、元宝和炸弹红包的类图

在 Java 语言中，类的继承是指在一个现有类的基础上去构建一个新的类，构建出来的新类被称作子类或派生类，现有类被称作父类或基类，子类会自动拥有父类所有可继承的属性和方法。图 6.1.1 是继承结构的类图。空心箭头表示一个类继承另一个类。红包类 RedPacket 是父类或基类，它定义了所有类共同的属性和方法，RedPacket 类下面的三个子类：Bomb（炸弹类）、Treasure（元宝类）、GoldCoin（金币类）都继承于 RedPacket 类，是其子类或派生类，它们不仅具有共同的 RedPacket 类部分，而且还具有各自特有的属性和方法部分。从类图中可以看到父类通常只包含共有的内容，而子类则包含更多各具特性的内容，这使得子类要比父类包含的内容更多，更具特殊性，代表着一组更具体的对象。

6.1.2　继承的实现

在 Java 语言中继承的实现非常简单，只需在类的声明中增加 extends 关键字即可，其语法格式如下：

```
[public | abstract | final] class 子类名 [extends 父类名]
{
//定义新的属性
//重新定义父类中已有的属性
//定义新的成员方法
//重写父类中的成员方法
}
```

其中，子类名和父类名除不能同名以外，可以是任意合法的标识符。关键字 extends 代表派生类继承于基类，要注意的是，Java 中所有的类都是从 java.lang.Object 类或其子类派生而来的，如果在定义一个类时没有 extends 关键字，则直接继承 Object 类，如：

```
class MyObject{ }
class MyObject extends Object{ } //与上一行代码效果一样
class GoldCoin extends RedPacket{ }
```

另外，需要注意的是，Java 语言**不支持多继承**，即一个类只能直接继承一个父类。例如，以下代码会导致编译**错误**：

```
class Sub extends Base1，Base2，Base3{…}
```

尽管一个类只能有一个直接的父类，但是它可以有多个间接的父类，如下列代码中 RedPacketObject 类是 RedPacket 类的父类，RedPacket 类是 GoldCoin 类的父类，因此 RedPacketObject 类是 GoldCoin 类的间接父类。

```
class RedPacketObject{}
class RedPacket extends RedPacketObject{}
class GoldCoin extends RedPacket {}
```

继承最大的优点是，当两个类非常相似或有很多共同点时，可以将两个类的共同部分设计成一个类，再将两个类剩下的部分分别设计成父类的子类，这样相同的部分只需定义一次。

示例 6.1　用继承的思想定义金币红包类、元宝红包类和炸弹红包类。

分析：普通红包类、金币红包类、元宝红包类和炸弹红包类都有红包金额、红包掉落速度、红包掉落的延迟和红包的类型等属性，都有初始化 init()、红包动作 act()等方法。由分析可知：红包类和一些具体的类有一般和特殊的关系，可以用继承来实现。

定义普通红包类 RedPacket。

```
01 package com.chapter06.demo01;
02 import greenfoot.*;
03
04 public class RedPacket extends Actor {
05     private int money = 0;      //红包中的金额
06     private int rate = 0;       //下落速度
07     private int delay = 0;      //每批红包掉落之间的间隔时间
08     private int type = 0;       //红包的类型
09
10     public int getMoney() {
11         return money;
12     }
13     public void setMoney(int money) {
14         this.money = money;
15     }
16     public int getType() {
17         return type;
```

```
18        }
19        public void setType(int type) {
20            this.type = type;
21        }
22
23        public RedPacket(int rate, int type, int delay) {
24            this.rate = rate;
25            this.type = type;
26            this.delay = delay;
27            this.init();
28        }
29        /**
30         * 红包初始化
31         */
32        public void init() {
33            type = 0;
34            setImage("images/redpacket40.png");
35            money = Greenfoot.getRandomNumber(20);//给红包封装现金
36        }
37        public void act() {
38            System.out.println("显示红包，红包类型：" + this.type+ "，红包金额：" + this.money + "，
掉落速度：" + this.rate + "，延迟时间：" + this.delay);
40        }
41 }
```

定义金币红包类 GoldCoin。

```
01    package com.chapter06.demo01;
02    public class GoldCoin extends RedPacket {
03        public GoldCoin(int rate, int type,int delay) {
04            super(rate,type,delay);
05            this.init();
06        }
07        /**
08        * 重写父类的方法
09        */
10        @Override
11        public void init() {
12            this.setType(1) ;   //表示为金币
13            setImage("images/goldcoin.png");
14            setMoney(100);   //给红包封装现金
15        }
16    }
```

定义元宝红包类 Treasure。

```
01    package com.chapter06.demo01;
02    public class Treasure extends RedPacket {
```

```
03        public Treasure(int rate, int type, int delay) {
04            super(rate,type,delay);
05            this.init();
06        }
07        /**
08         * 重写父类方法
09         */
10        @Override
11        public void init() {
12            this.setType(2) ;        //表示为元宝
13            setImage("images/treasure.png");
14            setMoney(200);           //给红包封装现金
15        }
16    }
```

定义炸弹红包类 Bomb。

```
01    package com.chapter06.demo01;
02    public class Bomb extends RedPacket {
03        public Bomb(int rate, int type,int delay) {
04            super(rate,type,delay);
05            this.init();
06        }
07        /**
08         * 重写父类方法
09         */
10        @Override
11        public void init() {
12            this.setType(3);        //表示为炸弹
13            setImage("images/bomb.png");
14            //给红包封装现金
15            setMoney(-300);
16        }
17    }
```

定义 RedPacketWar 类进行测试。

```
01    package com.chapter06.demo01;
02
03    import greenfoot.World;
04    public class RedPacketWar extends World{
05        public RedPacketWar() {
06            super(400, 600, 1);
07            setBackground("images/background.jpg");
08            //创建红包对象
09            RedPacket redPacket   = new RedPacket(4,0,0);
10            Bomb bomb   = new Bomb(3,0,2);
11            GoldCoin goldCoin    = new GoldCoin(5,0,3);
```

12	Treasure treasure　　= new Treasure(10,0,4);
13	//将创建的红包对象加入到场景，并放置在坐标为(200,100)的位置上
14	this.addObject(redPacket, 200, 100);
15	this.addObject(bomb, 200, 200);
16	this.addObject(goldCoin, 200, 300);
17	this.addObject(treasure, 200, 400);
18	}
19	}

说明：

① RedPacket 类是 GoldCoin、Treasure 和 Bomb 类的父类。

② GoldCoin、Treasure 和 Bomb 类的第 10 行中的"@Override"是重载注解，表示紧接其下的方法是覆盖父类的方法。（方法覆盖将会在 6.1.4 节具体介绍）

③ 在 RedPacketWar 类中的第 9~第 12 行，创建了 4 个不同的红包对象并且分别在构造函数中给成员属性赋初始值。

程序运行结果如图 6.1.2 所示。

单击"Act"按钮，每个红包对象都会自动调用父类的 act()方法，控制台输出结果如图 6.1.3 所示。

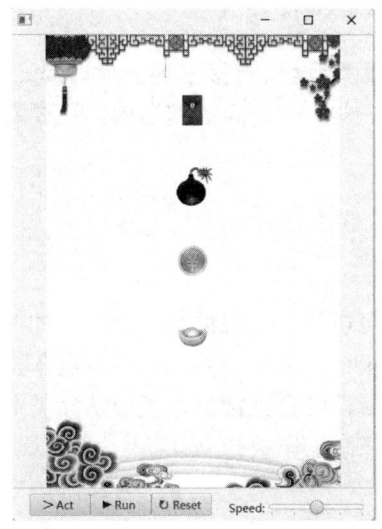

显示红包，红包类型：0，红包金额：2，掉落速度：4，延迟时间：0
显示红包，红包类型：3，红包金额：-300，掉落速度：3，延迟时间：2
显示红包，红包类型：1，红包金额：100，掉落速度：5，延迟时间：3
显示红包，红包类型：2，红包金额：200，掉落速度：10，延迟时间：4

图 6.1.2　继承关系下四种不同红包的显示　　　图 6.1.3　继承关系下调用 act()方法返回显示结果

练习 6.1　用继承的思想设计出租车类和公共汽车类。

分析：以任务 5.1 的练习 5.2 创建的机动车类 Vehicle 为例，任何机动车都有品牌、颜色、速度和轮胎属性，都有行驶等操作机动车的方法。而出租车有汽车型号 type 的属性和打印发票的 printInvoice()方法；公共汽车有座位数 seatCount 的属性和报站的 stationReporting() 方法。

从上面的分析可以得出，使用对应类图描述出租车类 Taxi 和公共汽车类 Bus 与机动车 Vehicle 的关系，如图 6.1.4 所示。

197

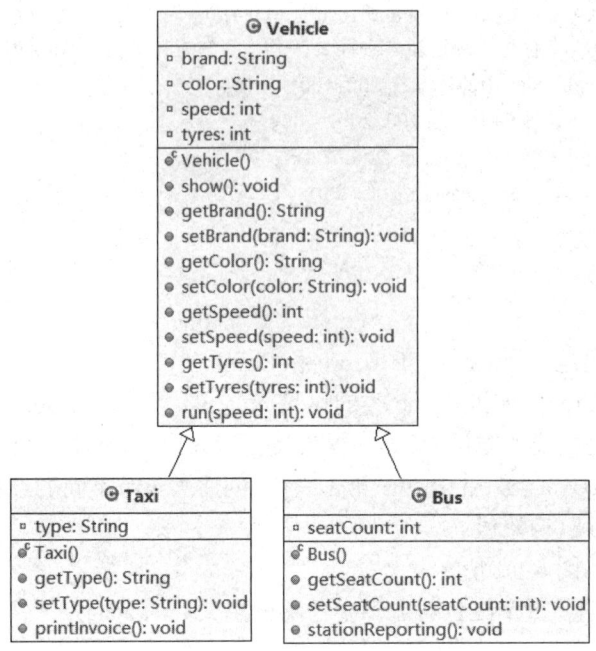

图 6.1.4　机动车类、出租车类和公共汽车类的类图

在 Java 语言中，当声明了直接子类和直接父类的继承关系后，直接子类继承直接父类。除构造方法外，子类可继承父类所有的成员变量和成员方法，但是否能够访问，还要看其访问修饰符的控制范围。

6.1.3　属性的继承

1. 属性的继承和扩展

根据继承规则，子类可以继承父类的所有属性，还可以增加自己的成员变量。如练习 6.1 中，子类 Taxi 共有 5 个属性，其中有继承自父类 Vehicle 的 4 个属性和扩展的汽车型号 1 个属性。因此父类的属性实际上是各个子类都拥有的属性的公共部分，子类从父类继承的属性不用重复定义也可以使用，这样可以简化程序，降低工作量。

2. 属性的隐藏

属性隐藏是指子类重新定义了一个与父类完全相同的成员变量。所谓隐藏，是指子类拥有了两个相同名字的成员变量，一个继承自父类，另一个是自己定义的成员变量。

属性隐藏时，如果子类执行继承自父类的方法时，处理的是继承自父类的变量。如果子类执行自己定义的方法时，所操作的是子类自己定义的变量。在第二种情况下如果仍希望调用父类的属性，则需要使用 super 关键字。

示例 6.2　成员变量的隐藏示例。

```
01    package com.chapter06.demo02;
02
03    class A {
04        protected int x = 1;        //定义可被继承的属性 x
05        protected int y = 2;
```

```
06
07        void displayXY() {        //父类的显示方法
08            System.out.println("父类中的 x=" + x + ",   y=" + y);
09        }
10    }
11
12    class B extends A {
13        int x = 10;              //定义同名变量 x，隐藏了父类的变量 x
14
15        void display() {          //子类的显示方法
16            System.out.println("子类中的 x=" + x + ",   y=" + this.y);
17        }
18    }
19
20    public class VariableHiddenTest {
21        public static void main(String[] args) {
22            B b = new B();
23            b.display();          //使用子类中的方法
24            b.displayXY();        //使用从父类中继承的方法
25        }
26    }
```

说明：

① 第 4 行定义了父类中的变量 x，赋初值为 1。

② 第 7～第 9 行定义了父类中的显示方法，父类中的方法使用的父类中的变量

③ 第 12 行类 B 继承类 A。

④ 第 13 行定义了子类中的同名变量 x，赋初值为 10，此时父类中的变量 x 被隐藏。

⑤ 第 15～第 17 行定义了子类中的显示方法，当父类与子类中的成员变量同名时，使用的是子类中的成员变量。

⑥ 第 23 行使用子类中的方法显示 x，y 的值。

⑦ 第 24 行使用父类中的方法显示 x，y 的值。

程序的运行结果如图 6.1.5 所示。

```
子类中的x=10, y=2
父类中的x=1, y=2
```

图 6.1.5　示例 6.2 运行结果图

从上述例子中可以得到以下结论：

① 成员变量隐藏是指子类重新定义了父类中的同名变量，导致父类成员变量的隐藏；

② 子类执行自己的方法时，使用的是子类的变量，子类执行父类的方法时，使用的是父类的变量。

因此在子类中要特别注意成员的命名，防止无意中隐藏了父类中关键的成员变量，从而给程序带来麻烦。

6.1.4　方法的继承

1. 方法的继承和扩展

子类不仅可以继承父类的成员方法，还可以增加自己的成员方法。子类对象可以使用从父类中继承过来的方法。

2. 方法重写

方法重写（或覆盖）是指子类重新定义从父类继承来的方法，从而使子类自己的行为满足自己的需要。例如，示例 6.1 中的父类 RedPacket 定义了 init()方法，子类 GoldCoin、Treasure 和 Bomb 类重写了 init()方法。

方法重写时要**注意**以下问题。

① 子类中重写的方法应与父类中被覆盖的方法有完全相同的方法名称、参数列表、返回值类型，但执行的方法体不同。

② 重写后的方法不能比被重写的方法有更严格的访问限制（访问控制权限按照严格的顺序分别是 private、default、protected、public），即子类比父类扩大原则。

③ 可以部分重写父类方法，即在父类方法的基础上添加新的功能。实现方式是：在子类覆盖方法的第一条语句位置添加语句"super.原父类方法名()"。

④ 不能重写父类的 final()方法。final()方法定义的目的是防止被重写。

⑤ 关于 static 修饰符，子类和父类必须一致，即都有或者都没有。

一般在以下几种情况下使用方法重写。

① 子类中实现与父类相同的功能，但是算法不同。

② 在名字相同的方法中，子类的操作比父类多。

③ 在子类中取消从父类中继承的方法。在这种情况下，只需重写不需要的父类方法，将方法体设为空。

当子类重写父类方法时，由于同名方法分别属于父类和子类，所以需要区分调用了哪个类中的方法。一般情况下，只要在方法前面使用不同类的对象或不同类名即可。如果直接调用父类的方法可以用 super 关键字，super 关键字将在任务 6.2 中详细讲解。

示例 6.3　方法重写示例。

```
01    package com.chapter06.demo03;
02    //父类 Animal
03    class Animal {
04        //定义动物叫的 shout()方法
05        public void shout() {
06            System.out.println("动物发出叫声");
07        }
08    }
09    //子类 Dog 继承 Animal 类
10    class Dog extends Animal {
11        //重写父类的 shout()方法
12        @Override
13        public void shout() {
14            System.out.println("汪汪……");
15        }
16    }
17    public class Test {
18        public static void main(String[] args) {
19            Dog dog = new Dog();
20            dog.shout();//调用子类的 shout()方法
```

```
21        }
22    }
```

程序运行结果如图 6.1.6 所示。

Java 中的所有类都是从 Object 类或其子类派生而来的，Object 类中定义了 toString()方法用于显示对象的信息，因此在每个对象中都有默认的 toString()方法的实现。toString()方法可以显式调用，也可在 System.out.print()方法中由系统隐式调用。

注注……

图 6.1.6　示例 6.3 运行结果

示例 6.4　toString 方法示例。

```
01    package com.chapter06.demo04;
02    public class MethodOverrideDemo {
03        String name = "Java 基础";
04        public static void main(String[] args) {
05            MethodOverrideDemo methodOverrideDemo = new MethodOverrideDemo();
06            System.out.println(methodOverrideDemo);//隐式调用 toString 方法
07        }
08        //覆盖 Object 类中的 toString()方法
09        @Override
10        public String toString() {
11            return "类名：MethodOverrideDemo，已覆盖默认 toString()方法，这是" + name;
12        }
13    }
```

说明：

① 第 6 行调用了 toString()方法，运行时注释掉第 9～第 12 行，toString()方法的默认输出信息如图 6.1.7 所示。

② 第 10～第 12 行覆盖了父类 Object 中的 toString()方法的实现，重新定义了 toString()方法的输出，并且还可以输出变量等需要输出的信息，如图 6.1.8 所示为覆盖后的 toString()方法的输出信息。

com.chapter06.demo04.MethodOverrideDemo@15db9742

图 6.1.7　toString()方法的默认输出图

类名：MethodOverrideDemo，已覆盖默认toString（）方法，这是Java基础

图 6.1.8　toString 方法的自定义输出图

6.1.5　final 关键字

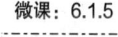
微课：6.1.5

final 关键字可用于修饰类、变量和方法，它有"不可更改"或"最终"的含义，因此被 final 关键字修饰的类、变量和方法将具有以下特征。

① 用 final 关键字修饰的类不能被继承。

② 用 final 关键字修饰的方法不能被子类重写。

final 关键字

③ 用 final 关键字修饰的变量（成员变量和局部变量）是常量，只能赋值一次。

1. final 关键字修饰类

Java 中的类被 final 关键字修饰后，该类将不可被继承。

示例 6.5 final 关键字修饰类示例。

```
01  package com.chapter06.demo05;
02  //用 final 关键字修饰父类 Animal
03  final class   Animal{
04  }
05  //Dog 类，继承自 Animal 类
06  class Dog extends Animal{ //程序报错
07
08  }
09
10  public class Test {
11      public static void main(String[] args) {
12      }
13  }
```

程序编译出错，如图 6.1.9 所示。由于 Animal 类被 final 关键字所修饰，因此，当 Dog 类继承 Animal 类时，Java 的编译器提示了 "The type Dog cannot subclass the final class Animal"（无法从最终类 Animal 进行继承）的错误。由此可见，被 final 关键字修饰的类为最终类，不能被其他类继承。

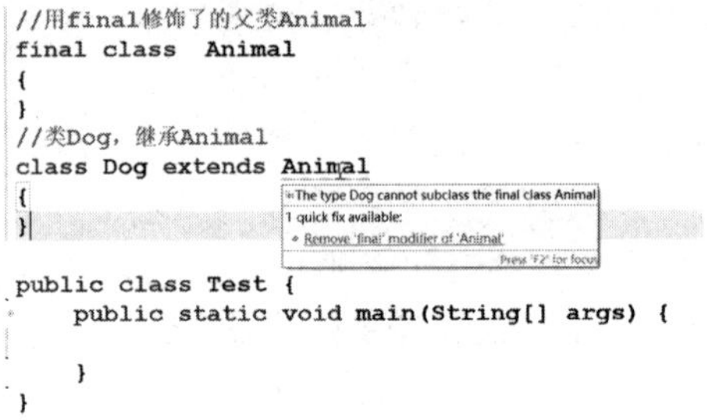

图 6.1.9　示例 6.5 编译出错

2. final 关键字修饰方法

当一个类的方法被 final 关键字修饰后，这个类的子类将不能重写该方法。

示例 6.6 final 关键字修饰方法示例。

```
01  package com.chapter06. demo06;
02  //父类 Animal
03  class   Animal{
04      public final void shout() {///用 final 关键字修饰的方法
05      }
06  }
07  //Dog 类，继承自 Animal 类
08  class Dog extends Animal{
09      //重写父类的 shout()方法
10      public final void shout(){
```

```
11            }
12    }
13
14    public class Test {
15        public static void main(String[] args) {
16        }
17    }
```

程序编译出错，如图 6.1.10 所示。示例 6.6 中的 Dog 类重写父类 Animal 中的 shout() 方法后，程序出现了"Canno override the final method from Animal"（无法重写父类 final 方法）的错误。由此可见，被 final 关键字修饰的方法为最终方法，子类不能对该方法进行重写。正是由于 final 关键字的这种特性，当在父类中定义某个方法时，如果不希望被子类重写，就可以使用 final 关键字修饰该方法。

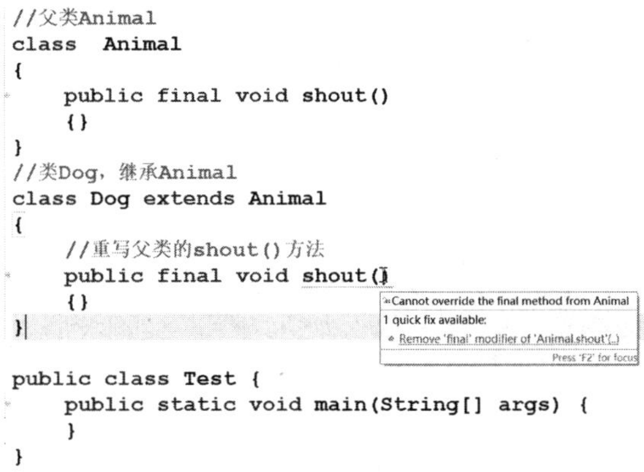

```
//父类Animal
class  Animal
{
    public final void shout()
    {}
}
//类Dog，继承Animal
class Dog extends Animal
{
    //重写父类的shout()方法
    public final void shout()
    {}
}

public class Test {
    public static void main(String[] args) {
    }
}
```

图 6.1.10　示例 6.6 编译出错

3. final 关键字修饰变量

Java 中被 final 关键字修饰的变量被称为常量，它只能被赋值一次，也就是说 final 关键字修饰的变量一旦被赋值，其值不能改变。如果再次对该变量进行赋值，则程序会在编译时报错。

示例 6.7　final 关键字修饰局部变量示例。

```
01    package com.chapter06. demo07;
02
03    public class Test {
04        public static void main(String[] args) {
05            final int num=2;        //定义常量 num，第一次赋值为 2
06            num=4;                  //再次赋值时报错
07        }
08    }
```

程序编译出错，如图 6.1.11 所示。当第 06 行再次对 num 赋值时，程序出现了"The final local variable num cannot be assigned.It must be blank and not using a compound assignment"（final 变量 num 无法被重新赋值）的错误。由此可见，被 final 关键字修饰的变量为常量，它只能被赋值一次，其值不可改变。

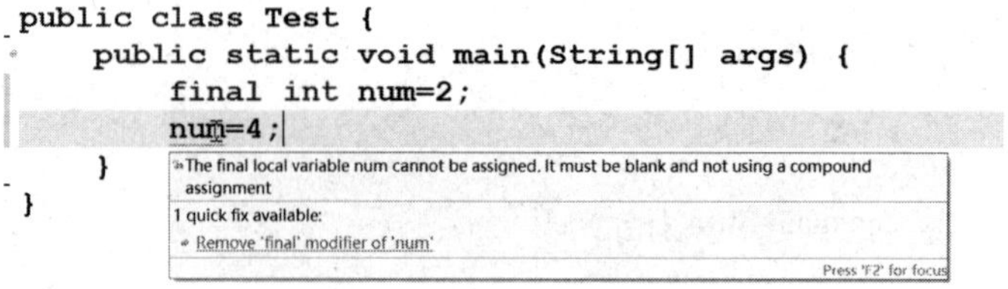

```
public class Test {
    public static void main(String[] args) {
        final int num=2;
        num=4;
    }
}
```
ⁿThe final local variable num cannot be assigned. It must be blank and not using a compound assignment
1 quick fix available:
 ⁎ Remove 'final' modifier of 'num'
Press 'F2' for focus

图 6.1.11　示例 6.7 编译出错

当局部变量使用 final 关键字进行修饰时，可以在声明变量的同时对变量进行赋值，也可以先声明变量然后进行有且只有一次的赋值。而当成员变量被 final 关键字修饰时，在声明变量的同时必须进行初始化赋值，否则程序编译报错。

示例 6.8　final 关键字修饰成员变量示例。

```
01   package com.chapter06.demo08;
02
03   public class Test {
04       //final 关键字修饰的成员变量，必须在声明的同时进行赋值，否则编译报错
05       final int m;
06       public static void main(String[] args) {
07           //final 关键字修饰的局部变量，可以先声明，再进行一次赋值
08           final int num;
09           num=4;
10       }
11   }
```

程序编译出错，如图 6.1.12 所示。程序 05 行出现了编译错误，并提示"The blank final field m may not have been initialized"（final 修饰的变量 m 没有初始化）。这是因为使用 final 关键字修饰成员变量时，Java 虚拟机不会对其进行初始化。因此使用 final 关键字修饰成员变量时，需要在定义成员变量的同时赋予其一个初始值，将 05 行修改为：

```
05       final int m=100;        //为 final 关键字修饰的成员变量 m 初始化赋值
```

保存后，Java 的编译器将不会提示错误。

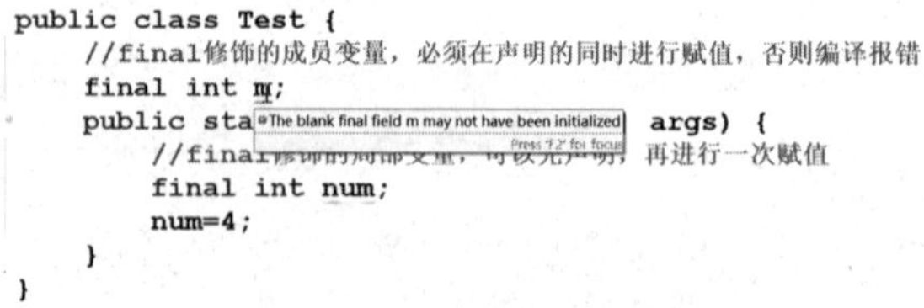

```
public class Test {
    //final修饰的成员变量，必须在声明的同时进行赋值，否则编译报错
    final int m;
    public sta ⁿThe blank final field m may not have been initialized  args) {
        //fina 修饰的局部变量，可以先声明，再进行一次赋值
        final int num;
        num=4;
    }
}
```

图 6.1.12　示例 6.8 编译出错

6.1.6　继承的使用原则

继承是一种提高程序代码的可重用性，以及提高系统的可扩展性的有效手段。但是，如果继承树非常复杂，或者随便扩展本来不是专门为继承而设计的类，反而会削弱系统的

可扩展性和可维护性，使用时应注意以下原则。

① 继承树的层次不可太多。继承树（不考虑顶层的 Object 类）的层次应该尽量保持在两到三层，过多的话会导致对象模型的结构复杂，难以理解，增加设计和开发难度，影响系统的可扩展性。

② 尽可能使用继承树的上层，当一个系统使用一棵继承树上的类时，应该尽可能地把引用变量声明为继承树的上层类型，这样可以利用多态的特性（多态性详见 6.3.1 节），增加系统的灵活性。

③ 精心设计被继承的类。因为继承关系会破坏子类的封装，在子类继承父类时，可以访问父类的属性和方法，这样当父类变化时，子类也不得不随之变化，削弱子类的独立性，因此需要精心设计被继承的类。

▎任务实施▎

有家超市销售管理系统的用户包含超市管理员和消费者，消费者又分为会员和非会员。会员和非会员有很多重复的属性和方法，例如，消费者编号和姓名属性，以及显示消费者信息的方法等。为了减少代码的冗余，可以从会员和非会员信息类中抽象出消费者信息作为父类。消费者和会员的类图如图 6.1.13 所示。

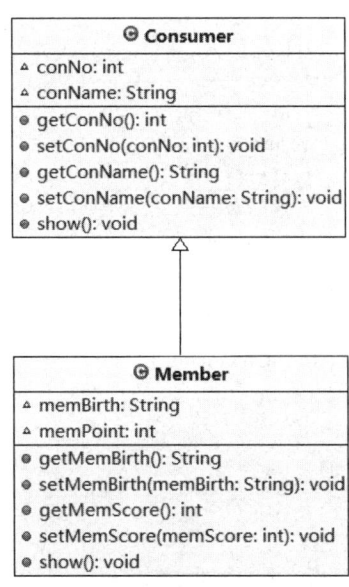

图 6.1.13　消费者和会员类图

定义消费者类 Consumer。

```
01    package com.chapter06.task01;
02
03    public class Consumer {
04        int conNo;          //消费者编号
05        String conName;     //消费者姓名
06
07        public int getConNo() {
```

```
08                    return conNo;
09                }
10                public void setConNo(int conNo) {
11                    this.conNo = conNo;
12                }
13                public String getConName() {
14                    return conName;
15                }
16                public void setConName(String conName) {
17                    this.conName = conName;
18                }
19                /**
20                 * 显示消费者信息
21                 */
22                public void show() {
23                    System.out.println("消费者编号：" + this.conNo + "，消费者姓名：" + this.conName);
24                }
25        }
```

定义会员类 Member。

```
01        package com.chapter06.task01;
02
03        public class Member extends Consumer {
04            String memBirth;          //会员生日
05            int memPoint;             //会员积分
06            public String getMemBirth() {
07                return memBirth;
08            }
09            public void setMemBirth(String memBirth) {
10                this.memBirth = memBirth;
11            }
12            public int getMemScore() {
13                return memPoint;
14            }
15            public void setMemScore(int memScore) {
16                this.memPoint = memScore;
17            }
18            /**
19             * 显示会员信息
20             */
21            public void show() {
22                System.out.println("会员编号：" + this.getConNo() + "，会员姓名：" + this.getConName()
+ "，会员生日：" + this.memBirth
24                            + "，会员积分：" + this.memPoint);
25            }
26        }
```

编写测试类 Test 进行测试。

```
01    package com.chapter06.task01;
02
03    public class Test {
04        public static void main(String[] args) {
05            Member m = new Member();          //获得会员对象
06            m.setConNo(10000);                //给会员属性赋值
07            m.setConName("张华");
08            m.setMemBirth("08/15");
09            m.setMemScore(2000);
10            m.show();                         //调用会员重写的父类函数 show()
11        }
12    }
```

▌任务小结▐

本任务介绍了继承的概念和实现，用继承的思想设计了有家超市销售管理系统中的消费者类和会员类。

▌任务拓展▐

有家超市销售管理系统中的商品类中有一般商品类和生鲜食品类，它们有许多共同的属性和方法，请用继承的思想，设计商品类 Product 和生鲜食品类 FreshFood，类图如图 6.1.14 所示。

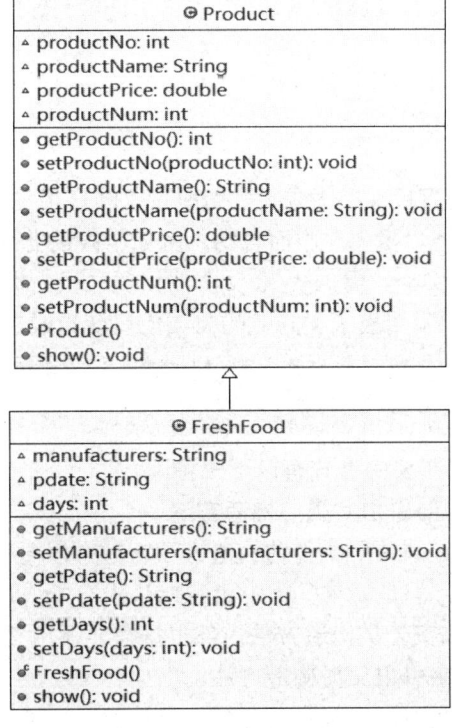

图 6.1.14　商品类和生鲜食品类的类图

┃素养提升┃

继承是传承与创新，软件开发中的继承机制是如此，科技发展历程中的知识积累和技术进步亦是如此。在我国的传统行业数字化升级过程中，新的管理系统往往是在继承了原有系统的一些核心功能和数据结构的基础上，进行创新和拓展，以适应新的业务需求。中国航天事业的发展，在继承了前人的航天技术和经验的基础上，不断创新和突破，实现了从载人航天到月球探测等一系列重大成就。神舟系列飞船在设计上继承了以往航天工程的可靠性和安全性等核心要素，同时又在技术上进行了创新和改进，以适应不断变化的太空探索任务需求。科技的发展是一个连续的过程，我们要站在前人的肩膀上，汲取过去的经验和智慧，同时要勇于创新，敢于突破，为科技的发展注入新的活力。

任务 6.2　优化会员信息类

┃任务目标┃

继承是面向对象编程的关键技术之一，继承实现了软件重用，当子类继承父类时，子类对象的初始化要考虑构造方法的继承。子类对象是父类对象的一种特例。本任务的目标是使用继承完成有家超市销售管理系统会员信息类的优化。

┃任务描述┃

有家超市销售管理系统的消费者分为会员和非会员。为了减少代码的冗余，任务 6.1 已将会员和非会员中的重复属性和方法抽象到消费者父类中，本任务使用构造方法继承的方式进一步优化会员信息类的设计。

┃任务准备┃

6.2.1　super 关键字

super 表示当前对象的直接父类对象，是当前对象的直接父类对象的引用。所谓直接父类是相对于当前对象的其他"祖先"类而言的。例如，假设类 A 派生出类 B，类 B 又派生出类 C，则 B 是 C 的直接父类，而 A 是 C 父类的父类（祖先类）。

使用关键字 super 可以引用被子类隐藏的父类成员变量或方法。其语句格式为：

```
super.成员变量名;
super.方法名(实参列表);
```

super 引用父类对象的主要的形式有以下三种。

1. 在子类构造方法内部引用父类的构造方法

在构造子类对象时，必须调用父类的构造方法。通常情况下，子类构造方法会自动调用父类中默认的构造方法，但是如果父类中没有默认构造方法时，则必须手动进行调用。

使用 super 关键字可以在子类构造方法内部根据需要调用父类的构造方法。

示例 6.9　super 关键字引用父类构造方法。

在程小白抢红包的游戏中，红包类是父类，金币类是子类。在金币类的构造方法中调用了红包类的构造方法。

```
01    package com.chapter06.demo09;
02    //红包类
03    public class RedPacket {
04        private int money = 0;          //红包中的金额
05        private int rate = 0;           //下落速度
06        private int delay = 0;          //下落延迟
07        //红包类型：0 表示红包，1 表示金币（100 元）；2.表示元宝（200 元）；3 表示表示炸弹
(-300 元)
08        private int type = 0;
09        public int getMoney() {
10            return money;
11        }
12        public void setMoney(int money) {
13            this.money = money;
14        }
15        public int getType() {
16            return type;
17        }
18        public void setType(int type) {
19            this.type = type;
20        }
21        //带参构造方法
22        public RedPacket(int delay) {
23            this.delay = delay;
24            System.out.println("父类 RedPacket 带参构造方法被调用");
25        }
26        //默认（缺省）构造方法
27        public RedPacket() {
28            this.delay = 0;
29            System.out.println("父类 RedPacket 默认构造方法被调用");
30        }
31    }
```

金币类代码如下：

```
01    package com.chapter06.demo09;
02    //金币类
03    public class GoldCoin extends RedPacket {
04        //子类带参构造函数
05        public GoldCoin(int delay) {
06            super(delay);          //调用父类带参构造方法
07            System.out.println("子类 GoldCoin 带参构造函数被调用");
08        }
09        //子类默认构造函数
10        public GoldCoin() {
11            super();               //调用父类默认构造方法，可以省略
```

```
12              System.out.println("子类 GoldCoin 默认构造函数被调用");
13          }
14  }
```

说明：

① 在子类 GoldCoin 中，如代码 06 行和 11 行所示，在子类 GoldCoin 的构造方法内部可以使用 super 关键字调用父类 RedPacket 的构造方法。具体调用哪个构造方法，是根据调用时传入的参数决定的。

和使用 this 关键字调用构造方法一样，super 调用构造方法的代码只能出现在子类构造方法中的第一行。因此 super 调用构造方法的代码在子类构造方法中最多出现一次，且不能和 this 调用构造方法的代码一起使用。当调用父类默认构造方法时，super()的代码可以省略。

```
01  package com.chapter06.demo09;
02  public class Test {
03      public static void main(String[] args) {
04          GoldCoin goldcoin1=new GoldCoin();
05          GoldCoin goldcoin2=new GoldCoin(100);
06      }
07  }
```

说明：

① 第 04 行调用 GoldCoin 子类的默认构造函数，即 GoldCoin 类的第 10 行，GoldCoin 类的第 11 行调用父类 RedPacket 的默认构造函数，即 RedPacket 类的 27 行。

② 第 05 行调用 GoldCoin 子类的带参构造函数，即 GoldCoin 类的 05 行，GoldCoin 类的第 06 行调用父类 RedPacket 的带参构造函数，即 RedPacket 类的第 22 行。

程序的运行结果如图 6.2.1 所示。

```
父类RedPacket默认构造方法被调用
子类GoldCoin默认构造函数被调用
父类RedPacket带参构造方法被调用
子类GoldCoin带参构造函数被调用
```

图 6.2.1 示例 6.9 的运行结果

2. 在子类中调用父类被重写的成员方法

子类中继承父类的成员方法，一般可直接通过方法名进行调用。但如果子类重写了父类的成员方法后，又需要调用父类中被重写的成员方法时，则不能直接使用方法名调用，需要使用 super 关键字。

示例 6.10 修改任务 6.1 中示例 6.4，演示父类中被重写的 toString()方法的调用。

```
01  package com.chapter06.demo10;
02  public class MethodOverrideDemo {
03      String name = "Java 基础";
04      public static void main(String[] args) {
05          MethodOverrideDemo methodOverrideDemo = new MethodOverrideDemo();
06          System.out.println(methodOverrideDemo);//隐式调用 toString()方法
07      }
08      //覆盖 Object 类中的 toString()方法
09      @Override
10      public String toString() {
```

```
11          //调用 Object 父类中的 toString()方法
12          String ret="原输出："+super.toString()+"\n";
13          return ret+"类名：MethodOverrideDemo，已覆盖默认 toString（）方法，这是" + name;
14      }
15  }
```

说明：

① 与示例 6.4 代码相比，示例 6.10 中增加了第 12 行的代码。

String ret="原输出："+super.toString()+"\n";

② 通过 super.toString()方法，获得父类 toString()方法的返回值，并用变量 ret 保存，然后再与自定义信息一起返回。

程序的运行结果如图 6.2.2 所示。

```
原输出：com.chapter06.demo10.MethodOverrideDemo@15db9742
类名：MethodOverrideDemo，已覆盖默认toString（）方法，这是Java基础
```

图 6.2.2　示例 6.10 的运行结果

3. 访问被隐藏的成员变量

成员变量的隐藏可分为两种情况。

① 当局部变量与类变量同名时，类变量被隐藏，此时应通过 this 关键字访问。

② 当父类中的成员变量与子类变量同名时，父类中的成员变量被隐藏，此时应通过 super 关键字访问。

示例 6.11　隐藏变量访问示例。

```
01  package com.chapter06.demo11;
02
03  class Super {
04      //父类变量 x
05      protected int x = 1;
06  }
07
08  class Sub extends Super {
09      //类变量 x
10      int x = 10;
11
12      void display() {
13          //局部变量 x
14          int x = 100;
15          //输出变量 x，此时类变量及父类变量被隐藏
16          System.out.println("x=" + x);
17          //输出类变量 this.x，此时父类变量被隐藏
18          System.out.println("this.x=" + this.x);
19          //输出父类变量
20          System.out.println("super.x=" + super.x);
21      }
```

```
22        }
23
24   public class AccessHiddenVariableDemo {
25        public static void main(String args[]){
26             Sub sub=new Sub();
27             sub.display();
28        }
29   }
```

说明：

① 第 05 行定义父类变量 x，初始值为 1。

② 第 10 行定义子类中同名变量 x，初始值为 10。

③ 第 14 行定义局部同名变量 x，初始值为 100。

④ 第 16 行输出变量 x 的值，此时类变量和父类变量均因同名被隐藏，因此输出局部变量的值为 100。

```
x=100
this.x=10
super.x=1
```

图 6.2.3　示例 6.11 的运行结果

⑤ 第 18 行输出类变量 x 的值，此时父类变量因同名被隐藏，因此输出类变量的值为 10。

⑥ 第 20 行输出父类变量 x 的值为 1。

程序的运行结果如图 6.2.3 所示。

6.2.2　构造方法的继承

构造方法是类的特殊方法，是创建对象实例的方法。它的名字与类名完全相同且无返回类型，包括 void 也不能有。如果在类中没有声明构造方法，则 Java 会自动提供一个默认的构造方法。

构造方法可以重载，但不能被重写。当子类继承父类的构造方法时，必须遵循以下原则。

① 子类无条件继承父类的无参构造方法，并在创建子类对象时自动执行。

② 子类不能继承父类的带参构造方法，只能通过 super 关键字调用父类的某个构造方法。

③ 若子类的构造方法中没有 super()语句，则创建对象时系统将先自动调用继承自父类的无参构造方法，再执行自己的构造方法。

④ 子类的构造方法定义中，如果调用父类的带参数构造方法，需要用 super 关键字，且该调用语句必须是子类构造方法的第一个可执行的语句。

⑤ 子类构造方法应尽量调用父类某个构造方法，减少代码编写量。

在创建子类的对象时，首先执行父类的构造方法，然后再执行子类的构造方法，构造方法具体调用顺序如下。

步骤 1：如果有父类，则先调用父类的构造方法，如果父类还有父类，则继续向上，直到顶层父类为止，调用其构造方法，再一层一层向下调用其他父类的构造方法。

步骤 2：当父类构造方法调用完后，最后执行子类自己的构造方法。

示例 6.12　构造方法的继承。

```
01   package com.chapter06. demo12;
02
```

```
03    class RedPacketObject{
04        int delay;
05        //带参构造方法
06        public RedPacketObject(int delay) {
07            this.delay = delay;
08            System.out.println("间接父类 RedPacket 带参构造方法被调用");
09        }
10    }
11
12    class RedPacket extends RedPacketObject{
13
14        //带参构造方法
15        public RedPacket(int delay) {
16            super(delay);
17            System.out.println("直接父类 RedPacket 带参构造方法被调用");
18        }
19
20        //默认(缺省)构造方法
21        public RedPacket() {
22            super(0);//调用父类 RedPacketObject 的带参构造方法
23            System.out.println("直接父类 RedPacket 默认构造方法被调用");
24        }
25    }
26    class GoldCoin extends RedPacket {
27
28        //子类带参构造函数
29        public GoldCoin(int delay) {
30            super(delay);
31            System.out.println("子类 GoldCoin 带参构造函数被调用。");
32        }
33
34        //子类默认构造函数
35        public GoldCoin() {
36            super();//可以省略
37            System.out.println("子类 GoldCoin 默认构造函数被调用。");
38        }
39    }
40
41    public class Test {
42        public static void main(String[] args) {
43            GoldCoin goldcoin1 = new GoldCoin();
44            GoldCoin goldcoin2 = new GoldCoin(100);
45        }
46    }
```

说明：

① 第 43 行调用 GoldCoin 子类的默认构造函数，即 GoldCoin 类的第 35 行，GoldCoin 类的第 36 行调用其直接父类 RedPacket 的默认构造函数，即 RedPacket 类的第 21 行。RedPacket 类的第 22 行调用其父类 RedPacketObject 的带参构造方法。

② 第 44 行调用 GoldCoin 子类的带参构造函数，即 GoldCoin 类的第 29 行，GoldCoin 类的第 30 行调用其直接父类 RedPacket 的带参构造函数，即 RedPacket 类的第 15 行。RedPacket 类的第 16 行调用其父类 RedPacketObject 的带参构造方法。

程序的运行结果如图 6.2.4 所示。

```
间接父类RedPacket带参构造方法被调用
直接父类RedPacket默认构造方法被调用
子类GoldCoin默认构造函数被调用。
间接父类RedPacket带参构造方法被调用
直接父类RedPacket带参构造方法被调用
子类GoldCoin带参构造函数被调用。
```

图 6.2.4 示例 6.12 的运行结果

6.2.3 对象类型的转换

不同数据类型参与运算经常会涉及数据类型的转换。基本数据类型有自动类型转换和强制类型转换两种情况，如 int 型变量可以赋给 double 型变量，double 型变量经过强制类型转换也可以赋给 int 型变量。类的引用类型，即对象之间能否这样相互赋值呢？

和基本数据类型的转换一样，类的对象之间也可以转换，转换可以分为向上转型和向下转型。

示例 6.13　对象类型转换示例。

```
01    package com.chapter06.demo13;
02    //红包类
03    public class RedPacket {
04        int money = 0;          //红包中的金额
05        int rate = 0;           //下落速度
06        int delay = 0;          //延迟下落的时间
07        //红包类型：0 表示红包，1 表示金币（100 元）
08        int type = 0;
09        public RedPacket(int delay) {
10            this.delay=delay;
11        }
12        //红包初始化
13        public void init() {
14            type   = 0;
15            money =20;
16            System.out.println("RedPackt：当前红包类型是"+(this.type==1?"金币":"红包")+",金额是"+this.money);
18        }
19        //红包的动作
20        public void act() {
21            System.out.println("RedPacket 类的 act 方法");
22        }
23    }
```

金币类代码如下：

```
01    package com.chapter06.demo13;
02    //金币类
03    public class GoldCoin extends RedPacket{
04        String name;
05        //带参构造函数
06        public GoldCoin(int delay) {
07            super(delay);
08             name="金币";
09        }
10        //覆盖父类的 init()方法
11        @Override
12        public void init() {
13            type=1;
14            money=100;
15             System.out.println("GoldCoin：当前红包类型是"+(this.type==1?"金币":"红包")+",金额是"+this.money);
17        }
18        //金币的说明
19        public void describe(){
20            System.out.println("玩家抢到金币后可以增加 100 元的金额。");
21        }
22    }
```

1. 向上转型

向上转型是指父类对象引用子类对象，就是子类对象能转换为父类对象。在示例 6.13 中，假设有父类 RedPacket 对象 r 和子类对象 GoldCoin 对象 g，则

```
01    RedPacket r;
02    GoldCoin g = new GoldCoin();
03    r = g;                        //父类 RedPacket 对象 r 引用子类 GoldCoin 对象 g
```

也可以直接写成：

```
01 RedPacket r = new GoldCoin(); //父类 RedPacket 对象 r 引用子类 GoldCoin 新创建的对象
```

将子类对象 g 赋给父类对象 r 时，是隐式转换，不用进行强制类型转换。在示例 6.13 中，**父类引用子类对象后，只能引用父类中的成员变量和方法，不能访问子类自己定义的成员变量和成员方法**。因此，上述代码中，父类 RedPacket 的对象 r 引用了子类 GoldCoin 的对象 g，r 只能访问父类 RedPacket 定义的成员 money,rate,delay,type,act()，而无法访问子类 GoldCoin 定义的成员 name,describe()，对于重写的 init 方法()，访问的是子类 GoldCoin 中的 init()方法。

向上转型测试类如下。

```
01    package com.chapter06.demo13;
02
03    public class TestUp {
04      public static void main(String[] args) {
05        RedPacket r = new GoldCoin(10);    //向上转型，父类对象引用子类对象
```

06	r.act();	//调用父类函数
07	r.init();	//调用子类重写的方法
08	//r.describe();	//无法调用子类自己的成员变量和方法
09	}	
10	}	

运行结果如图 6.2.5 所示。

向上转型对象示意图如图 6.2.6 所示,其特点如下。

① 向上转型对象不能操作子类中新增的成员变量,不能使用子类新增的方法。

② 向上转型对象可以操作子类继承或重写的成员变量,也可以使用子类继承的或重写的方法。

③ 子类重写了父类的某个方法后,当向上转型对象调用这个方法时,一定是调用这个重写的方法。因为程序在运行时知道,这个向上转型对象的实体是子类创建的。

④ 当向上转型对象再强制转换到该子类对象时,又具备了子类所有的属性和功能。

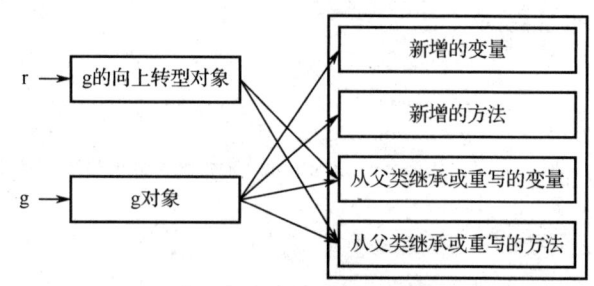

RedPacket类的act方法
GoldCoin:当前红包类型是金币,金额是100

图 6.2.5　向上转型运行结果　　　　图 6.2.6　向上转型对象可访问方法和变量示意图

2. 向下转型

向下转型是指子类引用父类对象,就是将父类对象转换成子类对象,这是需要满足两个条件:一是必须执行强制类型转换;二是必须确保父类对象是子类的一个实例,否则抛出异常。例如,对于示例 6.13,假设有父类 RedPacket 对象 r 和子类 GoldCoin 对象 g,则下列语句是正确的。

RedPacket r = new GoldCoin();	//父类 RedPacket 对象 r 引用子类 GoldCoin 的对象
GoldCoin g = (GoldCoin) r;	//父类对象 r 赋给子类对象 g,当前 r 是子类 GoldCoin 的引用

但是,下列语句虽然能通过编译,但运行时将抛出 ClassCastException 异常,强制转换无法实现。

RedPacket r = new RedPacket();	//父类对象 r 引用父类 RedPacket 的对象
GoldCoin g = (GoldCoin) r;	//父类对象 r 不能赋给子类对象 g,因为当前 r 不是子类的引用

向下转型有以下特点。

① 向下转型对象可以操作父类及子类成员变量和成员方法。

② 向下转型对象访问重写父类的方法时,操作的是子类的方法。

③ 向下转型必须进行强制类型转换。

④ 向下转型必须保证父类对象引用的是该子类对象,如果引用的是父类的其他子类对象,会抛出类型不匹配异常。如下面的代码是错误的。

```
RedPacket r = new GoldCoin();      //父类 RedPacket 对象 r 引用子类 GoldCoin 的对象
Bomb b = (Bomb) r;                 //父类对象 r 赋给子类 Bomb 的对象 b，当前 r 是子类 Bomb 的引用
```

子类 Bomb 代码如下。

```
01   package com.chapter06.demo13;
02   //炸弹类
03   public class Bomb extends RedPacket {
04       String name;
05       //带参构造方法
06       public Bomb(int delay) {
07           super(delay);
08           this.init();
09           this.name = "炸弹";
10       }
11       //覆盖父类的 init()方法
12       @Override
13       public void init() {
14           type = 3;
15           money = -300;
16       }
17       //炸弹爆炸时播放声音
18       public void play() {
19           //播放炸弹的声音
20           System.out.println("播放炸弹的声音");
21       }
22   }
```

向下转型测试类如下。

```
01   package com.chapter06.demo13;
02
03   public class TestDown {
04     public static void main(String[] args) {
05       RedPacket r1 = new GoldCoin(3);    //父类对象 r1 指向子类引用
06       GoldCoin g1 = (GoldCoin) r1;        //r1 赋给子类对象 g，正常运行
07       RedPacket r2 = new RedPacket(3);    //父类对象 r2
08       GoldCoin g2 = (GoldCoin) r2;        //父类对象强制转换成子类对象，报错
09       Bomb b = (Bomb)r1;                  //父类对象 r1 指向子类 GoldCoin，不能转成 Bomb 对象，报错
10     }
11   }
```

运行结果如图 6.2.7 与 6.2.8 所示，要运行出图 6.2.8 的效果，需要注释掉 TestDown 类的第 08 行代码

```
Exception in thread "main" java.lang.ClassCastException: com.chapter06.demo13.RedPacket cannot be cast to com.chapter06.demo13.GoldCoin
        at com.chapter06.demo13.TestDown.main(TestDown.java:8)
```

图 6.2.7 父类对象 r2 不能赋给子类对象 g2

```
Exception in thread "main" java.lang.ClassCastException: com.chapter06.demo13.GoldCoin cannot be cast to com.chapter06.demo13.Bomb
        at com.chapter06.demo13.TestDown.main(TestDown.java:9)
```

图 6.2.8 父类对象指向子类 GoldCoin 的引用对象 r1 不能赋给子类对象 b

3. instanceof 运算符

父类对象能转换成子类对象的条件是父类对象原本就是子类的实例，为了确保向下转型时，父类对象引用的是子类的对象，引入 instanceof 运算。instanceof 运算符用于判断引用变量是否是该类，或其子类的实例。instanceof 运算的格式为：

> **引用变量名 instanceof 类名**

如果该引用变量引用的是指定类，或其子类的实例，则运算结果为 true；否则为 false。

示例 6.14   instanceof 运算符使用示例。

在示例 6.13 的基础上编写 TestInstanceof 类，测试 instanceof 运算符。运行结果如图 6.2.9 所示。

```
01    package com.chapter06.demo14;
02
03    import com.chapter06.demo13.GoldCoin;
04    import com.chapter06.demo13.RedPacket;
05
06    public class TestInstanceof {
07        public static void main(String[] args) {
08            //父类引用 redpacket 指向子类 GoldCoin 对象
09            RedPacket redpacket=new GoldCoin(10);
10            //判断 redpacket 引用指向的对象是否为 GoldCoin 类型
11            if(redpacket instanceof GoldCoin) {
12                System.out.println("redpacket is a GoldCoin");
13            }
14            else{
15                System.out.println("redpacket is not a GoldCoin");
16            }
17        }
18    }
```

```
redpacket is a GoldCoin
```

图 6.2.9 示例 6.14 运行结果

▌任务实施▐

在任务 6.1 的基础上，为消费者类和会员类增加构造方法，并实现构造方法的继承。优化后的消费者和会员的类图如图 6.2.10 所示。

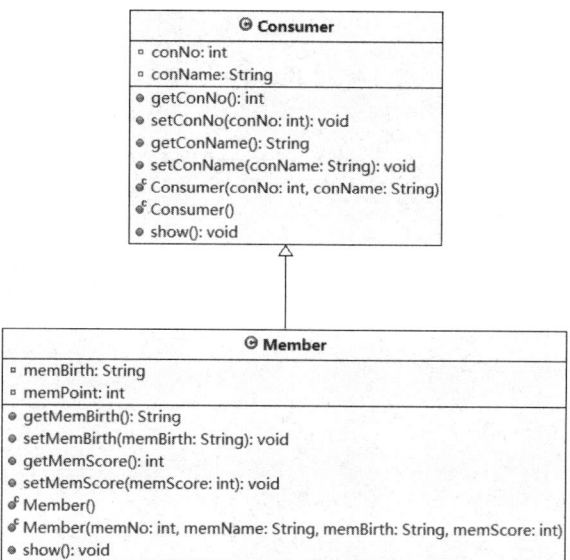

图 6.2.10　增加了构造方法的消费者和会员的类图

定义消费者类 Consumer。

```
01  package com.chapter06.task02;
02  public class Consumer {
03      //消费者编号
04      private int conNo;
05      //消费者姓名
06      private String conName;
07
08      public int getConNo() {
09          return conNo;
10      }
11      public void setConNo(int conNo) {
12          this.conNo = conNo;
13      }
14      public String getConName() {
15          return conName;
16      }
17      public void setConName(String conName) {
18          this.conName = conName;
19      }
20      //带参构造方法
21      public Consumer(int conNo,String conName) {
22          super();
23          this.conNo = conNo;
24          this.conName = conName;
25      }
26      //默认构造方法
27      public Consumer() {
28          super();
29      }
```

```
30      /**
31       * 显示消费者信息
32       */
33      public void show() {
34          System.out.println("消费者编号：" + this.conNo + "，消费者姓名：" +   this.conName);
35      }
36  }
```

定义会员类 Member。

```
01  package com.chapter06.task02;
02  public class Member extends Consumer {
03      //会员生日
04      private String memBirth;
05      //会员积分
06      private int memPoint ;
07
08      public String getMemBirth() {
09          return memBirth;
10      }
11      public void setMemBirth(String memBirth) {
12          this.memBirth = memBirth;
13      }
14      public int getMemScore() {
15          return memPoint;
16      }
17      public void setMemScore(int memScore) {
18          this.memPoint = memScore;
19      }
20      /**
21       * 默认构造函数
22       */
23      public Member() {
24          super();
25      }
26      /**
27       * 带参构造函数
28       * @param memNo 会员编号
29       * @param memName 会员姓名
30       * @param memBirth 会员生日
31       * @param memScore 会员积分
32       */
33      public Member(int memNo, String memName, String memBirth, int memScore) {
34          super(memNo, memName);
35          this.memBirth = memBirth;
36          this.memPoint = memScore;
37      }
38      /**
39       * 显示会员信息
40       */
```

```
41        public void show() {
42            super.show(); //调用父类的 show()方法
43            System.out.println("会员生日："+ this.memBirth + "，会员积分："        +this.memPoint);
44        }
45    }
```

编写测试类 Test 进行测试。

```
01    package com.chapter06.task02;
02
03    public class Test {
04        public static void main(String[] args) {
05            Member m = new Member();            //获得会员对象
06            m.setConNo(10000);                  //给会员属性逐个赋值
07            m.setConName("张华");
08            m.setMemBirth("08/15");
09            m.setMemScore(2000);
10            Member m2 = new Member(10001,"李甜","07/13",6800);//构造函数赋值
11            m.show();                           //调用会员重写的父类函数 show()
12            m2.show();
13        }
14    }
```

▋任务小结▋

本任务介绍了 super 关键字，构造方法的继承和对象类型的转换，优化了有家超市销售管理系统中的消费者类和会员类。

▋任务拓展▋

为有家超市销售管理系统中的一般商品类 Product 和生鲜食品类 FreshFood 添加构造方法，用构造方法继承的方式优化商品类和生鲜食品类的设计，类图如图 6.2.11 所示。

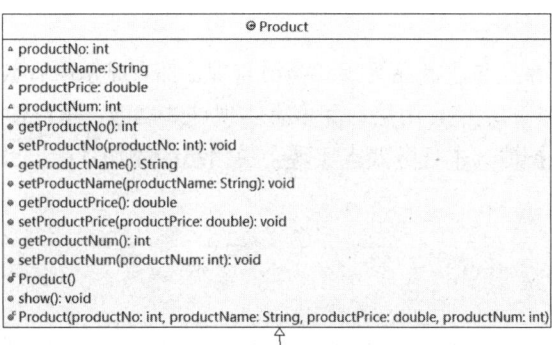

图 6.2.11 增加了构造方法的商品类和生鲜食品类的类图

素养提升

关键字 super 体现了对前人智慧的尊重和应用。在科技研发领域，创新往往建立在前人的成果之上，而 super 关键字就像一座桥梁，连接着过去与现在，使得我们可以在继承的基础上进一步扩展和优化功能，展现出继承与发展的关系，同时也培养了进取精神。

以华为在通信技术研发领域的卓越成就为例，新一代通信设备在深度继承前代产品优势的基础上，实现了功能飞跃和性能突破，使中国的通信技术在全球范围内处于领先地位。这种精神与中国科学家在科研道路上不断传承发展的态度不谋而合。老一辈科学家，如钱三强，为中国的核物理事业奠定了坚实的基础，而后继者们在这片沃土上继续耕耘，推陈出新，推动了中国核技术在多个领域的广泛应用和显著进步。

学习构造方法的继承与对象类型转换让我们明白，事物的发展有其内在规律，我们需要遵循这些规律来进行合理的设计和优化。例如，在软件版本升级过程中，既要保持原有功能的稳定性，又要根据用户需求和技术发展不断改进。

在这个过程中，我们要培养科学精神和实践能力，适应不断变化的技术环境。这不仅体现在软件开发中的代码优化和功能扩展上，还要求我们遵循规律，勇于尝试，持续改进，体现出科学发展的理念和创新的素养。

任务 6.3　实现会员信息的添加

任务目标

多态性是面向对象的三大特征之一。多态可以动态处理对象的调用，降低对象之间的依赖关系。接口可以优化继承和多态，建立建立类与类之间关联的标准。本任务的目标是使用接口和多态完成有家超市销售管理系统的会员信息的添加。

任务描述

有家超市销售管理系统包含商品管理和会员管理，都有显示所有数据、添加数据、修改数据、查询数据、删除数据的功能，用接口和多态实现这些功能，可以使得系统具有更好的可扩展性和维护性。本任务要求实现会员信息的添加功能。

微课：6.3.1

多态性

任务准备

6.3.1　多态性

对象的多态性（polymorphism）是指在父类中定义的属性或行为被子类继承之后，可以具有不同的数据类型或表现出不同的行为。这使得同一个属性或行为在父类及其子类中可以具有不同的语义。例如，"几何图形"类有"绘图"方法，"椭圆"类和"矩形"类都是"几何图形"类的派生类，但其"绘图"方法的功能却不相同。继承使得子类可以拥有父类的属性和方法，多态却使得子类与父类、子类与子类之间各不相同，体现了对象的多样性。

利用多态可以使程序具有良好的扩展性，程序可以对所有类对象进行通用的处理。Java 中的多态可以通过方法重载实现编译时多态（静态多态），也可以通过对父类成员方法的重写实现运行时多态（动态多态）。

1. 编译时多态

编译时多态是指在程序编译过程中出现的多态性，可以通过方法重载实现。重载表现为同一个类中方法的多态性，一个类中声明多个重载方法就是为一种功能提供多种实现。编译时，系统根据调用时传递的实参类型、个数和次序，决定究竟应该执行重载方法中的哪一个。

示例 6.15　方法重载的示例。

```
01    package com.chapter06.demo15;
02    public class OverloadDemo {
03        public int add(int num1, int num2) {
04            return num1 + num2;
05        }
06        public int add(int num1, int num2, int num3) {
07            return num1 + num2 + num3;
08        }
09        public double add(double dnum1, double dnum2) {
10            return dnum1 + dnum2;
11        }
12        public String add(String str1, String str2) {
13            return str1 + str2;
14        }
15
16        public static void main(String[] args) {
17            OverloadDemo overloaddemo = new OverloadDemo();
18            int sum1 = overloaddemo.add(1, 2);//调用两个 int 参数的 add()方法
19            int sum2 = overloaddemo.add(3, 4, 7);//调用三个 int 参数的 add()方法
20            double sum3 = overloaddemo.add(0.2, 5.6);//调用两个 double 参数的 add()方法
21            String sum4 = overloaddemo.add("hello", "world");//调用两个 String 参数的 add()方法
22            System.out.println("sum1=" + sum1);
23            System.out.println("sum2=" + sum2);
24            System.out.println("sum3=" + sum3);
25            System.out.println("sum4=" + sum4);
26        }
27    }
```

说明：

① 第 03、第 06、第 09、第 12 行定义的 add()方法是方法重载。

② 第 18 行调用的是第 03 行定义的 add()方法，第 19 行调用的是第 06 行定义的 add()方法，第 20 行调用的是第 09 行定义的 add()方法，第 21 行定义的是第 12 行定义的 add()方法。

```
sum1=3
sum2=14
sum3=5.8
sum4=helloworld
```

图 6.3.1　示例 6.15 的运行结果

程序运行结果如图 6.3.1 所示。

2. 运行时多态

运行时多态是指在程序运行时出现的多态性，可以通过方法重写实现。当子类重写父

类方法时，由于子类继承了父类的所有属性和方法，因此，凡是父类对象可以使用的地方，子类对象也可以使用，而且子类还可以重写父类中已有的成员方法，实现父类中没有的其他功能。这就引起了一个问题：在调用某个重写的方法时，到底系统是调用父类的方法还是子类中的方法？这无法在编译时确定，需要系统在运行过程中根据实际来决定，所以这种由方法重写引起的多态性称为运行时多态。

Java 规定，对重写的方法，Java 根据调用该方法的实例的类型来决定选择哪个方法。对子类的实例（对象），如果子类重写了父类的方法，则调用子类的方法；如果子类没有重写父类的方法，则调用父类的方法。

示例 6.16　方法的多态性示例。

```
01  package com.chapter06.demo16;
02
03  //父类 Shape
04  class Shape {
05    public void draw() {//父类 draw()方法
06        System.out.println("draw a Shape");
07    }
08  }
09  //定义子类 Circle
10  class Circle extends Shape {
11    public void draw() {//重写父类的 draw()方法
12        System.out.println("draw a Circle");
13    }
14  }
15  //定义子类 Rectangle
16  class Rectangle extends Shape {
17    public void draw() {//重写父类的 draw()方法
18        System.out.println("draw a Rectangle");
19    }
20  }
21  public class Test {
22    public static void main(String[] args) {
23      Shape s=new Shape();//父类引用 s 动态绑定为父类 Shape 对象
24        s.draw();//访问父类的 draw()方法
25
26        s=new Circle();//父类引用 s 动态绑定为子类 Circle 对象
27        s.draw();//访问子类 Circle 的 draw()方法
28
29        s=new Rectangle();//父类引用 s 动态绑定为子类 Rectangle 对象
30        s.draw();//访问子类 Rectangle 的 draw()方法
31    }
32  }
```

说明：

① 类 Shape 是父类，类 Circle 是类 Shape 的直接子类，类 Rectangle 也是类 Shape 的

直接子类。这三个类中都定义了 draw()方法。子类中的 draw()方法覆盖了父类的同名方法。

② 第 23 行定义了 Shape 类型的引用 s，并将 s 动态绑定为 Shape 类的对象，第 24 行调用 Shape 类的 draw()方法。

③ 第 26 行将 Shape 类型的引用 s 重新动态绑定为 Circle 类的对象，第 27 行调用的就是 Circle 类的 draw()方法。

④ 第 29 行将 Shape 类型的引用 s 重新动态绑定为 Rectangle 类的对象，第 30 行调用的就是 Rectangle 类的 draw()方法。

程序运行结果如图 6.3.2 所示。

在程序中要实现动态多态必须满足三个条件：

① 类和类之间有继承关系；

② 有方法重写；

③ 存在父类引用子类对象。

```
draw a Shape
draw a Circle
draw a Rectangle
```

图 6.3.2 示例 6.16 的运行结果

因此在实际编程中，可以用父类引用动态绑定父类或子类对象。程序实际运行时，该父类引用调用的重写方法将随绑定对象不同而不同，即定义一个父类引用可以通过子类实例来调用子类的方法。

示例 6.17 程小白抢红包游戏中的多态性示例。

在本模块示例 6.1 中，普通红包 RedPacket 类是父类，Bomb、Treasure、GoldCoin 类是 RedPacket 类的三个子类。子类重写了父类的 init()方法（类图见图 6.1.1）。至此，示例 6.1 已具备了在程序中实现动态多态的条件 1 和 2。

运行的 RedPacketWar 类代码如下。

```
01    package com.chapter06.demo17;
02
03    import greenfoot.*;
04    public class RedPacketWar extends World{
05        public RedPacketWar() {
06            super(400, 600, 1);
07            setBackground("images/background.jpg");
08            int val = Greenfoot.getRandomNumber(100);//创建红包对象
09            RedPacket rd = null; //声明父类的引用 rd
10            int col = Greenfoot.getRandomNumber(7);
11            if(val<=60) {
12                rd = new RedPacket(4, 0, 0);//父类引用 rd 动态绑定为 RedPacket 对象
13            }else if(val<=70) {//金币
14                rd = new GoldCoin(5,0, 3);//父类引用 rd 动态绑定为 GoldCoin 对象
15            }else if(val<=80){//元宝
16                rd = new Treasure(2, 0, 4);//父类引用 rd 动态绑定为 Treasure 对象
17            }else {//炸弹
18                rd = new Bomb(3,0, 2);//父类引用 rd 动态绑定为 Bomb 对象
19            }
20            //将创建的红包对象加入场景中，并放置在随机坐标的位置上
21            this.addObject(rd, 200+10*col, 20+50*col);
22        }
23    }
```

说明：

① 第 9 行声明了父类 RedPacket 的引用 rd。

② 第 12 行将父类 RedPacket 的引用 rd 动态绑定为父类 RedPacket 对象。

③ 第 14 行将父类 RedPacket 的引用 rd 动态绑定为子类 GoldCoin 对象；第 16 行将父类 RedPacket 的引用 rd 动态绑定为子类 Treasure 对象；第 18 行将父类 RedPacket 的引用 rd 动态绑定为子类 Bomb 对象。

这样，程小白抢红包游戏已经具备了实现动态多态的三个条件。程序是如何实现动态多态的呢？结合示例 6.1 中的程序片段进行分析。

说明：

① 当程序执行到 RedPacketWar 类的第 12 行时，程序进入 RedPacket 的构造方法，即 RedPacket 类的第 23 行，继续执行到第 27 行时，调用 RedPacket 类的 init()方法。

② 当程序执行到 RedPacketWar 类的第 14 行时，程序进入 GoldCoin 的构造方法，即 GoldCoin 类的第 03 行，继续执行到第 05 行时，调用 GoldCoin 类的 init()方法。

③ 当程序执行到 RedPacketWar 类的第 16 行时，程序进入 Treasure 的构造方法，即 Treasure 类的第 03 行，继续执行到第 05 行时，调用 Treasure 类的 init()方法。

④ 当程序执行到 RedPacketWar 类的第 18 行时，程序进入 Bomb 的构造方法，即 Bomb 类的第 03 行，继续执行到第 05 行时，调用 Bomb 类的 init()方法。

如果程小白抢红包游戏要进行红包类型的扩展，只需要增加一个红包类继承 RedPacket 父类，重写 init()方法即可。多态性使程序具有良好的扩展性和可维护性。

程序的运行结果如图 6.3.3 所示，在随机的位置上随机出现随机的红包类型。

单击界面的"Act"按钮，调用对应对象的 act()函数，可查看到多态函数 init()赋值的运行结果，如图 6.3.4 所示。

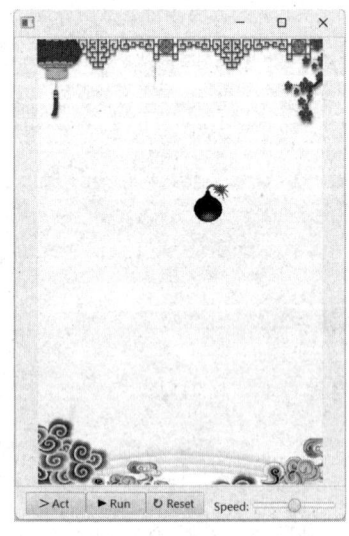

显示红包，红包类型：3，红包金额：-300，掉落速度：3，延迟时间：2

图 6.3.3　程序多态性运行结果　　　　图 6.3.4　调用 act()函数

3. 重载与重写的区别

重载和重写是面向对象设计的两大重要特征，它们有相似之处也有区别，具体区别如下。

① 方法的重载是同一类中的方法之间的关系，是水平关系；方法的重写是子类和父类

之间，是垂直关系。

② 方法的重载是多个同名不同参数的方法；方法的重写是对同一个方法产生关系，要求同名、同参数和相同返回类型。

③ 方法重载对控制修饰符没有要求；方法的重写要求不能降低父类的访问控制权限。

练习 6.2 用多态的思想编程模拟饲养员给不同的动物喂食不同的食物的场景。

分析： 动物有牛 Cow 和狗 Dog。它们都有吃食物的方法 eat()。食物有草料 Fodder 和肉骨头 Bone。饲养员用 feed()方法给不同的动物喂食不同的食物。类的关系如图 6.3.5 所示：

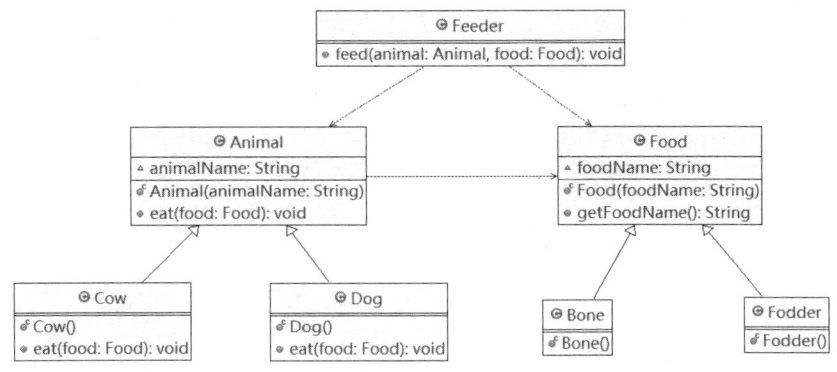

图 6.3.5　饲养员、动物、食物类图

6.3.2　抽象方法和抽象类

微课：6.3.2

抽象类

1. 抽象方法

当定义一个类时，常常需要定义一些方法来描述该类的行为特征，但有时这些方法的实现方式是无法确定的。例如示例 6.16 在定义 Shape 类时，draw()方法用于绘制图形，但是不同的形状，其绘制图形的方式也是不同的，因此在 Shape 类的 draw()方法中无法准确描述形状的绘制。如何能使 Shape 类中包含 draw()方法，又无须提供方法的实现呢？

针对上述这种情况，Java 提供了抽象方法来满足这种需求。将类的成员方法中，声明有 abstract 关键字修饰的、没有方法体的方法称为抽象方法。抽象方法用来描述系统的功能或者规范某些操作，不提供具体的实现。抽象方法的实现通常由继承该类的子类去完成。没有 abstract 关键字修饰的方法称为具体方法，具体方法必须有方法体。

抽象方法的格式如下：

> **[权限修饰符] abstract 返回值类型 方法名([形式参数列表]);**

例如：abstract public void draw();

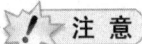 **注 意**

① 定义抽象方法只需要在普通方法上增加 abstract 关键字，并把普通方法的方法体（大括号及大括号内中的部分）全部去掉，然后在方法名的圆括号后面加上英文的分号即可。

② 类中的构造方法不能被声明为抽象的。

③ abstract 和 static 不能同时存在，即不能有 abstract static 方法。

2. 抽象类

由 abstract 关键字修饰的类称为抽象类，抽象类位于类的较高层次，不能被实例化，即不能创建抽象类的实例对象。没有 abstract 关键字修饰的类称为具体类，具体类可以被实例化。

在程序设计中，抽象类常用于对某些类进行概括和抽象，即抽象类定义其子类共有的属性和方法，以免子类重复定义。也就是说，抽象类主要用于定义一组功能相近的父类。定义抽象类的目的是为其子类奠定基础，而不是作为创建对象的模板。

抽象类的声明语句格式如下：

```
[权限修饰符] abstract class 类名{
    //定义抽象方法
    [权限修饰符] abstract 返回值类型 方法名([形式参数列表]);
    //其他方法或属性
}
```

抽象类具有以下特点。

① 不能用 new 创建抽象类的实例。

② 包含抽象方法的类必须定义为抽象类，反之未必，即抽象类中可以不包含任何抽象方法。

③ 抽象类中的所有抽象方法必须在其非抽象子类中加以实现，否则子类也必须声明为抽象类。

示例 6.18 抽象方法和抽象类示例。

```
01  package com.chapter06.demo18;
02
03  //定义父类 Shape 的抽象类
04  abstract class Shape {
05      //抽象方法
06      public abstract void draw();
07  }
08
09  //定义子类 Circle
10  class Circle extends Shape {
11      public void draw() {//实现父类的 draw()抽象方法
12          System.out.println("draw a Circle");
13      }
14  }
15
16  //定义子类 Rectangle
17  class Rectangle extends Shape {
18      public void draw() {//实现父类的 draw()抽象方法
19          System.out.println("draw a Rectangle");
20      }
21  }
22
23  public class Test {
```

```
24      public static void main(String[] args) {
25          Shape s = new Circle();//父类引用 s 动态绑定为类 Circle 对象
26          s.draw();//调用子类 Circle 的 draw()方法
27
28          s = new Rectangle();//父类引用 s 动态绑定为类 Rectangle 对象
29          s.draw();//调用子类 Rectangle 的 draw()方法
30      }
31  }
```

说明：

① 第 04 行定义抽象类 Shape。

② 第 06 行定义抽象方法 draw()。

③ 第 11 行和第 18 行分别在 Circle 子类和 Rectangle 子类中实现抽象父类中的抽象方法 draw()。

④ 第 25 行至 29 行用多态的方式调用子类的 draw() 方法。

```
draw a Circle
draw a Rectangle
```

程序运行结果如图 6.3.6 所示。

图 6.3.6　示例 6.18 的运行结果

练习 6.3　将**练习 6.2** 修改为抽象方法和抽象类的实现方式。

6.3.3　接口

微课：6.3.3

接口

1. 接口的定义

如果一个抽象类中的所有方法都是抽象的，则可以将这个类定义为 Java 中的另一种形式——接口。接口是一种特殊的抽象类，它不能包含普通方法，其内部的所有方法都是抽象方法，它将抽象进行得更为彻底。

在 JDK8 中，对接口进行了重新定义，接口中除了抽象方法，还可以有默认方法和静态方法（也叫类方法）。默认方法使用 default 修饰，静态方法使用 static 修饰，并且这两种方法都允许有方法体。

与定义类不同的是，在定义接口时，不再使用 class 关键字，而是使用 interface 关键字来声明。接口定义的基本语法格式如下：

```
[权限修饰符] interface 接口名 [extends 父接口 1，父接口 2……]{
    [public] [static] [final] 常量类型 常量名 = 常量值
    [public] [abstract] 返回值类型 方法名([形式参数列表]);
    [public] default 返回值类型 方法名([形式参数列表]){
        //默认方法的方法体
    }
    [public] static 返回值类型 方法名([形式参数列表]){
        //类(静态)方法的方法体
    }

}
```

定义接口要注意以下几点。

① 定义接口的语法格式中，"[ ]"中的内容都是可选的。

② 定义接口时的访问修饰符可以使用 public 或直接省略，省略时默认采用包权限访问控制符，即默认（default）访问权限。"extends 父接口 1，父接口 2..."表示定义一个接口时，可以同时继承多个父接口，可以解决类的单继承的限制。

③ 在接口中定义常量时，可以省略 "public static final" 修饰符，此时，接口会默认为常量添加 "public static final" 修饰符。定义常量时必须进行初始化赋值。

④ 在接口中定义抽象方法时，也可以省略 "public abstract" 修饰符，系统都会默认进行添加。

⑤ 定义 default 默认方法和 static 静态方法时，可以省略 "public" 修饰符，系统都会默认进行添加。默认方法和静态方法可以有方法体。

示例 6.19 定义接口示例。

在程小白抢红包游戏中，炸弹红包和程小白都有播放音效的行为，为此定义如下接口。

```
01   package com.chapter06.demo19;
02   public interface ActorPlay {
03      /**
04       * 播音效
05       */
06      public void play();
07   }
```

练习 6.4 请指出以下接口定义中的错误。

```
01   public interface IWeapon{
02      public int SHOOT_DISTANCE_SHORT=1;          //短距离
03      private int SHOOT_DISTANCE_MIDDLE=2;         //中距离
04      protect int SHOOT_DISTANCE_FARAWAY=3;        //长距离
05      int SHOOT_DISTANCE_INVALID=4;                //无效的距离
06      String name;
07      private int shootDistance;                   //射击距离
08      protected void shoot();                      //射击
09      public void shoot(String target);           //射击指定目标
10      void shoot(String target, int distance);    //使用不同距离方式射击指定目标
11      public String toString(){
12         return name;
13      }
14   }
```

2. 接口的实现

从接口定义的语法格式可以看出，接口中可以包含三类方法：抽象方法、默认方法和静态方法。其中静态方法可以通过"接口名.方法名"的形式来调用，而抽象方法和默认方法只能通过接口实现类的实例对象来调用。因此需要定义一个接口的实现类，该类通过 implements 关键字实现当前接口，并实现接口中的所有抽象方法。每个实现接口的类可以自由地决定接口方法的实现细节。

定义接口的实现类语法格式如下。

```
[权限修饰符] class 类名 [extends 父类名] [implements 接口1，接口2……]{

}
```

实现接口时要注意以下几点。

① 一个类可以在继承另一个类的同时实现多个接口，并且多个接口之间需要使用英文逗号（,）分隔。

② 如果某个类实现了接口，这个类就可以访问接口中的常量。

③ 类在实现接口的方法时，方法的访问控制符必须是 public，因为接口的方法都是 public 类型的，否则系统会警告缩小了接口中所定义的访问控制权限。

④ 实现接口的类，如果不是抽象类，则在类的定义部分必须为所有抽象方法定义方法体，方法头部分应该与接口中的定义完全一致。

示例 6.20 实现接口示例。

```
01    package com.chapter06.demo20;
02    import com.chapter06.demo17.RedPacket;
03    import com.chapter06.demo19.ActorPlay;
04    import greenfoot.GreenfootSound;
05
06    //炸弹红包类
07    public class Bomb extends RedPacket implements ActorPlay{
08        //构造方法
09        public Bomb(int rate, int type,int delay) {
10            super(rate, type,delay);
11            this.init();
12        }
13        //覆盖父类的方法
14        @Override
15        public void init() {
16            this.setType(3);
17            setImage("images/bomb.png");
18            //给红包封装现金
19            setMoney(-300);
20        }
21        //实现接口中的 play()方法，播放炸弹声音
22        public void play() {
23            GreenfootSound sound = new GreenfootSound("sounds/bomb.wav");
24            sound.play();
25        }
26        @Override
27        public void act() {
28            //TODO Auto-generated method stub
29            super.act();
30            play();//调用 play()方法
31        }
32    }
```

说明：

① 第 07 行定义了炸弹类 Bomb，它继承了 RedPacket 父类，实现了 ActorPlay 接口。

② 第 15 行的 init()方法重写了父类 RedPacket 的 init()方法。

③ 第 22 行的 play()方法实现了接口 ActorPlay 中定义的 play()方法。

④ 第 23 行中 GreenfootSound 类是 Greenfoot 系统中能播放声音的相关类。每个 GreenfootSound 都会从一个声音文件载入音频。单个 GreenfootSound 不能同时异步播放，但是可以播放多次，支持大多数 AIFF、AU、WAV、MP3 和 MIDI 各式的音频文件。

④ 第 24 行启动爆炸音效的播放。

⑤ 第 30 行在 act()函数中调用 play()函数，在红包界面上单击"Act"按钮，即可播放出爆炸的音效。

RedPacketWar 类代码如下。

```
01    package com.chapter06.demo20;
02
03    import com.chapter06.demo17.RedPacket;
04
05    import greenfoot.*;
06    public class RedPacketWar extends World{
07        public RedPacketWar() {
08            super(400, 600, 1);
09            setBackground("images/background.jpg");
10            RedPacket rd = new Bomb(3,3, 2);//父类引用 rd 动态绑定为 Bomb 对象
11            this.addObject(rd, 200, 100);//将炸弹红包展示在界面上
12        }
13    }
```

示例 6.21 接口的完整示例。

编写接口 PrintMessage，用于处理各种打印信息。

```
01    package com.chapter06. demo21;
02    //定义接口
03    public interface PrintMessage {
04        int count=0;                    //常量声明和赋值
05        void printAllMessage();         //抽象方法
06        void printLastMessage();        //抽象方法
07        void printFirstMessage();       //抽象方法
08    }
```

编写接口 PrintMessage 的实现类 MyPrint。

```
01    package com.chapter06. demo21;
02    //定义类 MyPrint，实现接口 PrintMessage
03    public class MyPrint implements PrintMessage {
04
05        private String[] message;
06        private int i;
```

```
07
08      public MyPrint() {
09          message = new String[3];
10          i = 0;
11          this.putMessage("Hello world!");
12          this.putMessage("Hello China!");
13          this.putMessage("Hello JIANGZHOU!");
14      }
15
16      public void putMessage(String str) {
17          message[i++] = str;
18      }
19
20      //实现接口中的方法
21      @Override
22      public void printAllMessage() {
23          for (int k = 0; k < message.length; k++) {
24              System.out.println(message[k]);
25          }
26      }
27
28      //实现接口中的方法
29      @Override
30      public void printLastMessage() {
31          System.out.println(message[message.length - 1]);
32      }
33
34      //实现接口中的方法
35      @Override
36      public void printFirstMessage() {
37          System.out.println(message[0]);
38      }
39  }
```

编写测试类 Test。

```
01  package com.chapter06.demo21;
02
03  public class Test {
04      public static void main(String[] args) {
05          PrintMessage pm=new MyPrint(); //接口的引用指向其实现类对象
06          System.out.println("print all message");
07          pm.printAllMessage();
08          System.out.println("print first message");
```

```
09          pm.printFirstMessage();
10          System.out.println("print last message");
11          pm.printLastMessage();
12    }
13 }
```

说明：

① MyPrint 类中第 22～第 26 行、第 30～第 32 行、第 36～第 38 行分别实现接口 PrintMessage 中的 printAllMessage()方法、printFirstMessage()方法和 printLastMessage()方法。

② Test 类中的第 05 行用接口的引用 pm 指向接口的实现类 MyPrint 对象。第 07、第 09、第 11 行分别调用实现类 MyPrint 的 printAllMessage()方法、printFirstMessage()方法和 printLastMessage()方法。

```
print all message
Hello world!
Hello China!
Hello JIANGZHOU!
print first message
Hello world!
print last message
Hello JIANGZHOU!
```

图 6.3.7 示例 6.21 的运行结果

程序运行结果如图 6.3.7 所示。

3. 抽象类和接口的区别

abstract class 和 interface 是 Java 对抽象类定义支持的两种机制，正是由于这两种机制的存在，才赋予了 Java 强大的面向对象能力。二者对抽象类的支持有相似性，也有很大区别。

从语法定义上看：抽象类用关键字 abstract class 定义，并且可以定义自己的成员变量和非抽象的成员方法；接口用 interface 定义，接口内只有静态常量，成员方法只能是抽象方法、静态方法和默认方法，没有普通成员方法。

从使用来看：抽象类的使用表示的是一种继承关系，一个类只能使用一次继承关系。但是，一个类却可以实现多个接口。因此可以使用接口来模拟多重继承，弥补单重继承的缺点。

从设计上来看：其实 abstract class 表示的是"is-a"关系，interface 表示的是"like-a"关系。

练习 6.5 用接口的编程模式模拟电脑上的 USB 接口。

分析： 计算机类 Computer 上有 USB 接口 USBInterface。USBInterface 接口有开始工作 startWork()方法和结束工作 stopWork()方法。键盘类 KeyBoard、鼠标类 Mouse 和电话类 Phone 都实现了 USBInterface 接口。类图如图 6.3.8 所示。

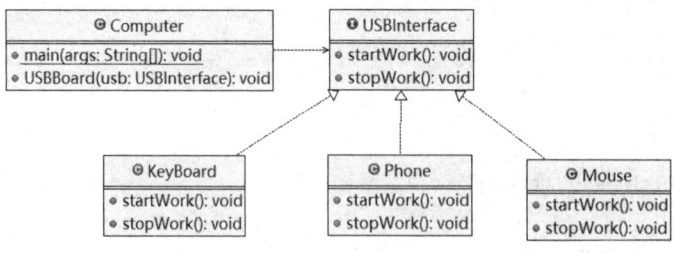

图 6.3.8 USB 接口的参考类图

┃任务实施┃

用接口和多态技术实现有家超市销售管理系统中的会员管理。本任务实现会员管理中的会员信息添加功能。会员管理的类图如图 6.3.9 所示。

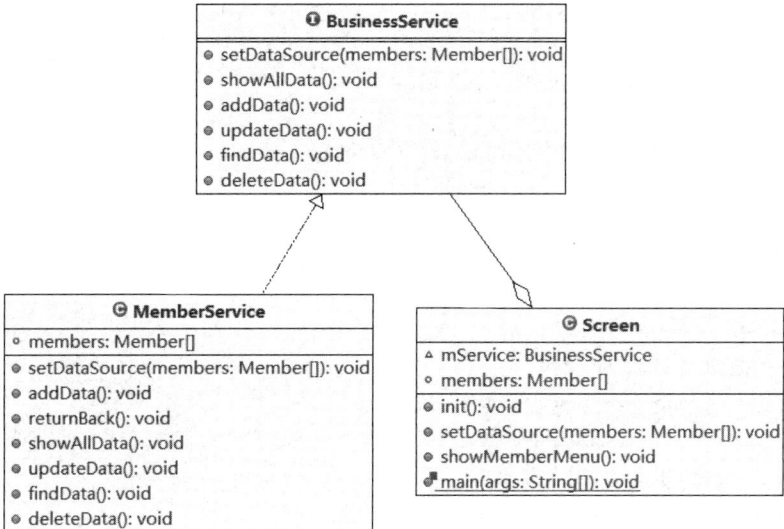

图 6.3.9 会员管理类图

定义业务接口类 BusinessService。

```
01    package com.chapter06.task03;
02    import com.chapter06.task02.Member;
03    /**
04     * 用于信息增删改查管理的业务接口
05     */
06    public interface BusinessService {
07        //设置数据源
08        public void setDataSource(Member[] members);
09        //显示所有数据
10        public void showAllData();
11        //添加数据
12        public void addData();
13        //修改数据
14        public void updateData();
15        //查询数据
16        public void findData();
17        //删除数据
18        public void deleteData();
19    }
```

定义会员信息管理类 MemberService，该类实现业务接口 BusinessService。

```
001    package com.chapter06.task03;
002    import java.util.Scanner;
003    import com.chapter06.task02.Member;
004    /**
005     * 会员信息管理类
006     */
```

```
007    public class MemberService implements BusinessService {
008        //会员信息数组
009        public Member[] members = new Member[50];
010        //设置数据源
011        public void setDataSource(Member[] members) {
012            this.members = members;
013        }
014        /**
015         * 添加会员信息
016         */
017        public void addData() {
018            Scanner in = new Scanner(System.in);
019            System.out.println("有家超市销售管理系统 -> 会员信息管理 -> 添加会员\n");
020            String choice = "y";
021            while (choice.equalsIgnoreCase("y")) {
022                //确定插入会员位置
023                if (members[members.length - 1].getConNo() != 0) {
024                    System.out.println("会员已满，暂不能加入！");
025                    return;
026                }
027                int index = -1;
028                for (int i = 0; i < members.length; i++) {
029                    if (members[i].getConNo() == 0) {
030                        index = i;
031                        break;
032                    }
033                }
034                System.out.print("请输入 5 位会员号码(整数)：");
035                int num = in.nextInt();
036                if (num < 10000 || num > 99999) {
037                    System.out.println("会员号" + num + "无效！会员信息录入失败!");
038                    System.out.print("\n 继续添加会员吗？ （y/n）:");
039                    choice = in.next();
040                    continue;
041                }
042                //判断待添加的会员号码已存在
043                boolean isExist = false;
044                for (int i = 0; i < members.length; i++) {
045                    if (members[i].getConNo() == num) {
046                        isExist = true;
047                        break;
048                    }
049                }
050                if (!isExist) {
051                    //待添加的会员号码不存在，则新增
052                    System.out.print("请输入会员姓名：");
```

```
053                         String name = in.next();
054                         System.out.print("请输入会员生日（月/日<例如 08/30>）：");
055                         String birth = in.next();
056                         System.out.print("请输入会员积分(整数)：");
057                         int score = in.nextInt();
058                         //添加会员
059                         members[index].setConNo(num);
060                         members[index].setConName(name);
061                         members[index].setMemBirth(birth);
062                         members[index].setMemScore(score);
063                         System.out.println("新会员添加成功！");
064                         System.out.print("\n 继续添加会员吗？（y/n）:");
065                         choice = in.next();
066                     } else {
067                         System.out.println("该会员号已存在，新增失败！");
068                         break;//退出新增会员
069                     }
070                 }
071             returnBack();//返回上一级界面
072         }
073         /**
074          * 返回上一级页面
075          */
076         public void returnBack() {
077             Screen menu = new Screen();
078             menu.setDataSource(members);
079             menu.showMemberMenu();
080         }
081         @Override
082         public void showAllData() {
083             System.out.println("有家超市销售管理系统 -> 会员信息管理 -> 显示会员信息\n");
084             System.out.println("会员号码\t\t 会员姓名\t\t 会员生日\t\t 会员积分");
085             for (int i = 0; i < members.length; i++) {
086                 if (members[i] == null) {
087                     break;
088                 }
089                 if (members[i].getConNo() == 0) {
090                     break; //会员信息显示完毕
091                 }
092                 System.out.println(members[i].getConNo() + "\t\t" + members[i].getConName() + "\t\t"
093                         + members[i].getMemBirth() + "\t\t" + members[i].getMemScore());
094             }
095             //返回上一级界面
096             returnBack();
097         }
098         @Override
```

```
099         public void updateData() {
100             //TODO Auto-generated method stub
101         }
102         @Override
103         public void findData() {
104             //TODO Auto-generated method stub
105         }
106         @Override
107         public void deleteData() {
108             //TODO Auto-generated method stub
109         }
110     }
```

使用多态实现会员管理。

```
01  package com.chapter06.task03;
02  import java.util.Scanner;
03  import com.chapter06.task02.Member;
04  /**
05   * 界面类
06   */
07  public class Screen {
08      //使用多态实现会员管理
09      BusinessService mService = new MemberService();
10      public Member[] members = new Member[50];//会员信息数组
11      //实例化会员数组
12      public void init(){
13          for(int i = 0; i< members.length;i++){
14              members[i] = new Member();
15          }
16      }
17      //设置数据源
18      public void setDataSource(Member[] members) {
19          this.members = members;
20      }
21      //会员管理页面
22      public   void showMemberMenu() {
23          Scanner in = new Scanner(System.in);
24          System.out.println("\n 有家超市销售管理系统 -> 会员信息管理");
25          System.out.println("================================");
26          System.out.println("\t\t\t 1. 显 示 所 有 会 员 \n");
27          System.out.println("\t\t\t 2. 添 加 会 员 \n");
28          System.out.println("\t\t\t 3. 修 改 会 员 \n");
29          System.out.println("\t\t\t 4. 查 询 会 员 \n");
30          System.out.println("\t\t\t 5. 删 除 会 员 ");
31          System.out.println("================================");
32          System.out.print("请选择,输入 1-5 以内的数字，按'0'返回上一级菜单:");
```

238

```
33              boolean flag = true; //标志位，处理菜单输入错误的情况
34              do {
35                  mService.setDataSource(members);
36                  String choice = in.next();
37                  switch (choice) {
38                  case "1":
39                      mService.showAllData();
40                      break;
41                  case "2":
42                      mService.addData(); //用多态的方式调用增加会员信息的方法
43                      break;
44                  //...
45                  default:
46                      System.out.println("输入错误，请重新输入 1-5 以内的数字,按'0'返回上一级页
面: ");
48                      flag = false;
49                  }
50              } while (!flag);
51          }
52          public static void main(String[] args) {
53              Screen s = new Screen();
54              s.init();
55              s.showMemberMenu();
56          }
57  }
```

说明：

① 接口 BusinessService 中定义了实现信息增删改查的业务方法，其中 addData()方法是添加数据。会员信息管理类 MemberService 实现了 BusinessService 接口。

② MemberService 类的第 17 行的 addData()方法是添加会员信息。第 23～第 26 行是判断保存会员信息的数组 members 是否已满；第 27～第 33 行是找到新增会员的数组位置；第 43～第 49 是判断用户输入的会员号是否已经存在；第 50～第 65 是从键盘上输入会员的姓名、生日、积分，保存到数组对象的相应属性中，从而完成一名会员信息的新增。

③ Screen 类的第 09 行是用接口 BusinessService 的引用 mService 指向其实现类 MemberService 的对象实例；第 42 行是用多态的方式调用 addData()方法，即调用的是 MemberService 类的 addData()方法。

▌任务小结▐

本任务介绍了面向对象三大特征之一的多态性，以及抽象类、抽象方法和接口的概念与具体应用，实现了有家超市销售管理系统中的会员信息的添加功能。

▌任务拓展▐

有家超市销售管理系统中除了有会员管理，还有商品管理，同样有显示所有商品信息，商品信息的添加、修改、删除的操作，请编写 ProductService 类，实现 BusinessService 接

口，实现商品信息的管理功能，其类图如图 6.3.10 所示。

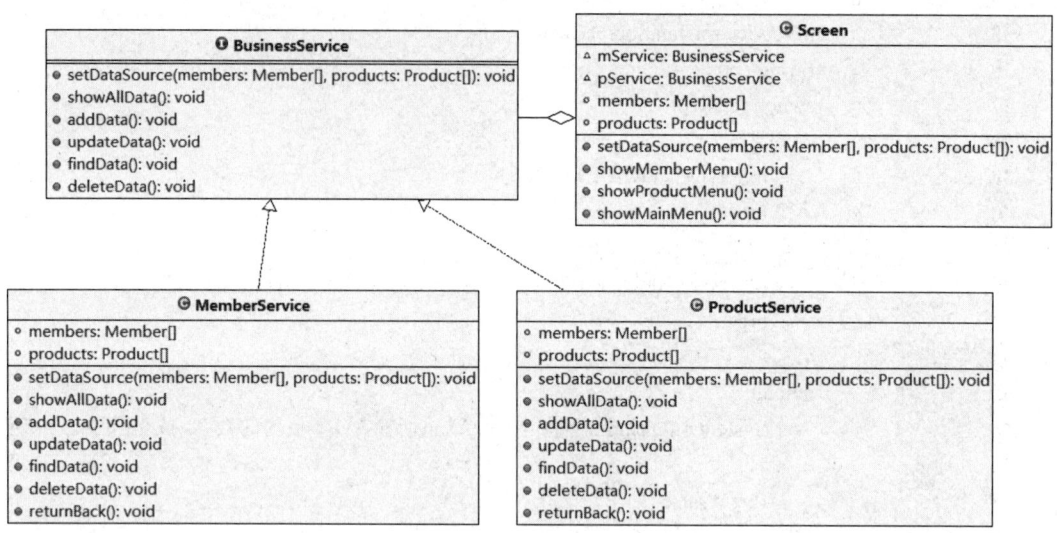

图 6.3.10　商品管理类图

▋素养提升▋

在当今数字化时代，为满足不同用户的多样化需求并应对复杂的业务场景，利用多态性等技术来实现灵活的业务逻辑显得尤为重要。例如，不同类型的会员在交易时，系统可以根据会员类型和交易规则执行不同的处理，体现了技术对变化的适应性，培养了创新思维和应对变化的能力。接口的使用则强调了团队协作和模块间的通信规范，不同开发团队通过遵循接口定义进行协作，共同完成系统功能的开发。这种方式在大型科研项目中得到了充分的体现，比如中国空间站的建设，各个模块和系统之间严格遵循接口规范进行对接与协作，从而保障了空间站的整体运行。这不仅展示了软件开发过程中对整体架构和团队协作的重视，也培养了开放包容和合作共赢的精神，推动了技术交流与发展。

所以，多态性、接口及相关技术的学习，不仅提升了软件开发的灵活性与适应性，还强化了团队协作的规范性与科学性。在这种学习过程中，开发者不仅要注重技术的灵活运用，还需要具备良好的团队合作精神，共同推动技术的创新和进步。

模块小结

通过本模块，我们主要学习了以下内容。

（1）继承：也称为派生，是指一个新类可以从现有的类中产生，保留现有类的所有成员，包括成员属性和成员方法，并可以根据自身需要对类进行修改，添加新的成员属性和成员方法，这种现象称为类的继承。继承最主要的目的是"扩展"原有类的功能、加强或改进原有类所没有定义的属性及方法。

（2）继承的实现：在类的声明中增加 extends 关键字即可实现类的继承。Java 中所有的类都是从 java.lang.Object 类或其子类派生而来的。如果在定义一个类时没有 extends 关键字，则直接继承 Object 类，Java 语言不支持类的多继承。

（3）方法的重写：在父类和子类中存在名称相同、参数相同、返回值相同的方法，则称为方法覆盖。

（4）构造方法的继承：构造方法可以重载，但不能被重写。在创建子类的对象时，首先执行父类的构造方法，然后再执行子类的构造方法。

（5）对象类型的转换：Java 语言允许某个类型的引用变量引用子类的实例，而且可以对这个引用变量进行类型转换。把引用变量转换为子类类型，称为向下转型；把引用变量转换为父类类型，则称为向上转型。

（6）final 关键字：用于修饰类、变量和方法。用 final 关键字修饰的类不能被继承；用 final 关键字修饰的方法不能被子类重写；用 final 关键字修饰的变量（成员变量和局部变量）是常量，只能赋值一次。

（7）super 关键字：super 表示的是当前对象的直接父类对象。用 super 关键字可以访问被隐藏的成员变量，调用父类中被重写的方法及父类构造方法。

（8）多态：对象的多态性是指在父类中定义的属性或行为被子类继承之后，可以具有不同的数据类型或表现出不同的行为。在 Java 语言中，多态性体现在两个方面：方法重载实现的静态多态性（编译时多态）和方法覆盖实现的动态多态性（运行时多态）。

（9）抽象方法：用 abstract 关键字修饰的、没有方法体的方法称为抽象方法。抽象方法用来描述系统的功能或者规范某些操作，不提供具体的实现。

（10）抽象类：用 abstract 关键字修饰的类称为抽象类。包含有抽象方法的类一定是抽象类，抽象类可以包含抽象方法和非抽象方法。

（11）接口：接口可以看作是方法和常量的一个集合。接口中的方法可以是抽象方法、默认方法和静态方法（也叫类方法），不能有普通方法。

（12）接口的实现类：在类的声明中用 implements 子句来指定要实现的接口，在类体中可以使用接口中定义的常量，而且必须实现接口中定义的所有方法。一个类可以实现多个接口，在 implements 子句中用逗号分开；任何实现该接口的类的实例都可以转换成接口类型的引用，并通过这些接口变量来访问类中所实现的接口方法。

模块训练

一、选择题

1. 下面关于类的继承性的描述中，错误的是（　　）。

A. 继承是在已有的基础上生成新类的一种方法

B. Java 语言要求一个子类只有一个父类

C. 父类中成员的访问权限在子类中将被改变

D. 子类继承父类的所有成员，但不包括私有的成员方法

2. Java 中所有的类都是从（　　）类或其子类派生而来的。

A. Objcct　　　　　　B. String　　　　　　C. class　　　　　　D. Integer

3. 下列有关 super 或 this 调用构造函数的描述中，错误的是（　　）。

A. super 和 this 只能在构造函数程序代码中的第一行使用

B. super 和 this 同时只能使用一种

C. super 和 this 的调用只能在构造函数中使用

D．若构造函数中没有使用 super 或 this，Java 不会自动调用 super

4．有关方法覆盖描述错误的是（　　　）。

A．不能覆盖父类中的 final 方法

B．不能覆盖父类中的 static 方法，但可以隐藏这类方法

C．子类一定要覆盖父类中的抽象方法

D．用来覆盖的子类方法和被覆盖的父类方法保持同名、同返回值类型，以及相同的参数个数和参数类型

5．类 Cow 和类 Dog 都是类 Animal 的一个子类，若 Cow cow=new Cow()，则以下哪个选项会发生编译错误（　　　）。

A．System.out.println(cow instanceof Animal);

B．System.out.println(cow instanceof Cow);

C．System.out.println(cow instanceof Dog);

D．System.out.println(cow instanceof Object);

6．A 派生出子类 B，B 派生出子类 C，并且在 Java 源代码中有如下声明：

1）A a0=new A();

2）A a1 =new B();

3）A a2=new C();

以下说法正确的是（　　　）。

A．只有第 1 行能通过编译

B．第 1、第 2 行能通过编译，但第 3 行编译出错

C．第 1、第 2、第 3 行能通过编译，但第 2、第 3 行运行时出错

D．第 1 行、第 2 行和第 3 行的声明都是正确的

7．下列关于多态的说法错误的是（　　　）。

A．多态分为静态多态和动态多态

B．静态多态主要由方法重载实现

C．动态多态主要有方法覆盖实现

D．动态多态在编译阶段绑定

8．下列哪个选项可以作为如下方法的覆盖方法？（　　　）

```
public void add(int a) {…}
```

A．public void add(int b) {…}

B．void add(int a) {…}

C．public int add(int a) {…}

D．public void add(float a) {…}

9．以下关于继承的叙述正确的是（　　　）。

A．在 Java 中类只允许单一继承

B．在 Java 中一个类只能实现一个接口

C．在 Java 中一个类不能同时继承一个类和实现一个接口

D．在 Java 中接口只允许单一继承

10．设有如下类的定义：

```
class BaseWidget {
    String name="BaseWidget";
    void speak(){
     System.out.println("I am a "+name);
    }
}
class TypeAWidget extends BaseWidget{
    TypeAWidget(){
        name="TypeA";
    }
}
```

以下哪段代码将正确编译和执行？（　　　）

A．Object a=new BaseWidget();　　a.speak();

B．BaseWidget b=new TypeAWidget();　　b.speak();

C．TypeAWidget c=new BaseWidget();　　c.speak();

D．以上都不对

二、判断题

1．抽象方法必须定义在抽象类中，所以抽象类中的方法都是抽象方法。　　（　　）

2．Java 中被 final 关键字修饰的变量，不能被重新赋值。　　（　　）

3．不存在继承关系的情况下，也可以实现方法重写。　　（　　）

4．方法重载是动态多态，方法重写/覆盖是静态多态。　　（　　）

5．接口中只能定义常量和抽象方法。　　（　　）

二、简答题

1．什么是继承，其优点是什么？

2．简述什么是多态？

3．简述抽象类和接口的区别？

4．方法重载与方法覆盖有哪些异同点？

5．什么是向上类型转换？什么是向下类型转换？

6．一个类如何实现接口？实现接口的类是否一定要重写该接口中的所有抽象方法？

四、编程题

1．设计学生类 Student 和它的子类 Undergraduate，要求如下：

（1）Student 类有 name 和 age 属性，一个包含两个参数的构造方法，用于给 name 和 age 属性赋值，一个 show()方法打印 Student 的属性信息。

（2）本科生类 Undergraduate 增加一个 degree（专业）属性。有一个包含三个参数的构造方法，前两个参数用于给继承的 name 和 age 属性赋值，第三个参数给 degree 属性赋值，一个 show()方法用于打印 Undergraduate 的属性信息。

（3）在测试类中分别创建 Student 对象和 Undergraduate 对象，调用它们的 show()方法。

2．设计一个 Shape 接口和它的两个实现类 Square 和 Circle，要求如下：

（1）Shape 接口中有一个抽象方法 area()，方法接收一个 double 类型的参数，返回一个

double 类型的结果。

（2）Square 和 Circle 类中实现了 Shape 接口的 area()抽象方法，分别求正方形和圆形的面积并返回。

（3）在测试类中创建 Square 和 Circle 对象，计算边长为 2 的正方形面积和半径为 3 的圆形面积，要求使用多态的形式。

模块实践

本模块的任务仅实现了有家超市销售管理系统的会员信息类的定义和新增，请按模块一开发环境搭建中的有家超市销售管理系统的需求分析，完成会员信息管理的所有功能。

模块单词

Abstraction	[æbˈstrækʃn]	抽象
Association	[əˌsəʊsiˈeɪʃn]	关联
Base Class	[beɪs] [klɑːs]	基类
Constructor	[kənˈstrʌktər]	构造函数
Derived Class	[dɪˈraɪvd] [klɑːs]	派生类
Encapsulation	[ɪnˌkæpsjuˈleɪʃn]	封装
Include	[/ɪnˈkluːd]	包含
Inheritance	[ɪnˈherɪtəns]	继承
Object-Oriented Programming [ˈɒbdʒɪkt] [ˈɔːrɪentɪd] [ˈprəʊɡræmɪŋ]		面向对象程序设计
Overloading	[ˈovəˈlodɪŋ]	重载
Polymorphism	[ˌpɒlɪˈmɔːfɪz(ə)m]	多态

模块 七 有家超市销售管理系统的设计与实现

📗 模块介绍

　　本模块完整呈现本课程的项目案例——有家超市销售管理系统的设计与实现，力求展现从需求分析，到项目设计，再到编码实现的整个过程。学习完本模块后，将能了解 Java 控制台应用程序的开发过程，了解软件设计和开发的基本流程。

📗 知识图谱

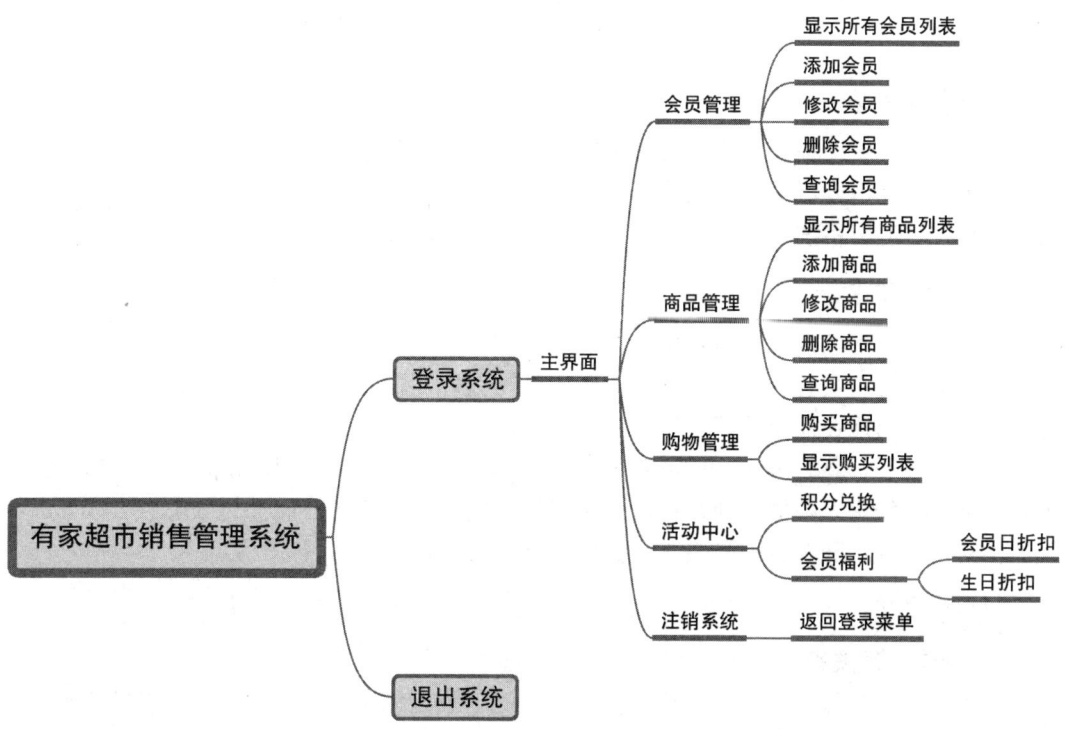

📗 模块目标

【知识目标】
- 有家超市销售管理系统的分析设计
- 有家超市销售管理系统数据存储结构的建立
- 有家超市销售管理系统业务的实现

【能力目标】

- 能掌握项目的分析和设计步骤
- 能掌握项目的业务实现方式
- 能掌握 Java 基础知识的综合应用
- 能建立 Java 面向对象编程思想

【素质目标】

- 具有自主学习、自发学习的良好习惯
- 具有代码规范意识和良好的编程习惯
- 具有分析、解决问题的能力
- 具有持续学习与自我提升的能力
- 具有软件工程的概念和代码复用、测试集成的工程意识
- 具有积极沟通、互助进步的团队合作精神
- 具有良好的职业道德和职业素养
- 具有相互协作、精益求精、追求卓越的敬业精神

任务 7.1 实现管理员登录管理

▌任务目标 ▌

所有的数据管理都需要管理员先进行登录验证,验证通过了才能进行后续操作,用户进入系统操作完后还可以退出系统。本任务的目标是实现有家超市销售管理系统中管理员的登录系统与退出系统的功能。

▌任务描述 ▌

随着社会经济的发展,信息化手段的不断进步,传统的通过人工来记录超市商品的入库出库、销售、会员管理已经过时,要适应市场竞争,就需要高效的信息处理方式和管理方式。有家超市现在需要处理大量的库存信息,还要实时更新产品的销售信息,不断添加商品信息及会员信息。因此,超市管理方提出了要开发超市销售管理系统来管理超市的相关数据。在系统进入数据管理之前,为了保护数据,需要实现管理员的登录与正常退出。现在需要根据软件开发流程完成登录管理功能的编码开发。

▌任务准备 ▌

1. 软件开发流程

软件开发流程即软件项目设计思路和方法的一般过程,包括对软件进行需求分析,设计软件的功能,然后对软件项目进行编码和调试,最后提交程序等一系列操作。

软件开发可以使用软件工程来实现管理,软件的生命周期包括四个主要阶段:需求分析、系统设计、编码、测试,现在按照这个生命周期来管理有家超市销售管理系统的开发。

2. 需求分析

管理员要进入超市销售管理系统进行商品管理、会员管理之前，需要先进行登录验证，通过了用户名和密码的联合验证，才能进入管理系统，操作完成后可以退出登录。用例图（Use Case Diagram）如图 7.1.1 所示。

用例图是指由参与者（Actor）、用例（Use Case）、边界以及它们之间的关系构成的，用于描述系统功能的视图。用例图呈现了一些参与者、一些用例，以及它们之间的关系，主要用于对系统、子系统或类的功能行为进行建模。

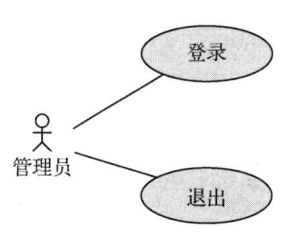

图 7.1.1　管理员登录管理用例图

3. 功能设计

（1）类设计

管理员登录主要有管理员类、管理员登录业务类，涉及到的类清单如下。

① 管理员类 Admin，位于 entity 包中，表示实体类，有两个常量属性，管理员用户名及管理员登录密码。

② 管理员登录业务类 AdminService，位于 service 包下，有一个成员方法 login()，完成管理员用户名与密码的登录判断。

③ 操作界面类 Screen 类，位于 ui 包下，实现登录界面及管理员登录。

④ 程序入口类 StartSystem 类，有一个 main()方法，位于 ui 包下，调用显示登录界面方法，实现有家超市销售管理系统的登录。

登录类图（Class Diagram）如图 7.1.2 所示。

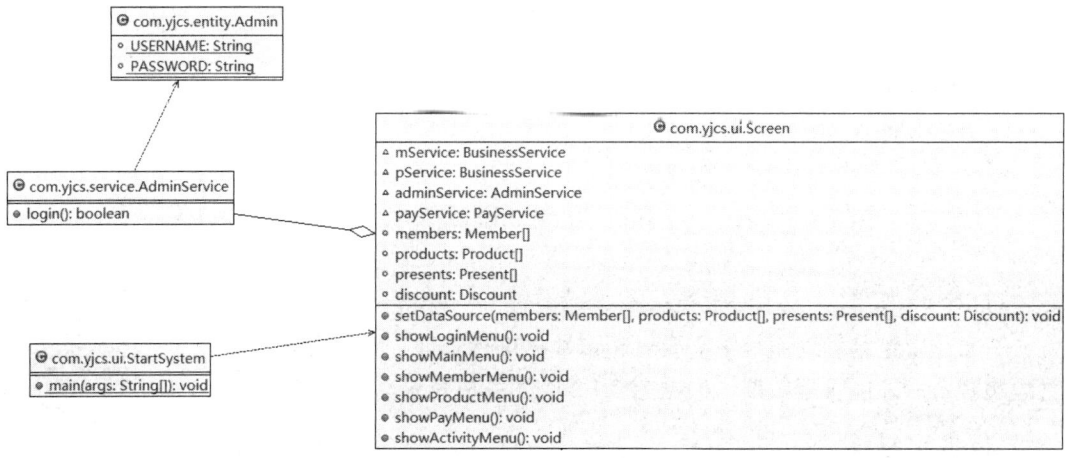

图 7.1.2　登录类图

（2）界面设计

运行系统，即进入登录界面，选择不同的功能项即可进行登录或退出，输入管理员用户名和密码也有不同的结果。管理员登录系列界面如图 7.1.3 和图 7.1.4 所示。

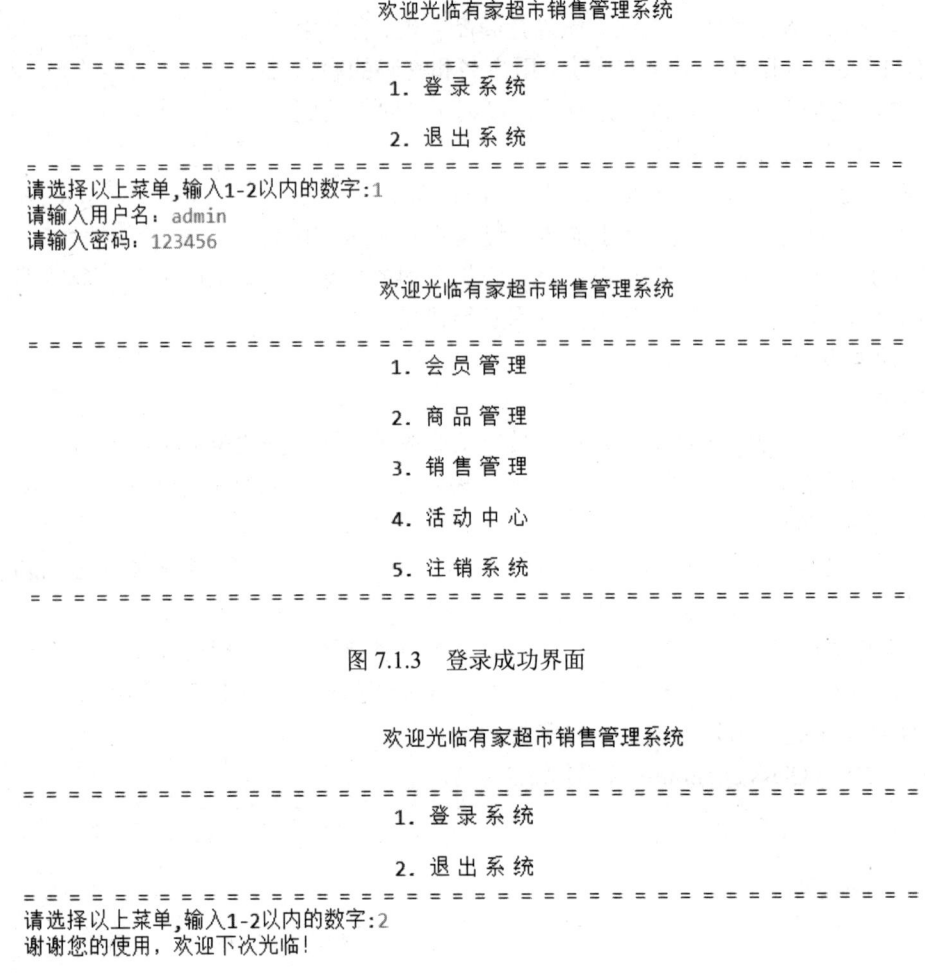

欢迎光临有家超市销售管理系统

= =

1. 登 录 系 统

2. 退 出 系 统

= =
请选择以上菜单, 输入1-2以内的数字:1
请输入用户名: admin
请输入密码: 123456

欢迎光临有家超市销售管理系统

= =

1. 会 员 管 理

2. 商 品 管 理

3. 销 售 管 理

4. 活 动 中 心

5. 注 销 系 统

= =

图 7.1.3　登录成功界面

欢迎光临有家超市销售管理系统

= =

1. 登 录 系 统

2. 退 出 系 统

= =
请选择以上菜单, 输入1-2以内的数字:2
谢谢您的使用, 欢迎下次光临!

图 7.1.4　退出系统界面

源码: 7.1.1

▌任务实施▐

有家超市销售管理系统中需要对超市数据进行管理, 要求有数据保护, 管理员登录后才能管理数据, 根据图 7.1.2 类图完成登录功能的编码。

实现登录管理

▌任务小结▐

本任务分析了有家超市销售管理系统的管理员登录管理需求, 完成了登录管理的类图设计及界面设计, 然后通过编码实现了有家超市销售管理系统的登录管理。

▌任务拓展▐

功能编码完成后, 根据软件开发流程, 在 Eclipse 开发环境中测试和运行会员管理相关功能。在开始测试前需要制订测试运行计划, 以便主要的分支都能运行到。部分测试运行计划如表 7.1.1 所示, 主要测试 7 个方面的内容。

表 7.1.1　测试运行计划

编　号	描　述	输　入	预 期 输 出	实 际 输 出	测 试 通 过
S01	进入系统	数字 3	提示"输入有误！请输入 1-2 以内的数字"	提示"输入有误！请输入 1-2 以内的数字"	是
S02	进入系统	数字 2	提示"谢谢您的使用，欢迎下次光临！"	提示"谢谢您的使用，欢迎下次光临！"	是
S03	进入系统	数字 1	提示"输入用户名"	提示"输入用户名"	是
S04	进入登录界面	用户名是"admin"，密码是"123456"	提示"欢迎光临有家超市销售管理系统"	提示"欢迎光临有家超市销售管理系统"	是
S05	进入登录界面	用户名："mine"，密码是"123456"	提示"用户名和密码不匹配，请重新输入"	提示"用户名和密码不匹配，请重新输入"	是
S06	进入登录界面	用户名是"admin"，密码是"1234"	提示"用户名和密码不匹配，请重新输入"	提示"用户名和密码不匹配，请重新输入"	是
S07	进入登录界面	输入三次错误的用户名或者密码	提示"您登录错误次数超过三次，您已没有权限进入系统！谢谢！"	提示"您登录错误次数超过三次，您已没有权限进入系统！谢谢！"	是

任务 7.2　实现会员管理

▌任务目标▐

本任务的目标是完成有家超市销售管理系统的会员管理。

▌任务描述▐

有家超市销售管理系统包含会员管理功能，可以实现显示所有会员信息、添加会员、修改会员、删除会员、查询会员等功能，现在需要根据软件开发流程完成会员管理功能的编码开发。

▌任务准备▐

1. 需求分析

有家超市销售管理系统在销售的过程中，将消费者分成了普通消费者和会员，会员在本超市购买商品可以得到相应的积分，积分累加后可以参加对应的会员活动，所以经常会有普通消费者转成会员，因此系统必须包含添加会员的功能；其次，会员购买商品时，可以先查询会员的积分档次得到对应的折扣；会员信息录入错误的话还可以修改会员信息或者直接删除对应会员；管理员还可以查询到本超市所有的会员信息。会员管理的用例图如 7.2.1 所示。

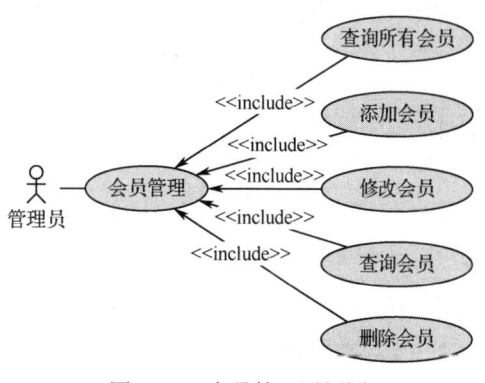

图 7.2.1　会员管理用例图

2. 功能设计

（1）类设计

会员管理涉及到了 6 个类，类清单如下。

① 消费者类 Consumer，位于 entity 包下，保存消费者的编号和姓名。

② 会员类 Member，位于 entity 包下，是 Consumer 类的子类，保存会员生日与积分。

③ 用于信息增删改查管理的业务接口 BusinessService，位于 service 包下，定义会员信息的数据源及增删改查方法。

④ 会员管理类 MemberService，实现接口 BusinessService，位于 service.extend 包下，实现会员的增删改查操作。

⑤ 数据源类 DataSource，位于 entity 包下，该类设置了初始化的会员数据。

⑥ 操作界面类 Screen，位于 ui 包下，显示会员管理界面，调用相应的会员操作方法可以实现会员管理。

⑦ 程序入口类 StartSystem 类，里面有一个 main 方法，位于 ui 包下，调用显示登录界面方法，实现有家超市销售管理系统的登录，然后进行相关的其他管理操作。

会员管理对应类图如图 7.2.2 所示。

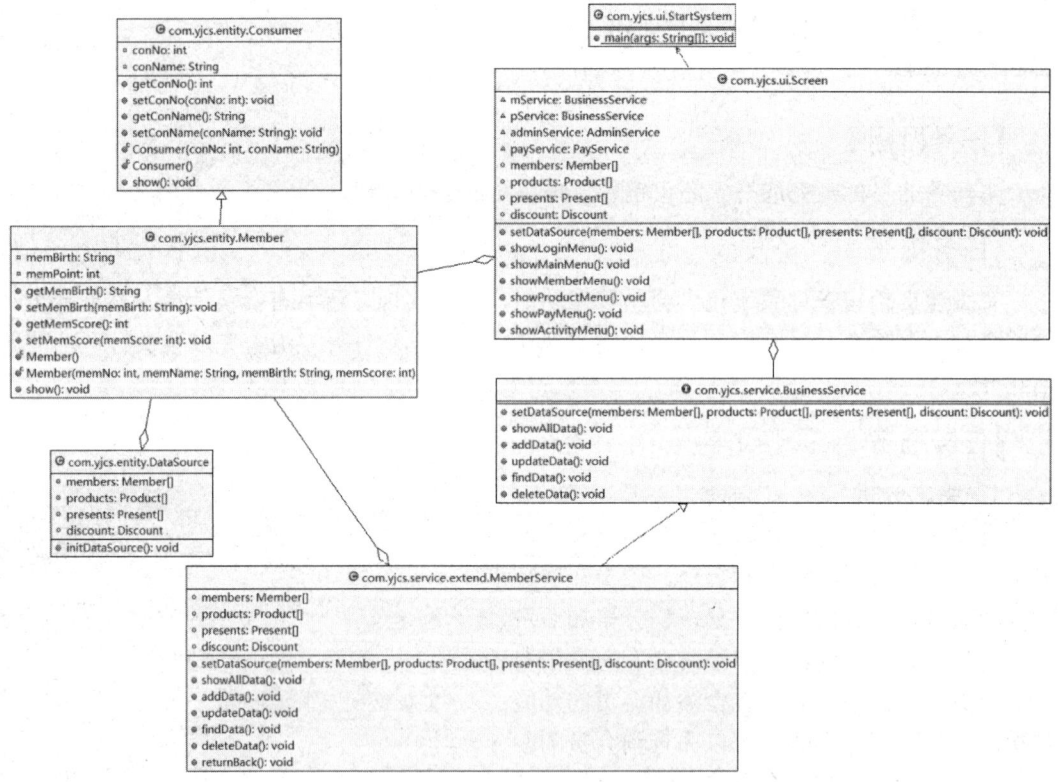

图 7.2.2　会员管理类图

（2）界面设计

登录成功后即可进入会员管理的功能选项界面，可以实现会员的管理，如可以显示所有会员信息，如图 7.2.3 所示。

```
                        欢迎光临有家超市销售管理系统
= = = = = = = = = = = = = = = = = = = = = = = = = = = = = = = = = = =
                        1．会 员 管 理

                        2．商 品 管 理

                        3．销 售 管 理

                        4．活 动 中 心

                        5．注 销 系 统
= = = = = = = = = = = = = = = = = = = = = = = = = = = = = = = = = = =
请选择以上菜单,输入1-5以内的数字:1

有家超市销售管理系统 -> 会员信息管理
= = = = = = = = = = = = = = = = = = = = = = = = = = = = = = = = = = =
                        1．显 示 所 有 会 员

                        2．添 加 会 员

                        3．修 改 会 员

                        4．查 询 会 员

                        5．删 除 会 员
= = = = = = = = = = = = = = = = = = = = = = = = = = = = = = = = = = =
请选择,输入1-5以内的数字,按'0'返回上一级菜单:1
有家超市销售管理系统 -> 会员信息管理 -> 显示会员信息

会员号码        会员姓名        会员生日        会员积分
10000          张华            08/05          2000
10001          李甜            07/13          6800
10003          王辉            06/26          3600
10004          赵旭            04/08          4800
10005          孙兴            08/16          700
10006          周舟            12/23          180
10007          田丹            12/21          24000
```

图 7.2.3　显示所有会员信息

添加会员信息。如图 7.2.4 所示，在功能选择界面上选择 2，进入添加会员功能，根据提示添加对应的会员数据，添加成功后可以继续查看所有会员。

```
请选择,输入1-5以内的数字,按'0'返回上一级菜单:2
有家超市销售管理系统 -> 会员信息管理 -> 添加会员

请输入3位会员号码(整数):10008
请输入会员姓名:李辉
请输入会员生日（月/日<例如08/30>）:11/11
请输入会员积分(整数):1000
新会员添加成功!

继续添加会员吗？（y/n):n

有家超市销售管理系统 -> 会员信息管理
= = = = = = = = = = = = = = = = = = = = = = = = = = = = = = = = = = =
                        1．显 示 所 有 会 员

                        2．添 加 会 员

                        3．修 改 会 员

                        4．查 询 会 员

                        5．删 除 会 员
= = = = = = = = = = = = = = = = = = = = = = = = = = = = = = = = = = =
请选择,输入1-5以内的数字,按'0'返回上一级菜单:1
有家超市销售管理系统 -> 会员信息管理 -> 显示会员信息

会员号码        会员姓名        会员生日        会员积分
10000          张华            08/05          2000
10001          李甜            07/13          6800
10003          王辉            06/26          3600
10004          赵旭            04/08          4800
10005          孙兴            08/16          700
10006          周舟            12/23          180
10007          田丹            12/21          24000
10008          李辉            11/11          1000
```

图 7.2.4　添加会员信息

修改会员信息。如图 7.2.5 所示，在功能选择界面上选择 3，进入修改会员功能，选择需要修改的会员，修改对应的属性信息，最后可以查看修改是否成功。

```
==============================================
请选择,输入1-5以内的数字，按'0'返回上一级菜单:3
有家超市销售管理系统 -> 会员信息管理 > 修改会员信息

请输入待修改的会员号码:10004
待修改的会员信息为:
会员号码        会员姓名        会员生日        会员积分
10004          赵旭            04/08          4800
请选择要修改的内容:
==============================================
                        1.修 改 会 员 姓 名.

                        2.修 改 会 员 生 日.

                        3.修 改 会 员 积 分.
==============================================
请输入您的选择（1-3）:1
请输入修改后的会员姓名,赵虚
会员姓名信息修改成功!
是否修改其他属性(y/n):y
请选择要修改的内容:
==============================================
                        1.修 改 会 员 姓 名.

                        2.修 改 会 员 生 日.

                        3.修 改 会 员 积 分.
==============================================
请输入您的选择（1-3）:2
请输入修改后的会员生日:12/12
会员生日信息修改成功!
是否修改其他属性(y/n):y
请选择要修改的内容:
==============================================
                        1.修 改 会 员 姓 名.

                        2.修 改 会 员 生 日.

                        3.修 改 会 员 积 分.
==============================================
请输入您的选择（1-3）:3
请输入修改后的会员积分:2400
会员积分修改成功!
是否修改其他属性(y/n):n

有家超市销售管理系统 -> 会员信息管理
==============================================
                        1. 显 示 所 有 会 员

                        2. 添 加 会 员

                        3. 修 改 会 员

                        4. 查 询 会 员

                        5. 删 除 会 员
==============================================
请选择,输入1-5以内的数字，按'0'返回上一级菜单:1
有家超市销售管理系统 -> 会员信息管理 -> 显示会员信息

会员号码        会员姓名        会员生日        会员积分
10000          张华            08/05          2000
10001          李甜            07/13          6800
10003          王辉            06/26          3600
10004          赵虚            12/12          2400
10005          孙兴            08/16          700
10006          周舟            12/23          180
10007          田丹            12/21          24000
10008          李辉            11/11          1000
```

图 7.2.5　修改会员信息

查询会员信息。如图 7.2.6 所示，在功能选择界面上选择 4，进入查询会员功能，根据提示输入会员号，即可查看对应会员信息。

```
= = = = = = = = = = = = = = = = = = = = = = = = = = = = = =
请选择,输入1-5以内的数字,按'0'返回上一级菜单:4
有家超市销售管理系统 -> 会员信息管理 -> 查询会员信息

请输入待查询的会员号：10001
会员号码        会员姓名        会员生日        会员积分
10001          李甜           07/13          6800

继续查询吗?（y/n）:y
请输入待查询的会员号：10008
会员号码        会员姓名        会员生日        会员积分
10008          李辉           11/11          1000

继续查询吗?（y/n）:y
请输入待查询的会员号：10002
您要查询的会员不存在!

继续查询吗?（y/n）:n

有家超市销售管理系统 -> 会员信息管理
= = = = = = = = = = = = = = = = = = = = = = = = = = = = = =
                        1. 显 示 所 有 会 员

                        2. 添 加 会 员

                        3. 修 改 会 员

                        4. 查 询 会 员

                        5. 删 除 会 员
= = = = = = = = = = = = = = = = = = = = = = = = = = = = = =
请选择,输入1-5以内的数字,按'0'返回上一级菜单:
```

图 7.2.6　查看会员信息

删除会员。如图 7.2.7 所示，在功能选择界面上选择 5，进入删除会员功能，根据提示输入会员号，即可删除对应会员，删除完后查询对应会员，发现该会员已经不存在了。

```
= = = = = = = = = = = = = = = = = = = = - - - - - - - - - =
请选择,输入1-5以内的数字,按'0'返回上一级菜单:5
有家超市销售管理系统 -> 会员信息管理 > 删除会员信息

请输入待删除的会员号码：10004
待删除的会员信息为：
会员号码        会员姓名        会员生日        会员积分
10004          赵虚           12/12          2400

您确定要删除吗?（y/n）:y
您已成功删除编号为：10004的会员!

有家超市销售管理系统 -> 会员信息管理
= = = = = = = = = = = = = = = = = = = = = = = = = = = = = =
                        1. 显 示 所 有 会 员

                        2. 添 加 会 员

                        3. 修 改 会 员

                        4. 查 询 会 员

                        5. 删 除 会 员
= = = = = = = = = = = = = = = = = = = = = = = = = = = = = =
请选择,输入1-5以内的数字,按'0'返回上一级菜单:4
有家超市销售管理系统 -> 会员信息管理 -> 查询会员信息

请输入待查询的会员号：10004
您要查询的会员不存在!
```

图 7.2.7　删除会员

源码：7.2.1

实现会员管理

▌任务实施▐

有家超市销售管理系统的会员管理可以实现显示所有会员信息、添加会员、修改会员、删除会员、查询会员等功能，根据图 7.2.2 类图完成会员管理功能的编码。

▌任务小结▐

本任务分析了有家超市销售管理系统的会员管理需求，完成了会员管理的类图设计及界面设计，然后通过编码实现了有家超市销售管理系统的会员管理。

▌任务拓展▐

功能编码完成后，根据软件开发流程，在 Eclipse 开发环境中测试和运行会员管理相关功能，在开始测试前需要制订测试运行计划，以便主要的分支都能运行到。部分测试运行计划如表 7.2.1 所示。

表 7.2.1　测试运行计划

编　号	描　述	输　入	预 期 输 出	实 际 输 出	测试通过
S01	进入会员管理界面	数字 1	进入会员管理界面	进入会员管理界面	是
S02	显示所有会员	数字 1	显示所有会员信息列表	显示所有会员信息列表	是
S03	添加会员	数字 2	提示添加会员，进入添加会员流程	提示添加会员，进入添加会员流程	是
S04	添加会员	会员号码：10008 会员姓名：李辉 会员生日：11/11 会员积分：1000	提示"新会员添加成功"	提示"新会员添加成功"	是
S05	添加会员	会员号码：100009	提示"会员号 100009 无效，会员信息录入失败"	提示"会员号 100009 无效，会员信息录入失败"	是
S06	修改会员	数字 3	提示修改会员信息，进入修改会员流程	提示修改会员信息，进入修改会员流程	是
S07	修改会员	会员号码：10004	提示"待修改的会员信息"，显示会员号码 10004 的所有信息	提示"待修改的会员信息"，显示会员号码 10004 的所有信息	是
S08	修改会员	选择数字 2	提示"请输入要修改后的会员生日"	提示"请输入要修改后的会员生日"	是
S09	查询会员	数字 4	提示"查询会员信息"，进入查询会员流程	提示"查询会员信息"，进入查询会员流程	是
S10	删除会员	数字 5	提示"删除会员信息"，进入删除会员流程	提示"删除会员信息"，进入删除会员流程	是
S11	删除会员	会员号码：10008	显示"被删除的会员信息"，显示待删除的会员信息，提示"您确定要删除吗？(y/n)"	显示"被删除的会员信息"，显示待删除的会员信息，提示"您确定要删除吗？(y/n)"	是
S12	删除会员	y	提示"您已成功删除编号为：10008 的会员！"	提示"您已成功删除编号为：10008 的会员！"	是

任务 7.3　实现销售管理

▌任务目标▐

本任务的目标是实现有家超市销售管理系统的销售管理。

▌任务描述▐

有家超市销售管理系统的销售管理模块包括销售商品、查看消费清单等功能，现在需要根据软件开发流程完成销售管理功能的编码开发。

▌任务准备▐

1．需求分析

有家超市销售管理系统的核心功能就是销售管理，销售商品前要查看商品的基本信息，包括商品的编号、名称、价格、库存等，然后输入消费者要购买的商品对应编号及购买数量，进行销售操作，最后要显示此次销售的清单。对应的用例图如图 7.3.1 所示。

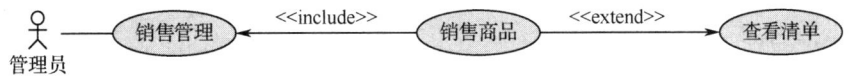

图 7.3.1　销售管理用例图

2．功能设计

（1）类设计

销售管理涉及到的类清单如下。

① 会员类 Member，位于 entity 包下，是 Consumer 类的子类，在销售过程中需要输入会员号，得到对应的会员信息数据。

② 商品类 Product，位于 entity 包下，在销售过程中要显示商品信息列表，购买对应商品。

③ 折扣类是 Discount，位于 entity 包下，在销售过程中会员购买商品，有对应会员折扣，购买后还有相应的会员积分。

④ 销售管理类 PayService，位于 service 包下，实现商品销售、计算会员折扣、增加会员积分、显示销售清单。

⑤ 数据源类 DataSource，位于 entity 包下，在这里设置了初始化的会员和商品数据。

⑥ 操作界面类 Screen，位于 ui 包下，显示销售管理界面，进而调用相应的销售操作方法实现销售管理。

⑦ 程序入口类 StartSystem 类，里面有一个 main()方法，位于 ui 包下，调用显示登录界面方法，实现有家超市销售管理系统的登录，然后进行相关的其他管理操作。

销售管理对应类图如图 7.3.2 所示。

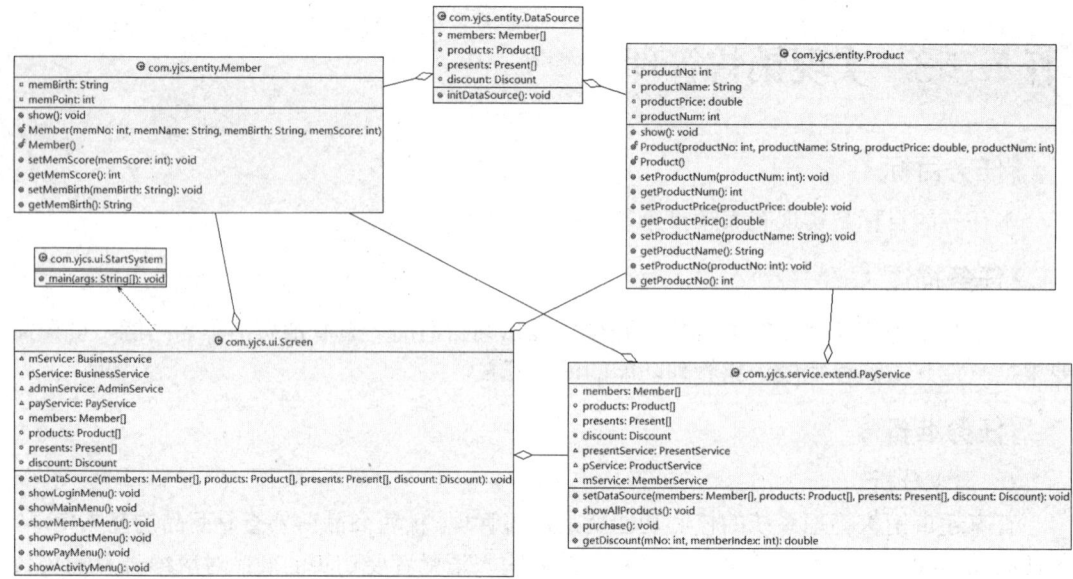

图 7.3.2　销售管理类图

（2）界面设计

运行系统，登录进入主界面，在功能选择界面上选择 3，进入销售管理界面，如图 7.3.3
所示。

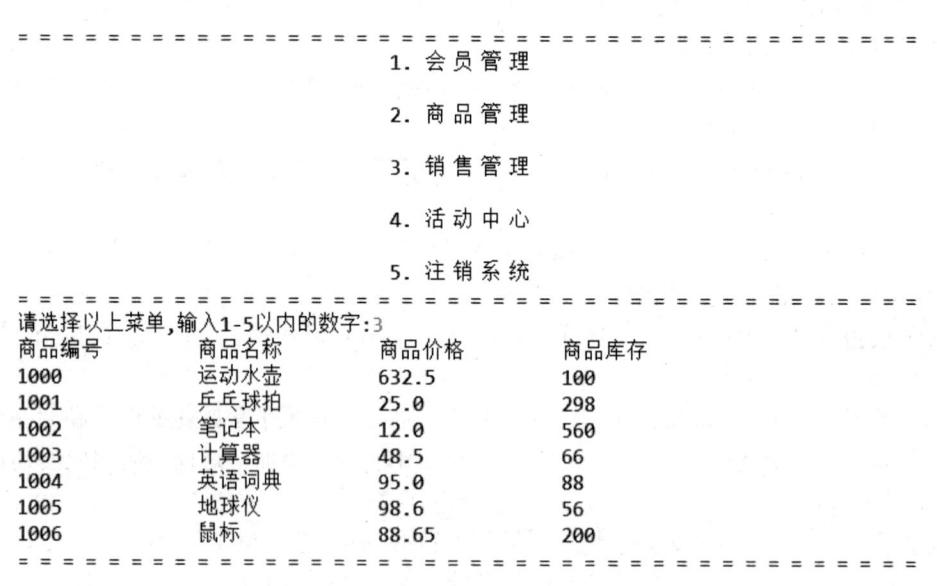

图 7.3.3　进入销售管理界面

进入销售管理界面，输入会员号、商品编号、购买数量，购买商品，可以购买多次，
购买完毕后显示本次购物清单，销售商品界面如图 7.3.4 所示。

```
有家超市销售管理系统 -> 销售管理
请输入您的会员号(整数)：10001
请输入您要购买的商品编号(整数)：1000
请输入您要购买的数量：10
是否继续（y/n）y
请输入您要购买的商品编号(整数)：1004
请输入您要购买的数量：1
是否继续（y/n）y
请输入您要购买的商品编号(整数)：1006
请输入您要购买的数量：2
是否继续（y/n）n


- - - - - - - - - - - - - - - -消费清单- - - - - - - - - - - - - -
商品              单价            数量            金额

运动水壶          ￥63.25         10             ￥632.5
英语词典          ￥95.0          1              ￥95.0
鼠标              ￥88.65         2              ￥177.3
折扣：   1.0
金额总计：        ￥904.8
编号为10001的会员，感谢您的消费，您此次消费的积分为：9，您的总积分为：6809
```

图 7.3.4　销售商品界面

源码：7.3.1

实现销售管理

任务实施

有家超市销售管理系统中管理员可进行销售管理，根据图 7.3.2 类图完成销售管理功能的编码。

任务小结

本任务分析了有家超市销售管理系统的销售管理需求，完成了销售管理的类图设计及界面设计，然后通过编码实现了有家超市销售管理系统的销售管理。

任务拓展

功能编码完成后，根据软件开发流程，在 Eclipse 开发环境中测试和运行销售管理功能，在开始测试前需要制订测试运行计划，以便主要的分支都能运行到。部分测试运行计划如表 7.3.1 所示，主要测试 4 个方面的内容。

表 7.3.1　测试运行计划

编　号	描　述	输　入	预 期 输 出	实 际 输 出	测 试 通 过
S01	进入销售管理界面	数字 3	进入销售管理界面，显示所有商品列表	进入销售管理界面，显示所有商品列表	是
S02	销售商品	会员号：10001 商品编号：1000 购买数量：10 是否继续：n	显示当前消费清单 商品：运动水壶 单价：￥63.25 数量：10 折扣：1.0 金额总计：￥632.5 ￥632.5 编号为 10001 的会员，感谢您的消费，您此次消费的积分为：6，您的总积分为：6806	显示当前消费清单 商品：运动水壶 单价：￥63.25 数量：10 折扣：1.0 金额总计：￥632.5 ￥632.5 编号为 10001 的会员，感谢您的消费，您此次消费的积分为：6，您的总积分为：6806	是

续表

编　号	描　　述	输　　入	预 期 输 出	实 际 输 出	测 试 通 过
S03	销售商品	会员号：10011	提示"会员号不存在！"	提示"会员号不存在！"	是
S04	销售商品	会员号：10001 商品编号：1011	提示"您要购买的商品不存在！请重新输入！"	提示"您要购买的商品不存在！请重新输入！"	是

任务 7.4　实现活动中心管理

▌任务目标▐

本任务的目标是实现有家超市销售管理系统的活动中心管理。

▌任务描述▐

有家超市销售管理系统的活动中心管理模块包括积分兑换、设置会员日折扣、设置生日折扣等功能，现在需要根据软件开发流程完成活动中心管理功能的编码开发。

▌任务准备▐

1. 需求分析

会员在有家超市购买了商品后，可以累加相应的积分，积分到了一定的数目后可以在活动中心里面进行礼品兑换；同时，超市设置了每个月的会员日及对应的商品折扣，会员购买商品时可以享受这个会员折扣；除了享受每个月的会员折扣，会员还有生日折扣，在会员生日的那天来有家超市购物，可以享受到生日折扣。对应的用例图如图 7.4.1 所示。

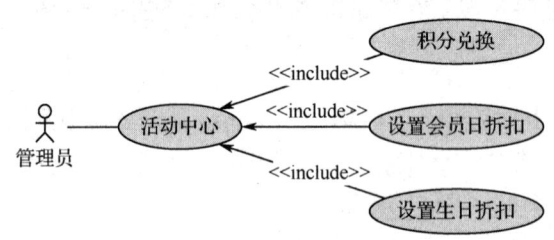

图 7.4.1　活动中心管理用例图

2. 功能设计

（1）类设计

活动中心管理涉及到的类清单如下。

① 折扣类 Discount，位于 entity 包下，在销售过程中会员购买商品，有对应的会员折扣，购买后还有相应的会员积分。

② 积分兑换礼品类 Present，位于 entity 包下，会员积分到了一定数目可以进行礼品兑换，这里是礼品信息类。

③ 活动管理类 PresentService，位于 service 包下，实现积分兑换、设置会员日折扣和生日折扣。

④ 数据源类 DataSource，位于 entity 包下，在这里设置了初始化的礼品数据。

⑤ 操作界面类 Screen，位于 ui 包下，显示活动中心管理界面，可调用相应的活动操作方法实现活动中心管理。

⑥ 程序入口类 StartSystem 类，里面有一个 main()方法，位于 ui 包下，调用显示登录界面方法，实现有家超市销售管理系统的登录，然后进行相关的其他管理操作。

对应类图如图 7.4.2 所示。

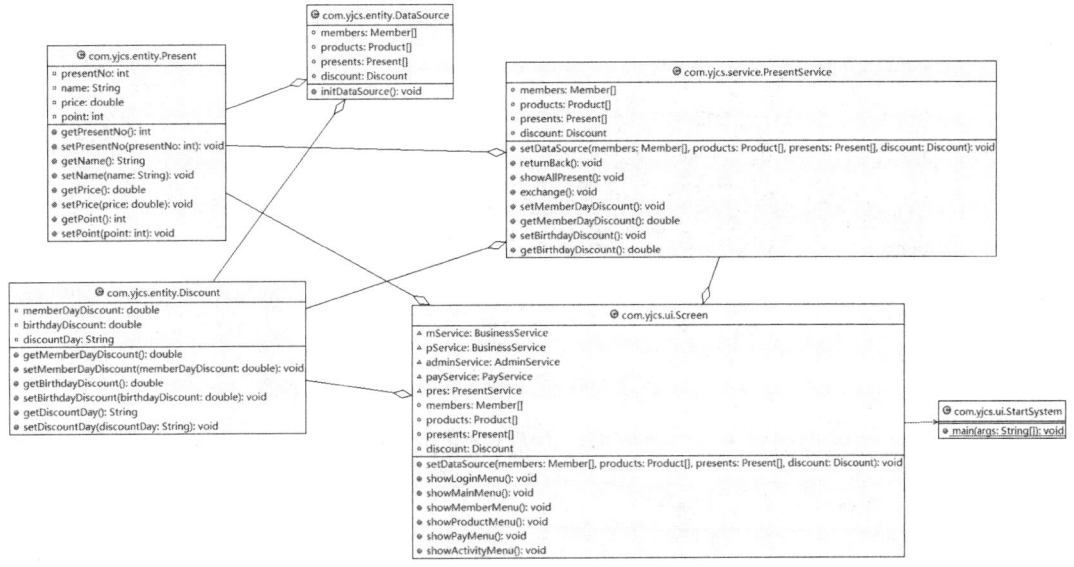

图 7.4.2 活动中心管理类图

（2）界面设计

运行系统，登录进入主界面，在功能选择界面上选择 4，进入活动中心管理界面，如图 7.4.3 所示。

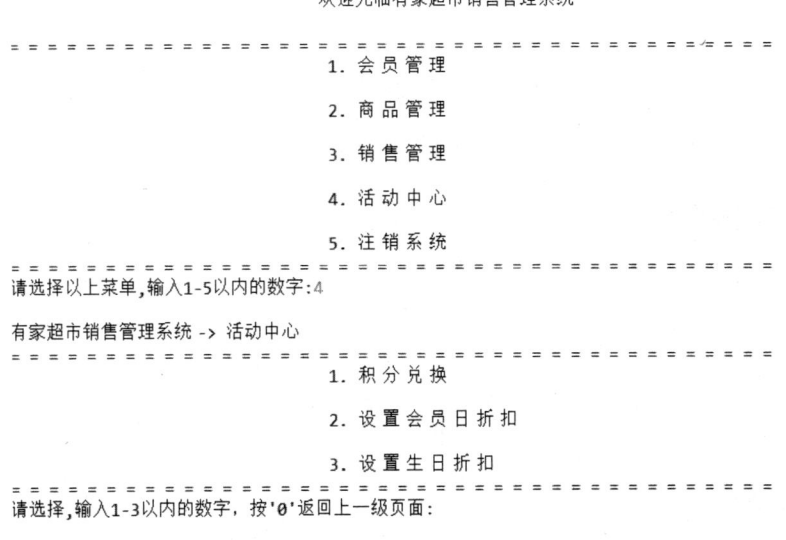

图 7.4.3 进入活动中心管理界面

在活动中心管理界面输入 1，即可进行积分兑换礼品，如图 7.4.4 所示。

```
有家超市销售管理系统 -> 活动中心
= = = = = = = = = = = = = = = = = = = = = = = = = = = = = = = = = = = = = = = =
                                    1. 积 分 兑 换

                                    2. 设 置 会 员 日 折 扣

                                    3. 设 置 生 日 折 扣
= = = = = = = = = = = = = = = = = = = = = = = = = = = = = = = = = = = = = = = =
请选择,输入1-3以内的数字, 按'0'返回上一级页面:1
有家超市销售管理系统 -> 活动中心 -> 积分兑换

礼品编号        礼品名称        礼品价格         所需积分
1              耳机            50.0            1000
2              U盘            120.0           2000
3              羽毛球拍         260.0           3000
4              运动鞋          380.0           4000
请输入要兑换礼品的会员号(<5位整数>): 10001
10001          李甜           07/13           6800

请选择你要兑换的礼品,输入礼品编号, 按'0'返回上一级页面: 3
兑换成功!
```

图 7.4.4　积分兑换界面

在活动中心管理界面输入 2，即可设置会员日折扣，如图 7.4.5 所示。

```
有家超市销售管理系统 -> 活动中心
= = = = = = = = = = = = = = = = = = = = = = = = = = = = = = = = = = = = = = = =
                                    1. 积 分 兑 换

                                    2.设 置 会 员 日 折 扣

                                    3.设 置 生 日 折 扣
= = = = = = = = = = = = = = = = = = = = = = = = = = = = = = = = = = = = = = = =
请选择,输入1-3以内的数字, 按'0'返回上一级页面:2
有家超市销售管理系统 -> 活动中心 ->设置会员日折扣

请输入会员日(1-31的整数<例如20>):15
请输入会员日折扣(0-1的浮点数<例如0.9>):0.95
设置成功!
```

图 7.4.5　设置会员日折扣界面

在活动中心管理界面输入 3，即可设置生日折扣，如图 7.4.6 所示。

```
有家超市销售管理系统 -> 活动中心
= = = = = = = = = = = = = = = = = = = = = = = = = = = = = = = = = = = = = = = =
                                    1. 积 分 兑 换

                                    2.设 置 会 员 日 折 扣

                                    3.设 置 生 日 折 扣
= = = = = = = = = = = = = = = = = = = = = = = = = = = = = = = = = = = = = = = =
请选择,输入1-3以内的数字, 按'0'返回上一级页面:3
有家超市销售管理系统 -> 活动中心 ->设置生日折扣

请输入生日折扣(0-1的浮点数<例如0.9>):0.9
设置成功!
```

图 7.4.6　设置生日折扣界面

■ 任务实施 ■

有家超市销售管理系统中管理员进行活动中心管理，实现积分兑换、会员日折扣设置和生日折扣设置，根据图 7.4.2 类图完成编码。

源码：7.4.1

实现活动中心管理

■ 任务小结 ■

本任务分析了有家超市销售管理系统的活动中心管理需求，完成了活动中心管理的类图设计及界面设计，然后通过编码实现了有家超市销售管理系统的活动中心管理。

■ 任务拓展 ■

功能编码完成后，根据软件开发流程，在 Eclipse 开发环境中测试和运行销售管理功能，在开始测试前需要制订测试运行计划，以便主要的分支都能运行到。部分测试运行计划如表 7.4.1 所示，主要测试 6 个方面的内容。

表 7.4.1　测试运行计划

编　号	描　述	输　入	预 期 输 出	实 际 输 出	测 试 通 过
S01	进入活动中心界面	数字 4	进入活动中心界面，显示活动选项	进入活动中心界面，显示活动选项	是
S02	积分兑换	数字 1	进入积分兑换界面，显示所有待兑换礼品信息	进入积分兑换界面，显示所有待兑换礼品信息	是
S03	积分兑换	要兑换礼品的会员号：10001 输入礼品编号：3	提示"兑换成功！"	提示"兑换成功！"	是
S04	积分兑换	要兑换礼品的会员号：10001 输入礼品编号：4	提示"对不起，你的积分不够 4000，不能兑换，请重新选择或者按'0'返回！"	提示"对不起，你的积分不够 4000，不能兑换，请重新选择或者按'0'返回！"	是
S05	设置会员日折扣	会员日：15 会员日折扣：0.95	提示"设置成功！"	提示"设置成功！"	是
S06	设置生日折扣	生日折扣：0.88	提示"设置成功！"	提示"设置成功！"	是

模块小结

通过本模块，我们主要学习了以下内容。

（1）从需求、设计、编码到测试的软件开发整个流程。

（2）有家超市销售管理系统登录管理、会员管理、销售管理、活动中心管理的功能实现。

模块训练

一、简答题

1．软件开发流程是什么？包括哪些步骤？

2．请画出有家超市销售管理系统商品管理的用例图。

3．请画出有家超市销售管理系统商品管理的类图。

模块实践

本模块完成了有家超市销售管理系统中登录管理、会员管理、销售管理、活动中心管理的功能实现，请继续完成商品管理的功能，然后将所有功能模块集成，实现完整的有家超市销售管理系统的开发。

模块单词

Use Case Diagram	[juːz keɪs ˈdaɪəɡræm]	用例图
Actor	[ˈæktər]	参与者
Use Case	[juːz keɪs]	用例
Class Diagram	[klæs ˈdaɪəɡræm]	类图
entity	[ˈentəti]	实体
service	[ˈsɜːrvɪs]	业务

参 考 文 献

[1] [美]Cay S. Horstmann. Java 核心技术 卷 I：开发基础[M]. 第 12 版. 林琪，苏钰涵译.北京：机械工业出版社，2022.

[2] [美]Bruce Eckel. Java 编程思想[M]. 第 4 版. 陈昊鹏译. 北京：机械工业出版社，2007.

[3] [美]Bruce Eckel. On Java 基础卷[M]. 陈德伟，臧秀涛，孙卓等译. 北京：人民邮电出版社，2022.

[4] 辛运帏，饶一梅. Java 程序设计[M]. 第 4 版. 北京：清华大学出版社，2017.

[5] 彭政，何怀文，姚淮锐. Java 程序开发基础[M]. 北京：清华大学出版社，2018.

[6] 黑马程序员. Java 基础案例教程[M]. 第 2 版. 北京：人民邮电出版社，2021.

[7] 谷志峰. Java 程序设计基础教程[M]. 北京：电子工业出版社，2016.